第10版

自治体環境行政法

北村喜宣 著

Yoshinobu Kitamura,
Local Environmental Law and Policy
[10th edition]

第一法規

はしがき（第10版）

版を重ねる意味について考えてみたい。

ひとつには、旧版からの時の経過によって記述が現状に合わなくなっているために修正する必要があるからである。もうひとつは、書き手の研究が深化したために旧版の記述を修正する必要があるからである。

たしかに、前者ゆえの対応は必要であった。ところが、後者となると、甚だ心許ないものがある。そうしたなかで、この種のテキストとしては異例の「第10版」を刊行できたのは、まことに幸運といわなければならない。12年の長きにわたり本書をサポートしていただいている第一法規株式会社制作局編集第四部・吉村利枝子部長のおかげである。厚く感謝申し上げる。

本書においては、環境条例の新しい時代区分として、「第６期（2020年～現在）」を加えてみた。2020年、中央政府は、2050年までに温室効果ガス排出を全体としてゼロにするというカーボンニュートラル宣言をした。その翌年に地球温暖化対策法が改正され、それを基本理念として法的に位置づけた。2016年に発効したパリ協定を受け止めるための国策であり、その決定は、2023年制定のGX推進法、2024年制定の再資源化事業高度化法の制定を促した。この動きは、自治体の温暖化対策にも少なからず影響を与えるだろう。サーキュラーエコノミーやネイチャーポジティブの政策潮流にも、自治体環境政策は適合していかなければならない。今後の展開を注視したい。

本版の校正については、千葉実（白鴎大学法学部教授）、釼持麻衣（関東学院大学法学部准教授）、箕輪さくら（信州大学経法学部准教授）、小谷野有以（上智大学大学院法学研究科博士前期課程）の各氏にお世話になった。深謝する次第である。

マイナス46％まであと６年の酷夏

北村喜宣

はしがき（初版）

1960年代……。自治体には、公害と自然破壊の嵐が吹き荒れていた。発展という一点のみを目指した自由奔放な経済活動が、生命・健康そして自然環境・生活環境をむしばみ、その深刻さを前にして、自治体は、ただ立ちすくむに近い状態であった。環境にあまりにも無関心でいた政策のツケの大きさに茫然としていた自治体もあったし、高い意識をもって何とかしようとするけれども戦う武器がなかった自治体もあった。そして、社会的危機が臨界点近くに達したとき、猛然とした勢いで住民運動が発生し、行政も重い腰をあげ、裁判所や議会もそれなりに積極的に反応したのである。

それから、30年……。全国の自治体を激しく巻き込んだ「環境の波」が、今度は穏やかな形で、再び訪れているようにみえる。この５年くらいのうちに相次いで制定されている環境基本条例の中には、「環境優先の理念」「環境への負荷の少ない健全な経済の発展」「良好な環境の将来世代への承継」「環境への総合的な配慮」といった政策が宣言され、環境保全型社会に移行する体制づくりが、やや性急になされているのである。経済的利益に重きを置いた政策パラダイムは、少なくとも外形的には、着実に変わりつつある。

自治体環境行政は、どのように発展してきたのだろうか。そこで用いられる行政手法やその枠組みには、どのような特徴があり、実際には、どのように解釈・運用されているのだろうか。それは、なぜだろうか。それは、適切だろうか。解釈論的・法政策論的には、どのような改善が可能だろうか。環境管理に関する新たな理念を実現する法システムとは、どのようなものなのだろうか。自治体環境行政をめぐる論点は尽きない。

本書は、「自治体環境行政の法と政策」と題して自治実務セミナー誌上に1994年４月～96年３月の２年間にわたり連載したシリーズに、多少の順序の入替えとその後の情報や検討を踏まえて、加筆・修正を施したものである。

執筆に際しては、多くの自治体行政職員に対して、面接調査や電話インタビューを行なった。自治体環境行政が、行政という組織、そして、行政職員という人間によって実施されている以上、組織や人間がどのような思考の下にどのような行動をとっているのかは、行政法学的にも、極めて興味深い問題だったからである。ご多忙な方ばかりであったが、快く調査に応じてくださり、客観的な情報提供のほか、「言うに易しく行なうに難い」環境行政の現場の実態や問題意識を率直に（ときにはアフター・ファイブに場所をかえて）語っていただいた。ここに、改めてお礼を申し上げる次第である。もちろん、本書は、それに対する筆者なりの未だ不十分な検討の結果にしかすぎない。また、理論的に未整理の分野に取り組んだ箇所も少なくない。ご批判をいただき、さらに議論を深めることができればと思う。

本書の前提となる連載の執筆の過程は、自治体現場に存在している「生きた法」の発見の連続であった。「法律の実施」「政策の実施」という言葉の持つ広くかつ深い内実を、実態調査を通じて、少しではあるが垣間見ることができたような気がする。それを行政法学の観点からどのように受け止めて整理するかを考えるのは、困難ではあったけれども、実に楽しい作業であった。その意味で、執筆の機会を与えていただいた良書普及会の河中一學社長には、深謝の意を表したい。毎月決められた日までに連載原稿を入稿するのは、筆者にとって初めての経験であり、かなりのプレッシャーでもあった。同社の木村文男氏は、途中リタイアしそうになる筆者を、絶妙の手綱捌きでゴールまで導いてくださった。また、本書の編集にあたっては、校正や内容の最新化などの点でご尽力いただいた。横浜国立大学大学院国際経済法学研究科の太田優子さんと中禰秀樹君には、補充調査や校正でご迷惑をおかけした。あわせてお礼を申し上げたい。

本書の準備作業の大部分は、筆者が母校であるカリフォルニア大学バークレイ校「法と社会」研究センターに滞在している間になされた。読書と思索のみをすればよいという恵まれた環境の中で本書を構成している論文を見直す時間が与えられたことは、何よりの幸いであった。アメリカと日本の環境法の違いやそれを規定する社会的条件の差などの考察を踏まえて、多くの部分を再検討することができた。在外研究を可能にしてくれた横浜国立大学の同僚と「法と社会」研究センター、そして、滞在をより快適なものにしてくれた家族の笑い声に感謝したいと思う。

筆者が行政法の中でもとりわけ環境法の分野に関心を抱くようになったのは、阿部泰隆神戸大学法学部教授のご指導によるところが大きい。神戸大学大学院法学研究科時代から、研究会をはじめ、環境法関係の多くの勉強の場にお誘いいただいたおかげで、その関心を大きくふくらませることができた。ご指導を通じて感得した、「法律をよくみて、実態をよくみて、社会をよくみて、そして、将来をみすえて議論をするように」とのお教えは、筆者の研究活動の基本となっている。その学恩に少しでも報いることができることを祈りつつ、本書を阿部泰隆先生に献呈させていただきたい。なにぶん未熟な書物ゆえ、先生のフロッピーの「こんなもの要らない」ファイルの項目がひとつ増える結果になることを恐れるが、今後さらなる努力をお約束することで、お許しをいただければと思う次第である。

地方分権の進行、環境価値の基底性の認識、総合行政化の展開、行政手法の多様化、そして、行政過程の民主化と市民意識の変化……。画一的で中央集権的な法システムが変容を迫られる中、環境行政は、確実に新しい時代を迎えつつある。本書が、そうした時代の自治体環境行政の進展にいくばくかの寄与ができるならば、それは、筆者の望外の喜びである。

1996年初秋　海風爽やかなバークレイにて

北 村 喜 宣

はしがき（第２版）

環境影響評価法の制定、地方分権推進計画の閣議決定と地方分権一括法の制定、廃棄物・リサイクル関係法の改正と制定……。20世紀最後の数年は、自治体環境行政を取り巻く状況が、大きく揺れ動いた時期であった。それに反応するべく、自治体においても、様々な施策が制度化され、また、その可能性が模索されている。

『自治体環境行政法』の初版は、1997年に出版された。その後の急速な法環境の変動は、初版のかなりの部分について、書き直しを要求している。そこで、最新のデータやさらなる調査を踏まえて、全章にわたる改訂を施したのが、この第２版である。

単著の改訂をするのは、これが初めての経験であった。たんに情報を出し入れするだけでなく、初版時の著者と改めて向き合って対話をし、それ以降の研究を踏まえて考えを確認・発展させる作業は、労多くも楽しいものであった。当時は未熟であった考えを、少しではあるが深化することができたように思われる。

それにもかかわらず、「自治体環境行政法」という切り口で法現象を整理する試みについては、相変わらず、試行錯誤状態である。自治体環境行政に関する研究がさかんになりつつあることから、読者諸賢のご批判をいただきながら、今後も思索を重ねてゆきたいと考えている。

第２版出版作業にあたっては、横浜国立大学大学院国際社会科学研究科修士課程（現在上智大学大学院法学研究科修士課程）の原島良成君のご協力をえた。記して謝意を表したい。また、第２版は、横浜国立大学に赴任して以来の著者の研究活動の一応の集大成という意味がある。常盤台を去るにあたり、素晴らしい研究教育環境と忘れえぬいくつもの出会いを与えてくれた同僚ファカルティ、そして、著者の勝手気ままな11年間を、明るい笑い声で支えてくれた家族に、改めて感謝する次第である。

21世紀はじめての春に

北 村 喜 宣

はしがき（第３版）

本書の初版および第２版は、㈱良書普及会から出版された。ところが、同社は、2003年１月末をもって、突如出版事業を閉じたため、本書は、存続の危機に直面した。しかし、幸いにも、第一法規株式会社から、出版を引き継ぎたいというありがたいお申し出を受けた。ここに、文字通り、装いも新たに、第３版を出版する。

第３版では、いくつかの章を入れ替えるとともに、2001年に出版された第２版以降の自治体環境行政の動きをフォローし、その後の著者の研究の成果もできるだけ反映するようにした。それにもかかわらず、研究が十分に深化していないために、いくつかの重要事項については、触れていなかったり平板な記述になっている箇所もある。未熟さを痛感するが、まあ、今は、この程度がせいぜいである。今後、さらに調査・研究を重ね、内容を充実させてゆきたいと思う。

「初版はしがき」でも述べたが、故・河中一學良書普及会社長（2001年10月29日逝去）は、まさに本書の「生みの親」のような存在であった。河中社長には、研究生活の節目節目でご相談にうかがい、多くの的確なアドバイスをいただいた。日本行政法学史に確実に刻まれるだろう、学界に対するその偉大なご貢献に想いをはせ、ここに改めて、哀悼の意を表する次第である。

第３版の出版にあたっては、第一法規株式会社の小幡等さんと中沢博司さんに、たいへんお世話になった。変化が激しい条例や要綱などを、丁寧かつ正確にチェックし、新たな情報も提供してくださった編集作業は、本書の最新化に大いに役立っている。厚く御礼申しあげたい。

2003年　涼しすぎた夏の終わりに

北村喜宣

はしがき（第４版）

急激に進行している市町村合併は、特徴ある条例の廃止や統合など、自治体環境政策にも、大きな影響を与えている。また、2000年の地方分権改革から６年が経過し、いくつかの判例が生まれるとともに、新たな法環境を踏まえた取り組みも、散見されるようになってきた。第４版では、このような動きを取りこんで、内容を最新化した。なお、合併によって廃止・改正された条例については、その制度に歴史的な意義がある場合には、当時のままの名称で表記している。

地方分権時代における自治体環境法政策については、私自身、この数年間に、少しではあるが、理論的検討を深めることができた。その成果も、反映させている。その一方で、まだ十分に考究できていないのは、「環境権」の法的性質の整理、地方分権時代における現行環境法の位置づけ、あるべき環境法の仕組み、環境配慮型自治体決定のあり方などである。いずれも大きなテーマであるが、引きつづき、考えていきたい。

第４版の出版にあたっては、第一法規株式会社の井上愛子さんに、たいへんお世話になった。市町村合併によって、条例・要綱・計画には、大きな変化があったが、それを丹念に確認していただいたことで、新たな発見がいくつもあった。課題が多かった改訂作業をきわめてスムーズに進めることができたのは、すべて井上さんのおかげである。どうもありがとう。

2006年　虫の音涼しい柏尾川畔にて

北 村 喜 宣

はしがき（第５版）

50年後の環境法はどうなっているのだろうかと、ふと思うことがある。

地方分権改革直後には、地方自治を十分に意識した法律や条例が出現するかと期待もしたが、それほど大きな動きはない。明治期以来、この国に深く根ざした中央集権体制はそうそう簡単には改まらないだろうから、それは仕方ないことかもしれない。根本的には、国会が基本的人権と地方自治の両方の保障を体現するような環境法を制定し、その枠組みのなかで、自治体が地域特性に応答的な法政策を創出して実施することが望まれる。

ところが今のところ立法府は、憲法第８章への配慮に欠けているのが実情である。既存法の改正を機に国と自治体の役割を適正化し、集権的にすぎる法構造を分権化するような動きはほとんどみられない。

そうした状況にありながらも、環境公益の自律的具体化をすべく実質的な市民参画を模索したり法定自治体事務に地域特性を反映すべく法律施行条例を制定したりする動きが出てきている。ほのかなりとも地熱は感じる。過去のしがらみを引きずる現行法制度を自治体から変革することは、たしかに難事業であり、それなりの時間を要するだろう。しかし、そうした動きが全国に拡がり、一定の段階に達したとき、自治体には、高い自由度のなかで責任ある決定をするだけの自治力が備わっているのではないか。環境法改革は一挙に進むのではないか。それを期待しつつ、自治体環境行政の試行錯誤を分権改革の大きな流れのなかに的確に位置づけ、自治体環境行政にエールを送る作業を続けたい。そうした想いで、第５版を編集した。

第一法規株式会社出版編集局の土屋博子さんの丁寧な作業には、随分と助けられた。学生時代に本書の読者であったという彼女であるからこそ、まさに読者目線で応対していただけた。このことは、私にとっても読者の皆さまにとっても幸いであったと思う。実に見事な仕事ぶりであった。

2009年　遠く隅田川花火の音がする夜に

北 村 喜 宣

はしがき（第６版）

『自治体環境行政法』というタイトルで本書を世に送り出してから、早いもので15年が経過した。出版翌年に生まれた三男坊の望は、もう中学２年生である。

その期間、この書名を自分の研究課題にもして、自治体行政現場で展開される環境法政策を観察し、あれこれ思索も重ねてきた。その成果は、５度の改訂版のそれぞれにおいて、記述の修正や追加という形で示されている。

今はなき良書普及会から1997年に出版した縦書き活版印刷の初版本を改めて手に取ってみると、内容が原形をとどめていない部分も多い。それは、私の理論的検討が深化したというよりも、おそらくは、現実の自治体環境法政策が絶え間なく動いているがゆえの結果であるように思う。

その動きであるが、全体としてみれば、自治体が自信を持って地域環境空間の法的デザインを実践していると評価できる状況には、まだまだ至っていない。しかし、先進的な自治的法解釈を踏まえて、法律の明文規定がない「道なき未知の道」を探り、条例という形でその法政策を表現する自治体の数は、確実に増えてきている。前版はしがきで記した「地熱」は、広くかつ高まってきている。

「豊かな地域を子どもたちに」という自治体の想いを政策法務的にサポートできる理論づくりの作業を、これからも継続していきたい。分権改革の趣旨が反映されていない現行法のもとでは、伝統的解釈論の立場からは批判もされようが、憲法のもとでの法治主義と民主主義、そして、分権主義の大きな枠組みのなかで、将来の法改正につながるような法政策提案ができるよう、環境行政に軸足を置きつつ、常に心がけていることにしよう。

第一法規株式会社出版編集局の吉村利枝子さんには、内容の最新化作業について、信じられないほどの丁寧さで対応していただいた。第５版までの記述の不適切な部分も、今回かなり修正することができた。熱意あふれるそのお仕事ぶりに、深謝いたしたい。

2012年　ロンドン・オリンピックの熱気のなかで

北 村 喜 宣

はしがき（第７版）

1993年に環境基本法が制定されたとき、1997年に環境影響評価法が制定されたとき、1999年に地方分権一括法が制定されたとき。国におけるそれぞれの出来事は、自治体環境行政現場に対して相当のインパクトを与え、条例の制定などの動きを促してきた。

ところがそれ以降、自治体環境行政は、いまひとつ盛り上がりに欠けているような印象を持つ。人員削減や財政難などが影響しているのだろうか。それとも、十分な成果がえられたからだろうか。自治体において、環境行政は、かつてほどの輝きを放っていないようにもみえる。

とりわけ今世紀に入ってから、私は、分権時代の環境法理論の構築を意識して研究を続けてきた。しかし、思索はそれほどには深化せず、環境管理の観点から国と自治体の適切な役割分担を体現できるような法システムを提示するまでにはなっていない。私自身にも、相当カツを入れなければならない。

1997年初版の本書の改訂は、７回を数えるまでになった。振り返ってみれば、規則正しいもので、$1997+3(x-1)$の式の通りに刊行している。「サボらずに思索を深めよ」という定期的な天の声のようにも感じる。それにもかかわらず、今回の改訂作業においては、法科大学院長の職にあったりほかの仕事を同時並行してしなければならなかったりしたために、十分な時間がとれなかったのが正直なところである。このため、第一法規株式会社出版編集部の吉村利枝子さんには、前版以上の努力をお願いすることになってしまった。誤りの修正や情報の最新化などの作業に関して、今回も大いに助けられた。ありがとうございます。少しは自信を持ってxに８を代入できるよう、これからも自治体環境行政法の研究を深めたい。

2015年夏　坂の上の雲ミュージアムを訪問した日に

北村喜宣

はしがき（第８版）

本書の初版は、1997年に出版された。まったく早いもので、それから21年が経過した。定期的な改訂ができているのは、自治体環境行政の法と政策に対する社会の関心が、なお変わらずにあるからであろう。まずそのことを、読者の皆さまとともに確認したい。

この間、自治体環境行政が取り組むべき課題は、実に多様であった。前版編集時には、空き家問題が注目されたが、現在では、ごみ屋敷問題や民泊問題が顕在化している。いずれも、生活環境の支障を引きおこしている。再生可能エネルギーである太陽光を利用した大規模ソーラーパネルの設置に対しては、自然環境破壊・安全確保の観点からの反対運動が発生している。こうした課題への法政策対応は、自治体環境行政法に新たな理論的課題を突きつけている。さらに研究を進めたい。

第８版の編集にあたっては、第一法規株式会社出版編集局の吉村利枝子さんのお世話になった。動きが激しい自治体環境行政現場の状況を詳細に調査いただいたおかげで、読者の皆さまには、最新の情報をお伝えできた。自治体職員を想う強い気持ちが面倒な作業の原動力になっているように感じる。私自身も、学ぶことが多く、実に見事なサポートであった。北村研究室の大学院博士課程の諸君（釼持麻衣（日本都市センター研究員）、千葉実（岩手県立大学特任准教授）、箕輪さくら）には、校正の手を煩わせた。そのおかげで、内容の明確さは、より高まった。彼・彼女らは、まさに本書の「クルー・メンバー」であると感じる。

第７版「はしがき」に記した「公式」に「８」を代入できたのは、まことに幸いであった。また数年後、自治体環境行政の法と政策に関するさらなる思索の結果を反映できる改訂の機会を得ることができればと思う。

2018年　形容しがたい熱さのなかで

北 村 喜 宣

はしがき（第9版）

環境法の展開の歴史は、経済発展偏重の社会政策へのカウンターバランスとしてのそれであった。1970年の公害国会から半世紀を経過し、わずかにではあるが、そうした環境法の位置づけには変化が生じているようにも感じられる。法ではなく市場の力によって、持続可能性が社会の基底的価値として認識されはじめているからである。

市場に生きる環境負荷発生者にとって、その力は絶対である。環境配慮に欠ける活動をする事業者に対する市場の評価が低くなれば、いやおうなしに市場からの退場を強制される。環境配慮が事業活動に内在化されるとすれば、法律を通じてそれを強制していた環境法は不要になるのだろうか。祝福されるべき「環境法の死」になるのだろうか。

自治体をめぐる環境法には、まだそうした動きは明確には確認できない。しかし、50年、100年という長いスパンを考えるならば、必然の方向性であるように思われる。こうした枠組みの重要性は認識していたい。これからも自治体環境行政法という素材に新たな光をあて、その向こうにあるスクリーンに新たな風景を映し出せるよう心がけたい。

第9版ともなれば、編集作業は情報の入替え程度のメンテナンスになるものだろうが、整理や見解を修正した部分もあった。旧版からの読者にご迷惑をおかけする結果になっているのは、ひとえに己の未熟さゆえである。お詫びするほかない。本書が今後どれほど成長するのかはわからないが、引き続き長くおつきあいしていただければ幸いである。

本版の制作にあたっては、第一法規株式会社出版編集局編集第四部の吉村利枝子氏のお世話になった。第6版以降のパートナーである同氏は、本書のもっとも熱心な読者であろう。校正については、北村研究室から巣立った千葉実（岩手県職員）、釼持麻衣（日本都市センター研究員）、箕輪さくら（宮崎大学地域資源創成学部講師）の各氏の手をわずらわせた。厚く御礼申し上げる。

2021年　静かなる熱き祭典を観ながら

北 村 喜 宣

目次 自治体環境行政法 第10版

Local Environmental Law and Policy [10th edition]

第2部　要綱と協定

第3部　環境基本法と環境基本条例

第4部　環境行政過程と社会的意思決定

凡　　例

空家法	空家等対策の推進に関する特別措置法
オーフス条約	環境に関する、情報へのアクセス、意思決定における市民参加、司法へのアクセスに関する条約
環境配慮促進法	環境情報の提供の促進等による特定事業者等の環境に配慮した事業活動の促進に関する法律
憲法	日本国憲法
公害健康被害補償法	公害健康被害の補償等に関する法律
公害防止財特法	公害の防止に関する事業に係る国の財政上の特別措置に関する法律
工場排水規制法	工場排水等の規制に関する法律
再資源化事業高度化法	資源循環の促進のための再資源化事業等の高度化に関する法律
GX 推進法	脱炭素成長型経済構造への円滑な移行の推進に関する法律
種の保存法	絶滅のおそれのある野生動植物の種の保存に関する法律
循環基本法	循環型社会形成推進基本法
情報公開法	行政機関の保有する情報の公開に関する法律
水質保全法	公共用水域の水質の保全に関する法律
スパイクタイヤ法	スパイクタイヤ粉じんの発生の防止に関する法律
生物多様性活動促進法	地域における生物の多様性の増進のための活動の促進等に関する法律
ダイオキシン法	ダイオキシン類対策特別措置法
地球温暖化対策法	地球温暖化対策の推進に関する法律
地方分権一括法	地方分権の推進を図るための関係法律の整備等に関する法律
鳥獣保護法	鳥獣の保護及び管理並びに狩猟の適正化に関する法律
動物愛護法	動物の愛護及び管理に関する法律
東京都環境確保条例	都民の健康と安全を確保する環境に関する条例
独占禁止法	私的独占の禁止及び公正取引の確保に関する法律
農振法	農業振興地域の整備に関する法律
ばい煙規制法	ばい煙の排出の規制等に関する法律

廃棄物処理法	廃棄物の処理及び清掃に関する法律
PRTR 法	特定化学物質の環境への排出量の把握等及び管理の改善の促進に関する法律
FIT 法	再生可能エネルギー電気の利用の促進に関する特別措置法
風俗営業適正化法	風俗営業等の規制及び業務の適正化等に関する法律
プラ資源循環促進法	プラスチックに係る資源循環の促進等に関する法律
墓地埋葬法	墓地、埋葬等に関する法律
盛土規制法	宅地造成及び特定盛土等規制法
リゾート法	総合保養地域整備法

プロローグ

環境法における自治体環境行政の重要性

●第一線現場にある自治体

1　環境にやさしくない立法過程？

環境行政最前線　自治体行政は、法システムが現実世界とぶつかりあう最前線である。現場では、国の立法者が予期もしていなかった問題や、省庁の妥協的解決により成立した法律ゆえにそもそも十分には対処できない問題が、次々と顕在化する。第一線に立つ自治体職員は、好むと好まざるとにかかわらず、その処理を一手に引き受けることになる。

コスト集中とベネフィット分散　法律は、社会に存在する諸利害を国会が政策的観点から一般的に政治的調整をした結果、および、その調整内容の具体的実現手法を表現した制度である。したがって、指針となる政策が妥当でなければ、憲法秩序に照らしても、問題のある内容の法律がつくられる。

とくに、国レベルの立法過程においては、規制によるコスト（費用）が集中するグループの反発が強いのが一般的である。環境利益のように、ベネフィット（便益）が社会全体に薄く広く分散している場合には、通常、それを統合して強力な規制を実現するという政治的勢力は形成されにくい。結果的に、環境利益を主張する側にとっては、不満の残る内容の法律となる場合が多い。

日本では、議会事前過程における環境行政サイドの政治的・行政的影響力が弱いことに加えて、環境資源は有限だから適正な管理・利用が必要、環境法違反や環境破壊は企業犯罪、良好な環境こそが国民の幸福追求の大前提、あるいは、持続可能な状態で次世代に環境を継承するのは現世代の責務という認識が十分ではなかった。その結果、自由度の高い経済活動や土地利用に対して規制をかけることを運命づけられた環境法は、制定の最初から、必然的に、ある程度の「及び腰」的性格を持たざるをえなかったのである。

2　法創造の最先端実験室

法律と現場実態とのミスマッチ

この不満は、どこで解消されるのだろうか。現実には、法律改正はなかなか期待できない。具体的紛争が発生しても、その解決を求めて民事訴訟や行政訴訟が提起されることは少ないし、そうされたとしても原告勝訴判決は稀である。そこで、法的請求という形をとらない住民の要求の矛先は、いきおい身近な自治体行政に向かう。

行政は、法律や条例にもとづく事務を忠実に実施するのが、その職務である。たしかに、地方自治法２条16項は、「地方公共団体は、法令に違反してその事務を処理してはならない。」と規定する。しかし、根拠となる法令が、地域の社会的・地理的状況により異なった形で現われる問題に対して、必ずしも合理的な解決の指針を示しておらず、その通りにすると余計に問題が大きくなる場合が少なくない。実施過程の実態や社会的・地理的環境の多様な地域の実態に、国の立法者が無理解なためである。前述のように、問題となっている現象を、既存法令がまったく念頭に置いていないこともある。

環境保全に対する住民の意識水準は高くなり、その要求は強くなってきている。以前は我慢していたような環境負荷や環境リスクに批判的に反応し、さらに、新たな環境問題を発見して、その解決を求めるようになっている。行政が根拠とする環境法規では、その要望に応えられない場合も多い。かといって、法律は利益調整の結果であり個別利益が保護されないのは立法者のせいだから民事的救済を求めよとして突き放すこともできない。

「武器がなければつくればよい」

そこで、一応は手持ちの法令を基本としつつも、自治体は、あの手この手を使い、問題の処理や利害の調整にあたらざるをえない。そうした創意工夫が新たな対応を生み、それが、条例や要綱のような一般的な制度となる。協定という手法も生み出される。そして、全国的観点から必要あるいは重要とみなされれば、それらは、法律の制定・改正に影響を与えるなどして、国レベルの制度へと発展していく。これまでにも、多くの制度が、自治体の施策に端を発して生み出されてきた。これからも、そうした傾向は続くであろう。

問題に敏感に反応し機動的に対応する自治体環境行政の現場は、より大きな枠組みのなかでみれば、「法創造の最先端実験室」とも評することができる。環境法の発展にとって、きわめて重要な場所なのである。

3　地方分権時代の自治体環境行政

「市イコール市役所」？

ところで、「市」というと、それは「市役所」という認識が一般的である。都道府県や町村についても同様である。

しかし、その認識は正確ではない。立法府、行政府、司法府の三権および主権者である国民から「国」が構成されるように、自治体も、議会、行政、および、地域的主権者である住民から構成される。行政は、自治体の一部にすぎない。「自治体行政イコール自治体」ではないのである。

地方自治国家ニッポン

憲法第８章が地方自治を規定することから明らかなように、日本は、「地方自治国家」である。憲法の基本原理は、地方自治を含む４つなのであり、憲法学の認識は、修正されなければならない。

憲法92条は、国家のなかで自治体の存在を前提にしたうえで、自治体に影響を与える法律を制定する際には、それが「地方自治の本旨」にもとづかなければならないとした。その内容は、「国家のなかで自治体が国から独立して存在し、自律的にその区域の運営をする」（団体自治）と、「自治体の運営は住民の意思にもとづいて決める」（住民自治）であるとされる。ところが、憲法施行後ながらく、こうした憲法原理を否定するような機関委任事務制度が存続していた→31頁。これに対応すべく、地方分権一括法の施行により2000年に断行された第１次分権改革（機関委任事務制度の全廃、関与の法定主義、国地方係争処理委員会の創設）は、とりわけ団体自治の回復をそれなりに実現した→31頁。自治体においては、「自分の事務」となった法定事務について、地域ニーズを踏まえた条例を制定して法律と融合的に運用するなどの成果も現れてきている。

一方、住民自治の拡充は、今後の課題となっている。そうであるとすれば、行政だけではなく、いかにして自治体全体での議論を可能にするかを考えなければならない。これまでの経緯からすれば、行政がイニシアティブをとる場合も多いだろうが、上述のように、「自治体行政」は「自治体」と同義ではないことを忘れてはならない。

自治体環境行政の局面

環境行政を進めるにあたっても、このような理解は、十分に踏まえられるべきである。自治体の環境管理は、自治体環境行政の独占物ではない。環境管理に関して、現在世代および将来世代から信託を受けている自治体環境行政は、長のリーダーシップのもと、住民、事業者、議会と議論を重ねながら、新たな時代にふさわしい新たな仕組みを構築しなければならない。それは、行政が実質的に多くを決めてきたこれまでの慣行とは異なるかもしれないが、「自治体全体で決める」ことの意義を認識し、長期的な視点を持った対応を期待したい。

「首長」って一体…

都道府県知事や市町村長を指して「首長」ということがある。社会的にも定着した呼称であるが、法律用語としては誤用である。たんに「長」で足りる。憲法66条１項に明らかなように、「首長」とは、内閣総理大臣のみを指す。国務大臣の任免権を持ち、何人もの大臣のなかで一段上に立っている。「首相」というのは、そういう意味である。

これに対し、自治体は、ひとりの長のもとで、自主的かつ総合的施策を実施する行政主体である（地方自治法１条の２第１項）。分権時代には、このことの意味を十分に考える必要がある。

団体自治も自ら拡げる

分権改革によって団体自治の拡充がそれなりに実現されたといっても、まだまだ課題はある。すなわち、この改革によっても、法律の構造や条文は基本的には変わっていないために、地域特性に適合するように事務を実施する自治体裁量は、それほど増えていないようにみえるのである。

しかし、自治体の事務となった意味は相当に大きい。当該事務が条例制定権の対象となるからである。たとえ条例規定が法律になくても、自治体は、地域における行政につき自己決定できる部分を広く解釈して、自治体課題の解決に当該法律を活用できるような仕組みを条例で整備できる。行政手続法にもとづき審査基準や処分基準を作成できる。自治体は、自らの創意工夫により、団体自治の内実を豊かにできるのである。試行錯誤であるが、先駆的な取組みもみられるようになってきた。本書では、そうした動きにも注意を払いたい。自治体環境行政現場からの法政策の発信は、今後ますます多くなるだろう。

第1部

自治体環境行政と条例

第１章　公害・環境条例の70年

●公害対策から環境管理、そして、カーボンニュートラルへ

1　日本国憲法のもとでの自治体行政

地方自治の本旨

大日本帝国憲法時代とは異なり、地方自治の保障を基本原理のひとつとする日本国憲法のもとでは、自治体に関わる行政は、自治体が主体となっての推進が期待されている。その根拠は、法律と条例である。

国会の制定にかかる法律は、「地方自治の本旨」にもとづき、かつ、それを侵してはならないというのが、憲法の命令である（92条）。自治体がその地域の行政を国から独立して担当し、決定は住民の意思にもとづいて行われる。法律が自治体について規定する際にも、こうした状態が保障されていなければならなかった。

ところが、直接公選の住民代表である都道府県知事や市町村長を大臣の下級行政機関に一方的に指名し、いわば国の世界に強制連行したうえで国の事務実施を義務づける機関委任事務制度に代表されるように（地方自治法旧150条）、現実には、違憲的な法律状態がながらく続いていた→32頁。環境法も、その例外ではなかった。

第１次分権改革と条例

第１次分権改革は、憲法適合的地方自治状態を実現すべく、機関委任事務制度の全廃をはじめとする一連の大改革を断行した。機関委任事務については、国の直接執行事務とされたもの、および、事務それ自体が廃止されたもののほかは、法定受託事務と法定自治事務に振り分けられた。法定受託事務（本書では「第１号」を前提とする。）とは、国が本来果たすべき役割に係る事務であるため、その適正な処理の確保のために国に強い関与が法定されているものである。それ以外の法定事務が法定自治事務である（地方自治法２条８～９項）。いずれも自治体の事務（「法的自治体事務」と称する。）であるから、自治体は、中央政府からは独立して自主的・自立的に法律解釈ができる。また、それらは、憲法94条にもとづき、条例制定権の対象となる。一方、法律の未規制分野で自治体の役割と考えられる行政については、従来から条例制定権の対象となっており、実際にも、多くの条例

が制定されていた。

四半世紀を経過した分権改革

2000年に断行された第１次分権改革から、早くも四半世紀が経過しようとしている。自治体職員の多くは「分権世代」であるが、この改革の意味を理解できていない者も少なからずいる。

本書では、「条例」を鍵概念とする。そうした職員をも念頭に置きながら、分権時代における自治体自己決定の手法としての条例を通じて、自治体環境行政の意味を考えてみたい。

2　自治体環境行政の法的根拠

自治体行政の重要課題

自治体行政の重要な課題のひとつは、将来および現在の住民に対して、快適で安全な生活の前提となる生活環境（居住環境・都市環境・自然環境）を保障することにある。いうまでもなく、住民の生存・生活にとって、最低限度の質の環境の確保は必須であるし、さらに、人間らしく生活するためには、よりよい質の環境の保全と創造が求められる。社会福祉政策であれ産業政策であれ、その基盤には、それを可能にするためのインフラとしての「環境」が存在するのである。

実定法上の手がかりは、自治体が「住民の福祉の増進を図ることを基本として、地域における行政を自主的かつ総合的に実施する役割を広く担う」と規定する地方自治法１条の２第１項にある。「住民の福祉」の内実は多様であるが、生存の最低条件である生活環境の確保、そして、人間らしく生活するために必要なより快適で良好な環境の保全と創造は、そのコアの部分を構成している。さらに、環境基本法７条と36条、および、土地基本法７条１～２項も根拠としうる。より根本的には、自治体の権能について「財産を管理し、事務を処理し、及び行政を執行する権能を有し、法律の範囲内で条例を制定することができる。」と規定する憲法94条をあげることができよう。

「身近な行政は自治体で」

国という「高さ」からは、十分な情報を入手しえない環境資源は多くある。また、すべてについて国が関与するのは不可能でもある。基本的な枠組みをつくることは国の役割であるとしても、地域環境の管理のための具体的ルールづくりとその実施は、国家のなかで、国ではなく自治体に留保された事務とみるべきである。地方自治法１条の２第２

項は、上記第１項の「規定の趣旨を達成するため」、国は「本来果たすべき役割を重点的に担い、住民に身近な行政はできる限り地方公共団体にゆだねることを基本として、地方公共団体との間で適切に役割を分担するとともに、地方公共団体に関する制度の策定及び施策の実施に当たつて、地方公共団体の自主性及び自立性が十分に発揮されるように〔する〕」と規定している。その趣旨は、環境行政についても妥当する。

必要なファイン・チューニング　法律は、国レベルでの諸利益の調整の結果である。それをそのまま自治体現場で適用すれば妥当な解決がもたらされるというものではない。法律は、「不完全」「時代おくれ」となる宿命にある。それゆえに、法律を踏まえつつも、具体的処分が行われる際に、自治体レベルでの「地域最適化」「再調整」が必要になる。

それには、実体的側面と手続的側面がある。その余地や幅は、法律により異なるだろう。法律に違反はできないものの、地方分権一括法によって改正された地方自治法の制度趣旨を十分にいかしつつ、地域の特性に適合した実体的・手続的ルールを創造することは、自治体環境行政の重要な使命である。

法律の枠組法化　より抜本的には、国と自治体の適切な役割分担を踏まえ、「地方分権時代の国法は枠組法化・大綱化すべきであり、そのなかでは、多くの事項を自治体の自律的決定に委ねるべき」という議論が深められる必要がある。国民の基本的人権の保障のために国会が法律を制定し、そのなかで、自治体の事務を創出することがあるとしても、それに関する立法的関与は、次章でみるような立法原則（地方自治法２条11項）を踏まえて、抑制的でなければならない。

ただ、国際環境条約の締約国として講ずる国内的措置のように、国家として、何らかの対応が必要な場合には、それを国の事務にして直接執行をするのが適切な場合もある。地球温暖化対策法の2021年改正や2024年に制定された再資源化事業高度化法は、その例である。「環境だからすべて自治体」というわけではない。一方、国内的措置を講ずるにあたって、法律で自治体の事務をつくった方がより効果的に対応できる場合もある。条約の実効的な実施の担い手として自治体が位置づけられる事例は、これから増加するだろう。

3　条例の展開過程

1．第1期

「汚染先進自治体」が先鞭

戦後から現在に至るまでの条例制定の歴史は、６つの時期に分類できる。ここでは、水質二法と称される水質保全法(1958年）と工場排水規制法（1958年)、ばい煙規制法（1962年）といった国レベルでの公害規制法制整備の時期以前を第１期という。第２次世界大戦後の復興に伴って汚染が拡大・深刻化し始めたこの時期には、環境汚染の深刻な地域を抱える都府県が、条例によって、独自の対応を模索した。

東京都工場公害防止条例

最初に制定されたのは、1949年の東京都工場公害防止条例である。認可制を通じて特定の工場の立地を規制し、公害防止のための行政処分や刑事的制裁も規定するなど、内容的にみても、日本の公害行政史上、先駆的意義を持っていた。しかし、排出基準という制度がなく、「事業主は、……公害を生ずる虞れのある場合は、……除害に必要な設備をしなければならない。」(12条）という規定にみられるように、従うべき規範が明確ではなかった。「危害を生ずる虞れがあると認めるとき」(18条１項２号）というように、監督処分の要件もあいまいであった。また、立入検査をはじめ監督システムを実施するための行政体制が実際には整備されておらず、同条例はほとんど成果をあげなかったといわれている。

調和条項誕生

その後、1950年には大阪府、1951年には神奈川県、そして、1955年には福岡県が、それぞれ事業場公害防止条例を制定した。このなかでは、神奈川県条例が注目される。

神奈川県条例の目的規定には、「産業の発展と住民の福祉との調和を図ることを目的とする。」(１条）という箇所があり、おそらく、これが、日本の環境・公害法に現れた最初の「調和条項」と思われる。その後、同様の調和条項は、ばい煙規制法や大阪府条例の1965年改正、そして、公害対策基本法などに取り入れられる。

そのほか、工場起因以外の個別公害現象への対応として、東京都が、1954年に「騒音防止に関する条例」を、翌年にばい煙防止条例を制定した。ここでは、「音量の基準」「ばい煙の濃度」という形で、排出基準制度が採用されている。

試行錯誤の環境規制

この時期の条例は、ばい煙、騒音、振動など、可視的・可聴的現象による相隣関係的紛争の予防や局地公害の防止を念頭に置いたものであった。第１期前半の条例の一般的傾向として指摘できるのは、義務づけの内容や行政権限の発動が、きわめて抽象的な基準によっていることである。この点は、第１期後半の条例にみられるように、被規制者に対する具体的な排出基準の遵守義務づけへと発展する。また、公害かどうかを事業場公害審査委員会に諮って決定する神奈川県条例に特徴的なように、権限発動が必ずしも機動的に行えないようになっていた。ただ、日本の公害対策法制の基本は、この時期に形成されたとみてよいだろう。

２．第２期

公害国会

第２期は、第１期後・1970年代半ばまでである。この時期には、国レベルでも、1967年に公害対策基本法が、1968年に大気汚染防止法が制定されている。さらに、1970年の第64回臨時国会（いわゆる公害国会）で、両法は、調和条項削除を含めて改正された。同国会では、合計14法律の制定・改正があった。なお、公害対策基本法から削除された調和条項は、騒音規制法13条をはじめいくつかの法律の監督措置規定に「中小企業への配慮」として、また、自然公園法４条をはじめいくつかの法律の基本方針規定に「財産権への配慮」として、あたかも「生きている化石」のようにその発想を残存させている点に注意が必要である。

公害防止関係の条例については、公害対策基本法制定時に、18都道府県が制定していた。その数は、1968年に23都道府県に増え、その後、1969年には32都道府県、1970年には44都道府県、さらに、1971年には全都道府県で制定されるに至った。

東京都公害防止条例

そのなかでも重要なのは、1969年制定の東京都公害防止条例であろう。国の対応では当時深刻化していた東京都の環境悪化を防止することはできないという認識のもとに、工場設置の認可制と立地規制、国法以上に厳格な燃料基準・施設基準の設定、国法の濃度規制方式とは異なった総量規制方式の導入などの思い切った対応を制度化したのである。

理論的には、国の法令との牴触関係が問題にされたようであるが、そうした論議を抑えるように、公害国会における法律の制定・改正によって、条例による上乗せ・横出しが明示的に規定されるなど、都条例の内容が、事後的に国法で認知された。上述のように、国レベルでは、公害国会においてはじめて「調和条項」が削除されるが、都条例は、それに先立って産業優先の考え方を明確に排した点でも先駆的であった。以降、都条例の内容をモデルにして、全国の自治体で、公害防止条例の制定・改正が行われたり、個別法にもとづく上乗せ条例が制定されていった。

積極的な条例展開

1972年制定の自然環境保全法にもとづくという位置づけの条例も、富山県自然環境保全条例（1972年）をはじめとして、次々に制定された。また、自然公園法にもとづく条例も増え、現在では、すべての都道府県で制定されている。国法にもとづくものではないが、長野県自然保護条例（1971年）は、早い時期の対応であった。

第１期では、国法により条例の命運が左右されていた。第２期になると、いよいよ深刻化する公害現象に直面する先進的自治体が積極的な政策選択をして、国法に逆に影響を与えるような条例を制定しはじめた。公害対策と自然環境保全に関する基礎的な条例整備がされたのが、第２期の特徴である。

３．第３期

新たなシステムの模索

第３期は、第２期後・1980年代半ば過ぎまでである。国については、二酸化窒素環境基準緩和（1978年）や公害健康被害補償法のもとでの第１種指定地域全面解除（1987年）にみられるように、環境行政後退期・停滞期といわれる時期である。自治体では、第２期の実績を踏まえて、より総合的な環境管理のためのシステムづくりが模索された。

条例の躍進

その端的な例は、環境アセスメントである。特定の事業活動による環境への影響を総合的に把握して対策を講ずることを目的にした環境影響評価条例の制定は、この時期の特徴である→156頁。これは、長年にわたる環境影響評価法の制定作業が国レベルで難航し、上程はされたもののついには廃案に追い込まれたことに対する自治体レベルでの対応である。1976年に、川崎市が先駆的に「環境影響評価に関する条例」を制定して以降、都道府県レベルでは、北海道（1978年）、神奈川県（1980年）、そして、東京都（1980年）と続いた。

緊急の対策が必要な汚濁項目や発生源に対して、ひとまず地方レベルでそれなりに厳しい規制をかけたのが、第２期の条例の特徴であった。第３期には、その効果が現れると同時に、それではカバーしきれない環境への負荷が顕在化するに至る。

湖沼の富栄養化現象は、その一例である。1979年には、滋賀県が、「琵琶湖の富栄養化の防止に関する条例」を制定し、汚染原因の元凶と目されていた有リン合成洗剤の使用禁止をはじめとする措置を講じた。1981年には、茨城県が、「霞ケ浦の富栄養化の防止に関する条例」を制定している（2007年に「茨城県霞ケ浦水質保全条例」と改称）。後にスパイクタイヤ法に結びつくスパイクタイヤ対策条例が、1985年に宮城県で、1987年に札幌市で制定されたのも、第３期である。

４．第4期

環境概念の多様化への対応

第４期は、第３期後・2000年の地方分権一括法施行までである。この時期を概観して印象的なのは、環境概念の多様化がみられ、それが条例に反映されていることである。従来ならさほど関心も払われなかったような事象に対して、保護の必要性が認識され、あるいは、開発による環境への影響に、社会が敏感になってきた。

そのひとつの要因として、内需拡大を至上命題にバブル経済の追い風を受けて制定・実施されたリゾート法がある。環境への影響が潜在的に大きいリゾート事業を何とか自治体環境に適合するように調整するべく、兵庫県「淡路地区の良好な地域環境の形成に関する条例」（1990年制定。1995年から「緑豊かな地域環境の形成に関する条例」に改称）をはじめ、多くの条例・要綱が制定されている。機関委任事務体制のもとでの「適法開発の結果としての濫開発」に何とか対応したいという法政策的意思の現れである。

濫開発を止めろ！

景観に対する関心が高まったのも、この時期の特徴である。宮崎県沿道修景美化条例（1979年）のように、早い時期のものもあるが、都道府県レベルの景観保全条例の多くは、第４期である。先導的役割を果たしたのは、滋賀県の「ふるさと滋賀の風景を守り育てる条例」（1985年）であろう。景観条例は、都道府県レベルでは、その後、兵庫（1985年）、熊本（1987年）、大分（1988年）、岡山（1988年）、栃木（1989年）、山梨（1990年）、長野（1992年）などで制定された。現在は景観条例（1998年）に統合されているが、1989年制定の福島県旧リゾート地域景観形成条例は、リゾート法実施に伴い懸念された景観悪化の予防を目的にしている。また、水質浄化とともに水辺景観にも配慮したユニークな条例として、滋賀県「琵琶湖のヨシ群落の保全に関する条例」(1992年）がある。景観条例の制定は、第５期においても継続する。

まちづくり条例の台頭　環境に配慮した良好なまちづくりを進めるためには、都市計画法や建築基準法をはじめとする法律のもとでの画一的な基準では、必ずしも十分ではない面がある。そこで、事実上の上乗せ・横出し的措置の履行を求める条例や、法律の適用外地域について独自の対応をする条例が目立ったのも、第４期の特徴のひとつである。

まちづくり条例の制度設計は種々あるが、法的手法の観点からみれば、基本的には、行政指導によっている。例としては、(神奈川県）真鶴町まちづくり条例（1994年)、(神奈川県）鎌倉市まちづくり条例（1995年)、(三重県）旧伊賀町まちづくり環境条例（1995年）(伊賀町は、現・伊賀市)、(長野県）白馬村旧開発基本条例（1988年）がある。これらは、景観という単一の保護法益ではなく、自然的・歴史的・社会的環境といった複合的要素を射程に含む。

飲み水の保護　水源に対する関心が高まったのも、この時期の特徴であろう。水質汚濁の原因となりうる施設の水源地域への立地を規制する水道水源保護条例が、1988年に津市で、1989年に（静岡県）伊東市で制定された。伝統的タイプの環境汚染のなかにも、土壌汚染のように、対策の網の目から漏れていたものもある。地下水の水質汚濁との関係での対応例として、(神奈川県）秦野市「地下水汚染の防止及び浄化に関する条例」(1994年）(現在は、秦野市地下水保全条例（2000年)）がある。

山梨県旧「高山植物の保護に関する条例」(1985年)、熊本県旧「希少野生動植物の保護に関する条例」(1991年)、(岐阜県）旧谷汲村ギフチョウ保護条例（1986年）(谷汲村は、現・揖斐川町）は、希少な特定種に注目した自然保護条例である。(岡山県）旧「美しい星空を守る美星町光害防止条例」(1989年）(美星町は、現・井原市）も、この時期の傾向をよくあらわしている。

環境基本条例登場　第４期においては、21世紀を射程に入れた環境政策を展開すべく、熊本市（1988年)、熊本県（1990年)、川崎市（1992年）などが、早い時期に環境基本条例を制定した。1993年の環境基本法制定を受けて、ほかの自治体でも、環境基本条例をつくる動きが加速した。そこでは、自治体政策全体における環境政策の位置づけや具体化のシナリオが、積極的かつ体系的に示されている。→88頁

また、1997年の環境影響評価法制定を受けて、同法との整合性を図るべく、先行的に制定されていた環境影響評価条例が改正されたり、それまで要綱で運用していた自治体が条例を制定したりしている。→156頁

５．第５期

地方分権推進への大きな一歩

第４期後・2020年までが、第５期である。2000年の地方分権一括法施行により、地方自治は、革命的な変化を経験した。第１次分権改革によって、機関委任事務制度が全廃され、自治体が行う事務はすべてが「自治体の事務」となった。国と都道府県と市町村との対等関係も確認された。これらの動きは、自治体環境行政に対して、大きな影響を与えている。

景観法の登場

2004年に制定された景観法は、それまでの景観条例やまちづくり条例の法政策を十分に踏まえつつ、さらに、それらの多くが行政指導に頼るだけであったという限界を克服するべく、自治体景観政策をさらに推進することを目的としている。景観法は、条例に多くの決定を委ねており、そのかぎりにおいて、自治体は、地域特性に配慮した条例を制定できる。法律に規定のある条例や独自政策にもとづく条例を組み合わせて一本の条例にした（神奈川県）秦野市景観まちづくり条例（2005年）、（長野県）安曇野市景観条例（2010年）、（兵庫県）芦屋市都市景観条例（2009年）をはじめ、創意工夫を凝らした条例が制定されている。

環境リスクへの対応

伝統的法益である生命・健康についても、微量の有害化学物質への長期曝露により不可逆的影響が出る可能性があるというリスク問題の視点から、改めて保護の対象となってきている点にも注目すべきである。議員立法として制定された（埼玉県）所沢市「ダイオキシンを少なくし所沢にきれいな空気を取り戻すための条例」（1997年）、および、より具体的措置を盛り込んだ「所沢市ダイオキシン類等の汚染防止に関する条例」（1999年）は、ひとつの例である。

また、地球環境問題への独自の法政策的対応も、具体化されはじめた。京都市地球温暖化対策条例（2004年）をはじめ、主として手続規制や任意アプローチを通じての対応を規定する条例が増加するなか、東京都環境確保条例（2000年）は、2008年改正において、一定規模以上の事業所に対して二酸化炭素排出量の削減を義務づけ、その実現のために、排出量取引制度という経済手法を導入した点で注目される。強制手法と誘導手法を組み合わせたベストミックスによる実体規制の一例である。

希少種保護に関する条例はこれまでにもあったが、オオクチバスをはじめとする外来魚による生物多様性の破壊予防と回復に関しては、「滋賀県琵琶湖のレジャー利用の適正化に関する条例」（2002年）が再放流を禁止する対応をしている（罰則などはなし）。

新・公害防止条例の誕生　従来の枠組みを踏まえつつ新たな課題に対応すべく、公害防止条例の改正がされている。「新・公害防止条例」である。たとえば、川崎市は、川崎市公害防止条例（1972年）を廃止して、1999年に、「川崎市公害防止等生活環境の保全に関する条例」を制定した。そこでは、大気汚染や水質汚濁といった従来型の公害に加えて、化学物質、温暖化物質・酸性雨原因物質、オゾン層破壊物質が、条例の対象として取り込まれている。同条例は、権力的規制だけではなく、事業場の自主管理を促進するための規定も新設している。川崎市条例は、過去からの経緯もあって条例名に「公害」を残したが、神奈川県は、公害防止条例（1978年）を廃止して、1997年に、「神奈川県生活環境の保全等に関する条例」を制定した。

新たな生活環境管理条例　2010年代前半期の特徴として、生活環境の保全を目的のひとつとする空き家条例ブームがある。→273頁「所沢市空き家等の適正管理に関する条例」（2010年）を嚆矢とするこの動きは、2014年の空家法の制定につながった。その後、同法を受けとめた既存条例の改正や新規条例の制定が活発に行われた。

FIT法にもとづき導入が進められる再生可能エネルギーのひとつである太陽光による発電パネル設置が、各地で紛争を招いている。2017年に制定された住宅宿泊事業法にもとづく民泊による生活環境破壊が懸念された。これらに関して、規制条例の制定が拡大した。それぞれに関するこの時期の代表例として、（大分県）「由布市自然環境等と再生可能エネルギー発電設備設置事業との調和に関する条例」(2014年)、(東京都)「千代田区住宅宿泊事業の実施に関する条例」(2018年) をあげておこう。「京都市不良な生活環境を解消するための支援及び措置に関する条例」(2014年) など、いわゆるごみ屋敷条例も散見される。

6. 第6期

カーボンニュートラル

第5期後・現在までを、第6期としよう。2020年は、2016年に発効したパリ協定を踏まえ、中央政府がカーボンニュートラル宣言をした年である。翌年に改正された地球温暖化対策法は、これを基本理念に取り込み、再生可能エネルギーの利用拡大を図る「地域脱炭素化促進事業」を展開するための制度整備をした。2023年には、賦課金や負担金という経済手法の導入を明記するGX推進法が制定された。さらに2024年には、たんなる資源循環ではなく、温室効果ガス排出削減効果が高い資源循環を促進するべく、再資源化事業高度化法が制定されている。

温室効果ガス削減施策の拡大

国におけるこうした動きを受けて、第5期において制定が目立っている地球温暖化対策条例も、改正を求められるだろう。環境基本条例にもそうした動きがみられる。法律のもとでの強制力を伴う規制は多量排出者に限定されることから、その対象外の事業者、そして、家庭や住民に対するアプローチが、条例で展開されるのではないだろうか。

ESGとSDGs

→103頁

ESGとSDGsを政策課題に掲げる自治体が増加している。理念条例の制定は、第5期にもみられた((北海道)「下川町における持続可能な開発目標推進条例」(2018年)、(群馬県)「持続可能な開発目標(SDGs)を桐生市のまちづくりに生かす条例」(2019年))。第6期においては、(新潟県)「妙高市人と地球が笑顔になるSDGs推進条例」(2022年)、(新潟県)「佐渡市地域循環共生圏の創造による持続可能な島づくり推進条例」(2023年) などの制定例がある。

4　今後の展望

国と自治体の適切な役割分担

第１次分権改革の基本思想は、「国と地方公共団体との適切な役割分担」の実現である（地方自治法１条の２第２項）。このフレーズを裏からみるとわかるように、以前は「不適切な関係」だったのである。

関係を改善するといっても、それが法律の規定にもとづいている以上、同改革以前に制定された法律の抜本的改正が不可欠である。ところが、その作業はされていないというのが公平な見方だろう。国は「自治体離れ」ができず、自治体は「国離れ」ができない。改革の熱気がほとんどなくなった現在において、相当の力業を要するその作業を期待するのは、政治的にも行政的にも非現実的である。

自治体としては、まずはこの改革の成果を改めて認識するとともに、「そのような施策は国の役割分担としては不適切」というように、鈍化しつつある国の分権感覚を覚醒させるような指摘を、具体的事案において継続するべきである。それと同時に、適切な役割分担の実現が憲法の命令であることに鑑み、自らなしうることを粛々と実践する必要がある。本書が強調する「条例の制定」は、そのための重要な方策である。

新たな自治体環境ガバナンス

現在の環境条例は、次の２つの類型に分けることができる。第１は、地域における総合的政策主体という役割を踏まえて、自治体が次世代に継承すべき環境資源の内容を民主的に確定することを可能にする条例である。住民自治拡充型条例といえよう。そこでは、環境基本条例や環境基本計画に規定される環境ガバナンスの内容を個別の環境空間に即して具体化したり、自治体環境決定に関する合意形成・住民参画のシステムや情報公開のシステムが整備されたりする。環境管理における都道府県と市町村の役割分担についても、両者の間で、水平的な調整がされることになろう。

第２は、これまで条例制定権の範囲外であった機関委任事務（現在では、法定受託事務と法定自治事務という自治体の事務）に関して、地域特性に応じた対応ができるような条例である。団体自治拡充型条例といえよう。そこでは、個別法に規定される条例制定権を活用することのほか、たとえば、分権推進的な解釈を踏まえて、環境影響評価条例の結果を法律にもとづく許可審査の検討事項としたり→176頁、法令に規定されている許可基準を自治体事情を踏まえて具体化・詳細化したり追加したりすることが考えられる→39頁。要綱の条例化も、顕著な傾向である。

自治体法政策が環境法を動かす

四半世紀が経過するとはいえ、地方分権時代の条例論は、まだまだ試行錯誤の状態にある。明確に認識されつつある自己決定・自己責任の原則を踏まえて、大胆な発想のもとに自治体環境空間の管理を目指す個性豊かな条例の制定が期待される。自治体における実験的対応が、国法の発展に影響を与えてきた歴史に鑑みれば、そうした動きは、この国の環境法政策を、確実に豊かなものにするに違いない。

参考文献

■宇都宮深志＋田中充（編著）『事例に学ぶ自治体環境行政の最前線：持続可能な地域社会の実現をめざして』（ぎょうせい、2008年）38頁以下
■川名英之『公害の激化』（緑風出版、1987年）
■小林重敬（編著）『地方分権時代のまちづくり条例』（学芸出版社、1999年）
■鈴木洋昌『広域行政と東京圏郊外の指定都市』（公職研、2021年）
■筑紫圭一『自治体環境行政の基礎』（有斐閣、2020年）
■原田尚彦（編著）『公害防止条例』（学陽書房、1978年）
■人見剛＋横田覚＋海老名富夫（編著）『公害防止条例の研究』（敬文堂、2012年）
■「〔特集〕地方分権と環境法のあり方」ジュリスト1275号（2004年）

第2章　条例制定権の限界

●越えてはならぬこの一線？

1　条例と条例論の重要性

自治体環境行政と条例

次章でみる要綱による対応もあるが、民主的に自治体環境行政を進めようとしたときに行政の活動の基本になるのは、何といっても、議会の議決にかかる条例である。前章で概観したように、自治体は、条例の制定と運用によって、環境悪化の防止や良好な環境の創造に努めてきた。

ところで、もとより条例は、法律との関係をまったく考えずに制定できるものではない。どのような内容の条例をどのような分野について制定できるかは、行政法学上の大きなテーマである。制定された条例に理論的根拠を与えるべく、あるいは、新たな条例の世界を切り拓くべく、学界でも、活発に議論が戦わされてきた。

そこで、本章では、条例制定権の限界に関する従来からの議論を、公害・環境条例に即して整理し、地方分権時代における可能性を探究することにしよう。どうなれば条例は法律に違反するのか、越えてはならない一線はどこにあるのかがポイントである。

2　条例で土地利用を制約することができるか

1．条例が制定できる事務の範囲

憲法94条と地方自治法14条1項によれば、自治体は、「法律の範囲内」「法令に違反しない限りにおいて」、条例を制定できる。ここで確認されるべきは、自治体の条例制定権は、地方自治法14条1項に由来するのではなく、憲法94条に根拠を持つという点である。実務家のなかには、この点に関する認識が十分になく、個別法を所与としてそれに違反できないと考える向きが少なくない。また、中央政府の職員は、個別法に明文規定がなければ当該法律に関する条例は制定できないと考える傾向にある。条例が制定できるかどうかは、法案の起案者である自分たちが明示的に

決定するというのである。条例制定権が個別法に服するという前時代的発想である。あたかも法律と政省令のような関係を前提とする古典的感覚である。

しかし、「国の事務」であった機関委任事務が廃止され「自治体の事務」（法定自治体事務）になった現在、→6頁、32頁それは基本的に、条例の対象になる事務である。憲法92条を踏まえた規定である憲法94条の権能を十分に発揮できないようにしている法律があれば、それこそが違憲である。

環境管理と土地利用規制　これまで、環境規制については、とりわけ土地利用規制との関係で、条例の適法性が議論されてきた。公害防止や環境保全目的のための規制は、土地利用を制限する場合が多い。敷地外に無処理の廃水を流して河川を汚染したり、あるいは、自分の所有する土地の自然景観を大きく改変してリゾート施設をつくるというように、公害や環境破壊は、何らかの限度を越えて自分の土地を自由に利用した結果である。

したがって、その予防や抑制のためには、汚濁防除装置設置の義務づけや工場立地そのものの制限や樹木伐採の制限など、土地利用に法的規制を加える必要がある。条例による土地利用規制は可能なのだろうか。

２．憲法29条２項と条例による土地利用規制

「条例ではできない」説　憲法29条２項は、「財産権の内容は、公共の福祉に適合するやうに、法律でこれを定める。」と規定する。法律以外に条例でもできると書かれていないから、土地所有権の制限は、国会の制定する法律のみがこれをなしうるという解釈が、かつては有力であった。

「条例でもできる」説　しかし、現在では、条例でも可能と解する説が多数である。その理由とするところは一様ではないが、整理すると、次のようになろう。すなわち、①憲法29条２項は、法律の授権なき行政命令のように、議会の決定によらずに財産権の制限はできない旨を規定したにすぎないのであり、住民代表の自治体議会が制定する条例による規制を排除したものではない、②公安条例などのように精神的自由権の制約さえ条例で可能と解されているのに（最大判昭和43年12月18日判時540号81頁、最大判昭和50年９月10日判時787号22頁）（もちろん、立法事実を欠いたり平等原則や比例原則に反していれば違法）、それよりも外在的制約に服しやすいとされる財産権の制限が条例でできないのは不均衡である。

３．憲法94条と条例による土地利用規制

包括的条例制定権

条例による土地利用規制の憲法上の根拠については、29条ではなく94条の問題として整理すべきという考え方も示されている。この考え方によれば、憲法29条２項にいう「法律」とは、文字通り、国会の制定にかかる法律を意味する。一方、危険防止への対応も良好な環境の創造も、いずれも地域的課題に対応すべき自治体の事務であり、それゆえに、憲法94条にもとづいて条例を制定できるとするのである。

おそらくは、こちらの整理の方が適切であろう。精神的自由権に対する条例規制に関しては、青少年保護条例や暴走族追放条例のような例があるけれども、憲法21条には、条例制定を可能とする特段の手がかりはない。財産権に関する憲法29条２項になまじ「法律」という文言があるために、無用の解釈論争を招いたように思われる。

精神的自由権であっても経済的自由権であっても、それを制約する条例制定権の根拠は、憲法94条である。その限界は、憲法21条や29条などの解釈によるほか、「法律の範囲内」の解釈によると考えるべきであろう。その方が、地方自治を尊重する憲法適合的解釈である。

奈良県ため池条例事件判決

条例による土地利用規制という論点については、通常、奈良県ため池条例事件判決（最大判昭和38年６月26日判時340号５頁）が参照される。同判決は、ため池の破壊・決壊の原因となるような危険な土地利用行為は、憲法・民法のもとでも適法な財産権行使として保障されていないから条例（「ため池の保全に関する条例」（1954年））で禁止・処罰しても憲法や法律に抵触・逸脱しないと判示した。条例による危険防止目的での土地利用規制の可否については、「事柄によつては、特定または若干の地方公共団体の特殊な事情により、国において法律で一律に定めることが困難または不適当なことがあり、その地方公共団体ごとに、その条例で定めることが、容易且つ適切なことがある。」とし、ため池保全はそれに該当するとしているために、これを認めるようにみえる。

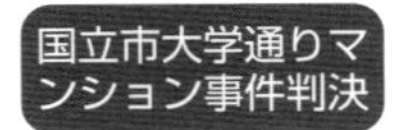

下級審においては、環境保全目的での土地利用規制の憲法的根拠をとくに問うことなく条例の適法性を当然の前提にして判断をしている裁判例もあったが（神戸地判平成５年１月25日判タ817号177頁、東京高判平成13年９月12日判自240号44頁）、ながらく最高裁判所の判断はなかっ

た。

この点については、国立市大学通りマンション事件最高裁判決（最一小判平成18年３月30日判時1931号３頁）が参考になる。同判決は、「景観利益の保護とこれに伴う財産権等の規制は、第一次的には、民主的手続により定められた行政法規や当該地域の条例等によってなされることが予定されている」と述べた。ここでは、条例に関して、「法律にもとづく」というような限定は加えられていない。法律にせよ条例にせよ、議会の制定にかかるものであることが重視されているのである。最高裁判所は、目的を問わず、財産権規制の法的根拠については、おそらく憲法94条と考えていると思われる。

条例の適法性を前提にして判断を示した旧紀伊長島町水道水源保護条例事件判決（最二小判平成16年12月24日判時1882号３頁）、東郷町ラブホテル規制条例事件決定（最一小決平成19年３月１日 LEX/DB28130522）においても、同様と考えられる。

土地基本法と環境基本法　1989年制定の土地基本法は、自治体にも土地利用措置を適切に講ずる責務を負わせているが（７条１項・13条１項）、それにあたって、「法律の定めるところにより」といった制約を規定しない。また、1993年制定の環境基本法も、地域の自然的社会的条件に応じた環境保全のために必要な施策を実施することを自治体の責務としているが（36条）、「法律にもとづき」という制約を設けていない。これらの条文は、自治体が憲法94条にもとづき条例を制定して土地利用規制ができる旨を、確認的に規定したものとみることができよう。

４．条例による土地利用規制の法的拘束力の評価

罰則の意味　前述の奈良県ため池条例には、罰則が規定されている。そうであるがゆえに、一定の土地利用行為の禁止に法的拘束力があるとされるのである。

それでは、条例において法的義務づけがされてはいるけれども、その不履行に対して、勧告および公表が規定されているだけであれば、当該「義務づけの法的拘束力」はどのように評価されるだろうか。この点については、２つの確認訴訟における判決が注目される。

「行政指導条例」とした２判決　第１は、「日高市太陽光発電設備の適正な設置等に関する条例」（2019年）に関するものである（さいたま地判令和４

年5月25日 LEX/DB25592692)。本条例11条1項は、「事業者は、太陽光発電設備設置事業を行おうとするときは、市長の同意を得るものとする。」と規定している。この点に関し、裁判所は、「事業者が市長の同意を得ずに太陽光発電設備設置事業を実施した場合でも、市長は、事業者に対し、必要な措置を講ずるよう勧告し（……16条2項)、当該事業者が当該勧告に従わなかった場合には、当該事業者の氏名及び住所並びに当該勧告の内容の公表（……17条1項）や勧告に従わない旨の事実を国及び県に報告することができる（……18条）にとどまり、それ以上に、当該事業の中止を命ずるなどの措置をとることができないことからすると、本件条例の同意を得なかったからといって、直ちに、本件事業が実施できなくなるということはできない。」とした。強制的な履行確保措置が規定されていない以上、市長の同意取得が法的に義務づけられているとはいえないと判断した。

第2は、「伊東市美しい景観等と太陽光発電設備設置事業との調和に関する条例」(2018年）のもとで、市長の同意を受ける義務を負わないことの確認訴訟である。裁判所は訴えを却下したのであるが、不同意のままに事業を進めても、同様に勧告と公表しか規定されていない同条例の仕組みをみれば、「これは行政指導としての性質を有するものにすぎ〔ない〕」と判示した(静岡地判令和5年6月29日 LEX/DB25595615)。

3 「法令に違反しない条例」とは

条例の適法性テスト

憲法94条に根拠を見出すとしても、条例の内容には当然に限界もある。条例は、法律および政省令に違反できないのであるから、その限界を議論する必要がある。また、前述のように、比例原則や平等原則など法の一般原則の制約を受ける。法令違反テストには様々なレベルのものがあるが、従来の議論は、以下のように整理できよう。

1.「法律＝最大限規制」論

ナショナル・マキシマム

「法律＝最大限規制」論とは、ある目的のもとに国の法律が制定されていれば、国の規制はすべての場合にナショナル・マキシマム（最大限規制法）であり、法律中に条例を認める明示的規定がない以上、規制範囲の拡大や基準の強化はできないという考え方である。法律専占論ともいわれる。持てる者の経済活動の自由を最大限尊重する立場を反映した理論といえる。国法が規制対象としていない部分につき、いわば反対解釈をして、「それは自由に任せておいてよく、自由に対するいかなる干渉も国法の責任で排除するという判断がされている」と理解するのである。

たとえば、1962年制定のばい煙規制法のもとでは、規制地域と規制対象施設規模・種類が特定されていたが、それは全国一律的であり、それゆえに完結的であって、それ以外のものを規制する条例は、法律に牴触して無効と考えられていた。また、2002年制定の「千葉県廃棄物の処理の適正化等に関する条例」の立案過程において、環境省や千葉地方検察庁が、廃棄物処理法は「必要かつ十分」な規制をしているから、同法対象外施設の条例による独自規制は違法と主張したことがある。

両雄ならびたつ？

しかし、こうした考え方は、現在では支持されていない。法律が明示的に条例禁止規定を置いているならばともかく（それはそれで問題になるが）、そうでない場合には、地域特性を持つ社会問題への対応に迫られている自治体の条例制定権の範囲をなるべく広く解するのが地方自治の本旨に即しているとする説が、地方分権一括法によって改正を受ける前の地方自治法のもとでも一般的であった。先にみたように、土地基本法と環境基本法の制定は、そのような解釈を、基本法レベルで確認したといえよう。法律の存在は、条例の制定を自動的に排除するものではない。ある自治体内できわめて問題視されている現象を放置してよいと国会が判断しているわけではないだろう。

なお、そもそも国法がない場合をどう理解するかという問題もある。この点に関しては、一度制定された法律が憲法違反などの理由で廃止されたような事情がないかぎり、伝統的立場によっても、法律の空白は、何ら積極的な意味を持たないと解されよう。条例で対応しようとする事項が自治体の役割に関するものであるかどうかがポイントになる。

2．規制目的

法令違反テストの第1は、規制目的に関するものである。これは、法律と条例の規制対象事項が同一であった場合に問題

になる。この点に関しては、同じ対象でも法律と条例で規制目的が異なれば法令牴触性の問題は発生しないという理解が一般的である。

狂犬病予防法は、公衆衛生向上の観点から、犬の所有者に対し、当該犬に関して毎年1回の狂犬病予防注射を義務づけるが、たとえば、「ペット条例」を制定し、住民に対する同じ犬の所有者に対して、安全確保の観点からその犬のけい留を義務づけたり、生活環境保全の観点から散歩時の「お掃除キット」の携帯を義務づけるのは適法である。ただ、規制対象が同一の場合でも規制の観点は異なっているのが通例であるから、実際には、このテストが問題になることはあまりない。

法目的専占論？　法律の目的規定には、ある程度の通時間的通用性がある。そこで、条例の目的がそれとまったく異なるとはいえないという反論はありうる。しかし、法律がその目的の実現のために条例を不要とするような規制システムを完結的に整備しているならばともかく、実際には、そうでない場合が多い。環境管理に関して、法律は、不完全かつ時代おくれにならざるをえないのである。→8頁

したがって、目的が同じというだけで逆絞めつけ的解釈をするのは妥当ではない。法律があっても、その内容だけでは地域のニーズに対応できないような立法事実があるならば、目的の競合は、一般には、条例の可能性を排除しないと解すべきである。法律が一定の目的を掲げていれば、目的がそれと同じあるいは包含されるかぎり条例は制定できないというのは、まさに「法目的専占論」であり、法律専占論よりさらに後退した議論である。

法律が特定目的・特定内容の条例を禁止　立法経緯に鑑みれば、法律が、特定目的での条例制定を禁止しているようにみえる例がある。日米構造問題協議や国内における規制改革の流れのなかで1998年に制定された大規模小売店舗立地法は、自治体が地域の生活環境保持のために条例を制定する場合において、地域的需給の調整という目的を含めることに否定的であると解されている（13条）。

それを前提にすれば、生活環境保全という目的を偽装して地元小売店保護や大型店舗に対する参入規制をするような条例は違法であろう。ただ、たとえば、大型店舗の立地がもたらす交通渋滞や自動車騒音などの環境負荷から静寂な住環境を保護するような目的の条例であれば、結果として、立地に対

して制約的効果を持ったとしても違法性はない。規制内容は別にして、（東京都）「杉並区特定商業施設の出店及び営業に伴う住宅地に係る環境の調整に関する条例」（2000年）の適法性は、このように説明できるだろう。

法律が条例の内容を具体的に制約している例として、屋外広告物法がある。同法は、条例で規制できる事項を概括的に規定するが、罰則については、「罰金又は過料のみを科する規定を設けることができる。」（34条）としている。その反対解釈として、自由刑を設けることはできないという明確な立法者意思がある。自然環境保全法58条および自然公園法90条は、それぞれ同種の制度を都道府県がつくる場合に、「〔法律に〕定める処罰の程度を超えない限度において、刑を科する旨の規定を設けることができる。」と規定する。こちらは、比例原則の確認規定であろう。

３．横出し

国法の規制は「必要かつ十分」か

ある目的を持つ法律があったとしても、そのもとで、環境に影響を与えるあらゆる活動が規制されているわけではない。環境に影響を与える行為には地域的特徴があるが、国レベルの規制は、いわば平均的な内容になっている。したがって、法律の規制対象となるカテゴリーから漏れてはいるが自治体によっては規制が必要なものが存在しうる。これに対して追加的に規制を及ぼす措置を「横出し」という。

横出しの４類型

最大限規制論は、法律による規制が必要かつ十分であるとして、条例による規制は許されないとするが、現在の通説のとるところではない。一般に、法律による規制がされていないところをカバーする横出し条例は、適法とされている。大気汚染防止法32条、水質汚濁防止法29条、騒音規制法27条をはじめとして、いくつかの環境法には、横出し条例を許容する規定がある。これは、こうした規定があってはじめて制定が可能（創設規定）なのではなく、念のために規定されている（確認規定）と解される。したがって、明文の規定がないという理由で、ただちに条例制定が排除されるのではない。

横出し条例による規制の典型例は、①規制基準項目の追加（項目の横出し）、②規制対象施設の追加（施設の横出し）、③手続の追加（手続の横出し）、④規制対象規模未満の施設の規制（規模の横出し＝スソ切り未満の規制で

「スソ下げ」ともいわれる。）である（水質汚濁防止法は、規制対象規模未満の施設を規制するスソ切りの拡大を、（理由は定かではないが）次にみる上乗せと整理する）。①③については、バックパックを背負っている人の空いている手に新たに荷物を持たせるようなものである。②④については、未規制の対象を新たに規制するため、まったく新しくバックパックを背負わせるようなものである。

水質汚濁防止法の横出しとして、滋賀県公害防止条例（1972年）は、アンチモンや脱脂施設を、それぞれ横出し項目・横出し施設として追加する（②）。また、「和歌山市排出水の色等規制条例」（1991年）は、排出水の温度・着色度・透視度・残留塩素を規制する（①）。浮遊粒子状物質（SPM）に関して、自動車のような１次発生源に対しては、法律による規制がある。しかし、環境基準達成の足を引っぱる２次生成については規制がない。そこで、２次生成の原因である窒素酸化物（NOx）、硫黄酸化物（SOx）、炭化水素（HC）を発生させる発生源を、広域的行政主体である都道府県がSPM抑制の観点から規制するのも、大気汚染防止法の横出しである（④）。廃棄物処理法の許可対象となっている廃棄物処理施設（焼却施設）の規模を引き下げる前述の千葉県廃棄物処理適正化条例も横出しである→24頁（④）。

なお、横出しの場合には、法律に根拠規定がある場合は別にして（例：都市計画法33条４項（①））、その規制実施のためには、当該法律を利用することができず、不利益処分や罰則など所定の実施手続が規定されたフル装備の独立条→37頁例を制定しなければならないと考えられてきた。このため、そうした横出し条例は、❶追加的規制内容を規定する部分、❷その内容を実現する仕組みを規定する部分の２つから構成されるのである。すなわち、条例の内容としては、「条例による横出し＋条例による実施」となる。法律に根拠なき上乗せの場合も同様である。この点については、後に検討する→29頁、39頁。

横出し部分の規制の強度

④のタイプの横出し（スソ下げ）については、法律による規制内容との均衡を失しないように配慮すべきという高知市普通河川条例事件最高裁判決（最一小判昭和53年12月21日判時918号56頁）に留意が必要である。比例原則を確認したものと解される。もっとも、法律対象ではない行為について、地域特性に鑑みて、法律よりも厳しい規制をする必要があるという立法事実があれば、違法性の問題は生じない。

4．上乗せ

条例による規制強化は可能か

条例制定権をめぐる議論でとくに問題になるのは、国の法令と同一目的で同一対象に関して、より厳しい規制（例：規制基準の強化）を規定するのが適法かどうかである。こうした規制は、一般に、上乗せ規制と呼ばれる。バックパックの例でいえば、新たに重たい荷物をそのなかに入れるようなものである。

内閣法制局法制意見と自治体の「反乱」

上乗せ規制の合法性については、まさに環境行政の分野で問題が先鋭化した。この点に関しては、水質汚濁防止法が制定される前の水質保全法制であった水質保全法と工場排水規制法（いわゆる水質二法）にもとづく排水規制と条例との関係についての内閣法制局の法制意見（1968年10月26日）が、ひとつの考え方を示している。

これによれば、規制の対象となる指定水域以外への排水や特定施設を設置していない工場からの指定水域への排水に関して横出し条例を制定するのは認められるが、指定水域に排水する特定施設を有する工場に対する規制は「必要かつ十分」な内容を持っているから、指定水域内の工場の規模のスソ切りのレベルの引下げや新たな汚濁物質の規制（これは、現在の整理では横出しのように思われる）は許されないとされた。「法律＝最大限規制」論である。→23頁しかし、そうした解釈では、眼前に展開する深刻な環境汚染への対処は不可能である。第2期に制定された公害防止条例は、このような解釈を排する自治体の法政策選択であった。

「必要かつ十分」の押しつけは大きなお世話

国の規制が地域的事情を考慮して制定されている場合にはそれ以上の規制はできない。これが「必要かつ十分」論であるが、それは、全国的見地からの判断である。それ以上のことをしない自治体に居住する住民にとっては、法律の規制は、公共の福祉を実現してもらうための重要な措置といえる。

しかし、それでは不十分と自治体が判断している場合には、地域的事情を考慮した対応は自治体に任せればよい。立法技術的には、条例前文や基本理念を規定する条項のなかで、一定の環境や風景はその自治体にとってかけがえがないなど、規制の基礎となる立法事実を明確にしておくとよい。

「かえて適用」の意味

先にみたように、基準の上乗せについては、法律に規定がされる場合がある（例：水質汚濁防止法3条3項、大気汚染防止法4条1項、騒音規制法4条2項)。この点に関して注意を要するのは、上乗せ許容規定の法的性格である。こうした規定は確認規定といわれたことがあるが、正確ではない。これは、創設規定である。すなわち、法律において、上乗せ基準は、「規制基準にかえて適用すべき規制基準」とされている。この場合には、上乗せ条例は、基本的に基準値のみを規定するのであって(例：単独条例として、「熊本県水質汚濁防止法第3条第3項の規定に基づき排水基準を定める条例」(1972年)、一般条例に部分的に規定するものとして、秋田県公害防止条例(1971年)40条)、条例に規定される値の実施は、法律を通して行われるのである。上乗せ排水基準違反に対しては、水質汚濁防止法が規定する罰則が適用される。分権改革以前には、個別法に上乗せ許容規定があってはじめて可能になった措置である。上乗せではなく、省令基準に代置するという意味で、「条例で、……代えて……基準を定めることができる。」とする例もある(動物愛護法21条4項)。

これに対して、上乗せであっても、「かえて適用」という規定がない場合には、たとえば、基準値強化部分の実施については、横出しの場合と同じように、法律と同様の規定を別途フル装備型の独立条例で設ける必要があると考えられている。この場合には、規制を受ける側は、法律と条例の両者の規制を受ける。フル装備条例にすることは、先にみたスソ切り未満の部分の規制についても必要である。

都道府県に関しては、大気汚染防止法の上乗せ条例を制定していないところは約6割ある。これに対して、水質汚濁防止法の上乗せ条例は、内容に差はあるものの、すべてにおいて制定されている。

なお、分権時代の現在においては、このような整理を維持するのは適切ではない。この点については、後述する→39頁。

5. ナショナル・マキシマムとナショナル・ミニマム

最大限・最小限の判断方法

上乗せ条例を議論する際には、法律がナショナル・マキシマムかナショナル・ミニマム(最小限規制法)かが、ひとつのポイントになっていた。現場の判断としては、当該法律による規制が最大限実施されたとしてもなお自治体内の問題解決には十分でないと判断されれば、それに対処するための条例は一応適法と考えられた。この整理は、ナショナル・ミニマムを前提としている。

もっとも、そうした判断を裁判所がどう評価するかは、別の問題である。裁判例のなかには、風俗営業適正化法の場所的規制は全国一律の最高限度規制であると解し、法律の委任規定なしにより厳しい規制をした市条例を違法としたものがある（神戸地判平成９年４月28日判時1613号36頁、大阪高判平成10年６月２日判時1668号37頁）。これらの判決に対しては、学説の批判が強い。同様の争点であるが、逆の判断を示した判決もある（神戸地判平成５年１月25日判タ817号177頁、神戸地伊丹支決平成６年６月９日判自128号68頁、大阪高判平成６年４月27日判例集非登載）。

立法裁量権の限界　また、これまでにも言及したように、条例制定を合法的になしうるといっても、その内容については、当然のことながら、比例原則・平等原則や構成要件明確性の原則などの諸制約がある。自治体議会の立法裁量も、全くのフリー・ハンドではない点には留意する必要がある。

旧飯盛町旅館建築規制条例事件で、裁判所は、旅館業を目的とする建築物の建築者に対し知事への許可申請前に町長の同意を求めた条例について、十分な資料による裏づけがなく、旅館業法より強度の規制を行うべき「必要性及びそれと規制手段の比例関係の相当性」が示されていないという理由（旅館業法が一切の上乗せを排除する趣旨とは解していない。）で違法とした（福岡高判昭和58年３月７日判時1083号58頁）。十分に立法事実を固めていなかったのである。

前述の旧紀伊長島町水道水源保護条例事件では、狙い撃ち的に制定された条例の内容は（おそらく）適法としつつ、県知事の許可も取得して事業準備を進めていた申請者の地位を不当に害することのないよう配慮する義務（具体的には、行政指導の実施による損害発生の回避義務）が行政にあるとされている（最二小判平成16年12月24日判時1882号３頁）。きわめて限定的な場面においてではあるが、立法裁量権の行使にややゆきすぎがあると裁判所が考える場合に、裁量権を尊重しつつも、それによる不合理を是正する責任を、行政による行政指導義務という形で認めたという点で、実質的法治主義に照らしても興味深い判決である。

ナショナル・ミニマム論の今後　ナショナル・ミニマム論は、自治体の裁量余地を広く認めるための整理である。ただ、義務的法定事務に関して、これをどのように考えるかは、意外に難問である。

法律は、国会が国民の福祉増進のために制定するものである。そして、その実施を自治体に委ねる。ここでは、市町村としよう。国会が想定した国民は、市町村においては住民となる。

市町村の行政リソースには、大きな差がある。どの市町村であっても対応できる内容となると、ミニマムのレベルは、きわめて低くなるはずである。しかし、それが国家的に保障しなければならないレベルを下回るとなれば、憲法違反になる。それでは、それを引き上げるとすれば、対応できない市町村が出てくるかもしれない。補完性の原理により、当該市町村の住民はそこを包含する都道府県民であるとして、都道府県が事務を引き受ける義務があるのだろうか。法律のレベルは標準的とみて、それは無理と考える市町村は、条例によって切下げができると考えるべきだろうか。本書では議論できないが、ひとつの論点として、提示しておきたい。

4　分権時代の条例論の探究

1．分権改革の意義

「可能性拡大」の3つの意味

地方分権一括法の施行（2000年）によって、機関委任事務制度の廃止、関与の法定主義の明記と自治体の適切な役割、分担関係の明記など、さまざまな改革が実現した。その結果、条例制定の可能性の拡大がもたらされた。それは、次の3つに分けて整理できる。

国の役割・自治体の役割

第1に、地方分権一括法による地方自治法改正によって、国の役割と自治体の役割に関する規定が設けられた。まず、自治体は、「住民の福祉の増進を図ることを基本として、地域における行政を自主的かつ総合的に実施する役割を広く担う」とされた（1条の2第1項）。そして、国は、「国際社会における国家としての存立にかかわる事務」「全国的に統一して定めることが望ましい国民の諸活動若しくは地方自治に関する基本的な準則に関する事務又は全国的な規模で若しくは全国的な視点に立つて行わなければならない施策及び事業の実施」など、国が本来果たすべき役割を重点的に担うとされた（1条の2第2項）。

注目されるのは、このような国の役割が、自治体が地域における総合的政策主体として活動できるようサポートするためにあると国会により認識されている点である。「住民に身近な行政はできる限り自治体にゆだねる」という基本方針も示されている。したがって、国は、法律によって自治体の事務を創出するにしても、後にみるような立法原則に服すべきことが明確になった（法定受託事務の新設に抑制的であるべきことについては、地方分権一括法附則250条参照）。これは、相対的には、条例制定対象事務の範囲の拡大を意味する。

機関委任事務制度の廃止

第２に、自治体の長を大臣の下級行政機関に位置づけて国の事務の実施を命ずる機関委任事務制度が廃止された。この制度のもとでは、自治体の長が一方的に国の大臣の下級行政機関とされ、基本的に全国画一的な「国の事務」の実施を命じられていた。自治体が国から独立してその地域の統治を住民の意思と責任のもとに実施するという「地方自治の本旨」に反する違憲的制度であった。→6頁

その事務が、法定受託事務または法定自治事務という「自治体の事務」（法定自治体事務）になった。これらは、「地域における事務」（地方自治法２条２項）であるから、憲法94条にもとづき条例制定権の対象となる。

法定受託事務も、十把一絡げに整理すべきではない。（環境法ではないが、）旅券法にもとづくパスポート交付手続事務のように、国家的関心のきわめて高い「本来的」なものから、廃棄物処理法にもとづく産業廃棄物処理施設許可のように、地域的関心の強い「非本来的」なものまで多様であり、それぞれの制度趣旨を踏まえて、条例の可能性が検討されるべきである。

機関委任事務体制のもとでは、法律に明示的規定がないかぎり当該事務に関する条例は制定できないといわれてきた。条例制定は自治体の事務であり、それによる決定の結果が国の事務である機関委任事務と当然に融合しないのは明らかである。しかし、現在は、その制約がなくなったことにより、条例制定権の対象範囲は拡大した。もとより、拡大した部分のすべてについて条例制定が可能というわけではないが、そもそも「アンタッチャブル」と考えられていた制度が全廃された意味は大きい。

なお、国の直接執行事務に振り分けられた事務は、条例制定権の対象範囲外である。自然公園法にもとづく国立公園内での許可や届出は一例であるが（ただし、例外的に都道府県知事が権限を持っている場合もある）、これは、その地域において、条例の関与を一切排除する趣旨ではない。たとえば、（富山県）立山町は、「自動車の使用に伴う環境負荷の低減に関する条例」（2000年）を制定し、中部山岳国立公園内でのアイドリング禁止を規定している。

自然公園法が規制していない行為への適法な横出し条例による対応である。

規律密度の低下

第3は、とりわけ法定自治事務に関して、法律や政省令の規律密度を低下させるべきとされる点である。「地方公共団体に関する法令の規定は、地方自治の本旨に基づき、かつ、国と地方公共団体との適切な役割分担を踏まえ」、立法・解釈・運用されなければならない（地方自治法２条11～12項）。また、「国は、地方公共団体が地域の特性に応じて当該事務を処理することができるよう特に配慮しなければならない。」（同法２条13項）という立法原則および解釈・運用原則に関する規定も設けられている。法律や政省令が些末な点にまで踏み込まなければ、相対的にみて、条例制定の範囲は拡大する。全国画一・規定詳細・決定独占という状態の規律密度高い法律規定に、健全なリーガルディスタンスを創出する必要がある。

規律密度低下策は、「枠付けの緩和」と称される。それに向けての取組みはされているが、法律や政省令で決定していた内容を条例に大きく開放するような法改正はされず、きわめて限定的な範囲の実現にとどまっている。

先にみたように、国家存立関係事務や全国的視点から対応されるべき事務などは、国の役割に関するものであって→31頁、自治体の事務ではないから、条例制定権の範囲には含まれない。ただし、たとえそうであったとしても、立法の不作為によって、具体的措置が講じられない場合には、「国の役割」であることだけを理由に、住民をまもるための条例制定権行使が否定されるべきではない。

２．分権時代の条例論の基本枠組み

地方自治法14条１項

2000年に断行された第１次分権改革によっても、条例制定権について規定する地方自治法14条１項は改正されなかった。したがって、「法令に違反しない限りにおいて」という制約には変化がない。しかし、条例制定権の限界に関する議論は、同改革の趣旨を踏まえ、自治体の自己決定・自己責任を拡充する方向に展開されるべきである。

中央省庁は、法律に明確かつ詳細に書き込んだり通達を政省令に引き上げるなどすれば、従来通りのコントロールを自治体に対して及ぼしうると考えている。法律事務に関する条例制定には個別法の明文根拠を要するとも考えている。

立法・解釈・運用の3原則　しかし、そうした解釈を維持するならば、これまでの議論と何ら変わらなくなる。地方自治法は、法定自治事務に関する立法原則および解釈・運用原則を規定する（2条13項→33頁）ほか、より一般的に、自治体に関する法令の規定が、地方自治の本旨にもとづくとともに国と自治体の適切な役割分担を踏まえたものであるべきであり、解釈・運用もそのような方針でされるべきことを規定した（2条11〜12項）。法規範性を有するこれら3原則は、重要な意味を持っている。

「法令」の意味　地方自治法14条1項にいう「法令」については、これまで、とりわけ行政現場においては、都市計画法や建築基準法のような個別法令のみを指すと考えられてきた。しかし、分権改革以前に制定された個別法令は、国と自治体の役割分担に関する原則、そして、立法・解釈・運用に関する3原則に適合的な状態にはない。

分権改革を踏まえれば、上記の諸原則は、憲法92条を分権改革に即して解釈し確認的に規定したものと整理できる。「法令」とは、憲法、地方自治法、そして、個別法令の総体を指すと考えるべきである。憲法94条に含まれる「法律」という文言についても、同様に考えることができる。関係する諸法律を全体的に把握する包括的アプローチである。従来の議論を狭義説とすれば、これは、広義説である。

法律同士には、効果の点で上下関係はない。しかし、地方自治法の関係規定が憲法92条の確認規定と解されること、そして、分権改革の経緯と意義に鑑みれば、個別法令は、諸原則と整合的に解釈されなければならない。たとえば、法定自治事務であるにもかかわらず、自治体の決定とするのが適切な規制内容について、不合理なまでの詳細性を持つ法令であれば、それは、一応の標準を示したものであると考える。これは、一種の合憲限定解釈である。そのように解しえないならば、法令違憲になる。地方自治法1条の2や2条11〜13項が示す内容は、そうでなければ憲法違反となるものなのであって、国会の立法裁量に全面的に委ねられるような法政策ではない。

もちろん、法律所管省庁は、そうは解さないかもしれない。しかし、機関委任事務制度が廃止され、通達や行政実例による「有権解釈」がなくなり、それによって、（最終的な法解釈権能は、もちろん裁判所にあるとしても）自治体は、中央省庁と対等の法令解釈権限を持つようになった。法令解釈は、中央省庁の独占物ではない。尊重はするにしても、中央省庁の解釈を排することにまったく問題はない。

従来の議論のゆくえ　これまでの条例論の到達点は、分権改革後も、基本的に維持されると考えられる。ただ、それは、地方自治法の諸原則を踏まえ、自治体の自己決定・自己責任を拡充すべく、条例制定権の範囲を拡大する方向に展開されるだろう。

徳島市公安条例事件判決と分権改革　分権時代の条例論の基本となると考えられているのは、徳島市公安条例事件最高裁判決である（最大判昭和50年９月10日判時787号22頁）。この点については、『地方分権推進委員会第１次勧告：分権型社会の創造』も指摘していた（第１章Ⅰ２(3)）。同勧告は、「〔法律と条例の〕両者の対象事項と規定文言を対比するのみでなく、それぞれの趣旨、目的、内容及び効果を比較し、両者の間に矛盾牴触があるかどうかによってこれを決しなければならない。」という部分を引用している。学説もそのように考えている（公安条例の正式名称は、「集団行進及び集団示威運動に関する条例」（1952年）である。「徳島市公安委員会」は現存していないが、条例は徳島市例規集に収録されている。なお、警察法施行令附則19項を参照）。

同判決は、上記の引用部分に続いて、具体的な判断方法を３つ例示している。すなわち、①法令中に明文規定がないことが規制をしてはならない趣旨であれば条例による規制は法令に牴触する、②特定事項について法令と条例が併存していても条例が目的を異にしていて条例によって法令の目的・効果が阻害されない場合には牴触はない、③法令と条例が同一目的であっても法令が全国一律規制を意味せず自治体ごとに別段の規制を容認する趣旨と解される場合には、条例に特別の意義と効果があり合理性もあれば牴触はない。判決の構造については、〔図表２・１〕→36頁を参照されたい。公安条例を合憲としたのは、「★」に至るロジックであった。なお、点線で囲んだ「均衡を失するか」という基準は、先にみた高知市普通河川管理条例事件最高裁判決の判示である。最高裁の判断枠組みとして再構成した。

分権適合的解釈　徳島市公安条例事件最高裁判決の判旨は、分権改革によってどのような解釈的発展をするのだろうか。この点については、条例の法的効果が法律の実施に影響を与えるものとそうでないものについて、分けて整理すべきである。徳島市公安条例事件最高裁判決は、道路交通法と

〔図表2・1〕 条例の法律適合性の判断（最高裁判所の判断枠組み）

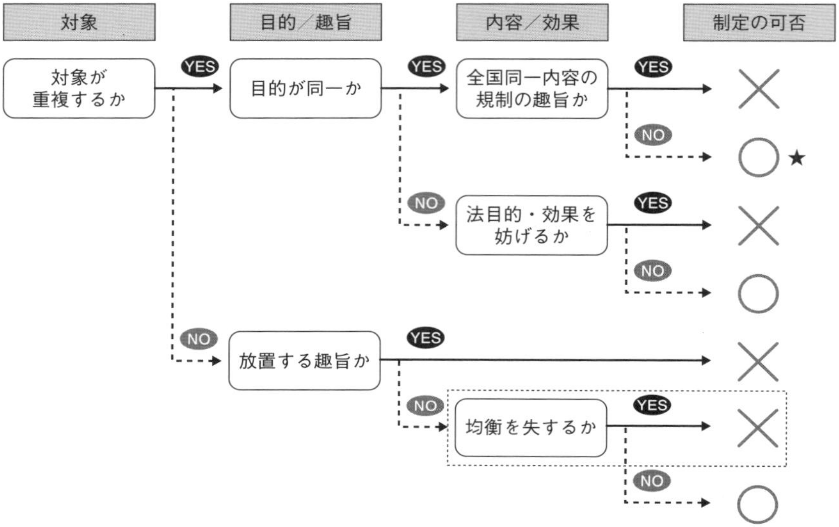

対象 ／ 目的／趣旨 ／ 内容／効果 ／ 制定の可否

対象が重複するか
- YES → 目的が同一か
  - YES → 全国同一内容の規制の趣旨か
    - YES → ×
    - NO → ○★
  - NO → 法目的・効果を妨げるか
    - YES → ×
    - NO → ○
- NO → 放置する趣旨か
  - YES → ×
  - NO → 均衡を失するか
    - YES → ×
    - NO → ○

（出典） 北村喜宣＋礒崎初仁＋山口道昭（編著）『政策法務研修テキスト〔第2版〕』（第一法規、2005年）15頁を修正。

公安条例の関係についてであったが、これは、後者の類型である。

後者については、同判決の法理は、基本的に維持される。全体的にいえば、「法律が完結的規制をしている」と解釈できる場合は多くないため、その結果として、相対的に、条例制定権が拡大したといえる。前者については、次に詳しく検討する。ここでは、前提とする条例の機能が異なるため、最高裁判決の射程は直接には及ばないことを確認しておこう。もっとも、その基本的枠組みは、次にみる法律非規定条例としての法律実施条例の法律抵触性判断にも利用できる。

3．具体的可能性

条例の類型論　条例論をする際には、どのような条例を念頭に置き、それが法律とどのような関係にあるのかに留意する必要がある。そこで、条例により規定された内容が法律の実施にどのような法的影響を与えるかという観点から、まず、①「法律とリンクしない条例」（独立条例）、②「法律とリンクする条例」（法律実施条例）の2つに分ける。〔図表2・2〕を

〔図表２・２〕　法律に対する条例の効果の観点からみた条例の諸類型

<table>
<tr><td rowspan="9">条例</td><td rowspan="4">①独立条例
〔法定外事務を対象〕</td><td rowspan="2">❶法律と規制対象を同じくする条例</td><td>ⓐ法律前置条例</td></tr>
<tr><td>ⓑ法律並行条例</td></tr>
<tr><td colspan="2">❷法律と規制対象を異にする条例</td></tr>
<tr><td colspan="2">❸法律の未規制領域を規制する条例</td></tr>
<tr><td rowspan="5">②法律実施条例
（融合条例）
〔法定事務を対象〕</td><td colspan="2">❶法律規定条例</td></tr>
<tr><td rowspan="4">❷法律非規定条例</td><td>ⓐ措置・手続読込み（具体化・詳細化・顕在化）条例</td></tr>
<tr><td>ⓑ基準・対象・措置・手続追加（横出し）条例</td></tr>
<tr><td>ⓒ措置・手続加重（上乗せ）条例</td></tr>
<tr><td>ⓓ基準・対象・措置・手続修正（上書き）条例</td></tr>
</table>

（出典）　著者作成。

参照されたい。以下にいう「条例」とは、議会議決の対象となる条例（全体）というよりも、そのなかに規定されるひとつの仕組みないし機能としての条例（部分）である。

独立条例

独立条例（①）は、法定事務を対象としない。これを整理すると、さらに、❶法律と規制対象を同じくする条例、❷法律と規制対象を異にする条例、❸法律の未規制領域を規制する条例、に分けることができる。❶❷は、法律と目的を同じくする場合が多いだろう。

❶は、法律申請との時間的関係の観点から、さらに、ⓐ法律前置条例、ⓑ法律並行条例に分けることができる。前者は、まちづくり条例のように、法律申請に先立って事業者に所定の対応が求められるもので、条例にもとづく調整結果が法律の申請内容に事実上の影響を与える。なお、法律前置条例（①❶ⓐ）の例については、第９章→189頁および第16章→292頁を参照されたい。後者は、水道水源保護条例のように、廃棄物処理法と同じ対象を規制対象に含むもので、条例にもとづく規制対象施設認定がされれば、廃棄物処理法上は許可を得られても設置が条例上否定される。許可権者が同じ場合もあれば、異なる場合もある。公安条例は、デモ行進に関する並行条例（①❶ⓑ）である。

❷は、法律と目的を同じくするけれども、規制対象外の施設や項目を規制するものである。❸は、法律が制定されていない領域について、独自の規制をするためのものである。

独立条例は、法律とは独立して作用する。その実施のために法律を用いることはできず、義務づけやその履行確保などについての完結的な仕組みを持ったフル装備条例となる。

法律実施条例　これに対して、法定事務を対象とする法律実施条例（②）は、個別法に条例に関する明文規定があるかどうかによって、❶法律規定条例、❷法律非規定条例の２つに分けられる。いずれも、並存条例との対比でいえば、法律の一部分となり法律と一体となって作用する融合条例といえる。❶については、一応は、法律で指示された内容通りになるが、❷については、多くの可能性がある。その内容を整理すると、ⓐ措置・手続読込み（具体化・詳細化・顕在化）、ⓑ基準・要件・対象・措置・手続追加（横出し）、ⓒ措置・手続加重（上乗せ）、ⓓ基準・対象・措置・手続修正（上書き）条例がある。以下では、この類型を中心に説明する。

法律構造の整理　法定自治体事務に関する条例を考えるにあたっては、それを規定する法律の構造を整理するのが有益である。法律は、国会が国の役割分担にもとづいて制定するものである（国の立法的事務）。その規定には、「国が独占的に担当する部分」（国の行政的事務）と「自治体が独占的に担当する部分」（自治体の立法的・行政的事務）がある。前者は、さらに、「国が最終決定をする法律構造の基本的事項」と「自治体による地域特性適合的対応を予定しつつ国が暫定的に決定する部分」に分けられる。

国会が法律のなかで直接に決めた部分のなかの「法律構造の基本的事項」は、全国画一的適用が予定されるものでありその決定は自治体の役割ではないから、条例制定権の事項的範囲外である。したがって、法律の決定が最終決定となる。法目的、明確に規定されている定義、許可制という仕組み、基準遵守の義務づけなどは、条例で変更・修正できない。規制基準については、国家的観点からひとつの内容のみとするのが合理的であれば、その設定は、自治体による変更・修正を許さない国の完結的・最終的決定といえる。

これに対して、「自治体による地域特性適合的対応を予定しつつ暫定的に国が決定する部分」は、同時に、「地域特性適合的対応をすべく自治体が修正できる部分」でもある。法令のなかで国が行った第１次決定は、条例による自治体の第２次決定に開放されていると考えるのである。規制の地理的範囲、規制の人的・物的対象、規制基準（全国一律とは解されない許可基準、許可取消基準、改善命令基準など）、規制手続などがそれにあたる。自治体は、法律や政省令で決定された事項に関して、必要であれば条例を制定して修正する（上書き）。修正の方向は、厳格化のことが多いだろうが、緩和となる場合もありえよう。立法事実を踏まえ、比例原則に配慮しつつ決定される。

上乗せと横出し　規制対象規模のスソ切りの切下げと、基準値の強化という上乗せについては、法律に「かえて適用」という規定があった場合には、条例では値の強化のみをして、その実施システムについては法律を用いることができる→28頁。水質汚濁防止法３条３項がその例である。ところが、そうした規定がない場合には、上乗せ規制はそれ自体は適法であるとしても、実施にあたっては、法律と同様の規制システムをフル装備の独立条例によって独自に整備しなければならないと解されてきた。

条例によるスソ切りのレベルの引下げや基準値の強化は、法律と同じ目的でなされる。現在では、法律にもとづく事務が、「自治体の事務」になっていることを踏まえると、法律による規制の範囲を地域特性に応じて拡大する措置の実施には、法律のシステムを適用する、すなわち、法律とリンクできると考えることができないだろうか。とりわけ法定自治事務の場合、それを規定する法律が全国一律的規制をしていると解するのは困難である。

対象施設や規制項目の横出しについても同様である。横出し的に追加された規制項目の実施を法律で受けとめることを規定する都市計画法33条４項や下水道法12条の２第３項・５項のような規定がなければ、横出し部分についてはフル装備をした独立条例を制定しなければならないと解されてきた。しかし、機関委任事務制度が全廃された現在、このような整理には合理性はない。法律の規制制度の枠組みの範囲内でされるような横出し規制については、条例により規制対象カテゴリーや規制対象項目の拡大をしたり許可要件を追加してそれを法律とリンクすることが、地方自治法２条13項に適合的な解釈と考えられる。

ベクトル説　以上の説明を、〔図表２・３〕→40頁で確認しよう。自治体の事務を規定する法律は、自治体への同事務授権規定（太枠のベクトル）のなかに、国が「国の役割」にもとづいて全国画一的適用を自治体に命ずる拘束力がある法定部分（⑴の部分）、国が「国の役割」にもとづいて第１次決定をしたけれども自治体が地域特性に応じて第２次決定をすることができる法定部分（⑵の部分）を持つ。さらに、国による具体的な第１次決定はない

〔図表２・３〕 授権規定の構造

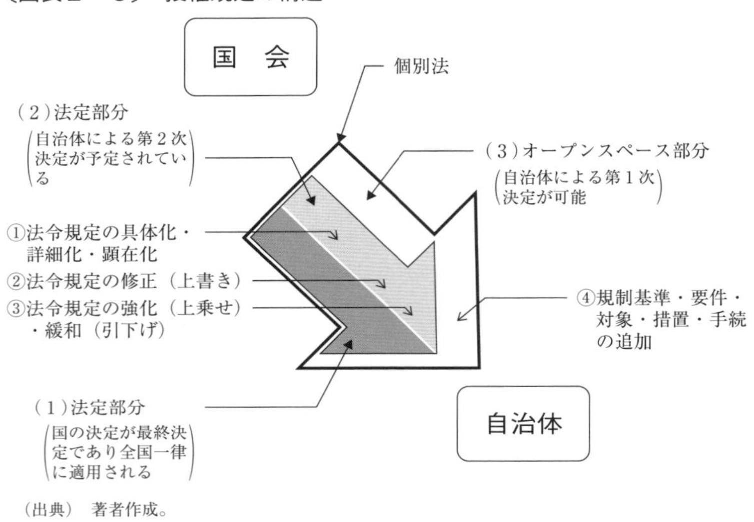

（出典） 著者作成。

が、法律目的の実現の観点から自治体が地域特性に応じて独自に第１次決定をすることができるオープンスペースの部分（⑶の部分）もある。

⑴は完結的決定であるが、⑵は非完結的決定である。⑵の部分では、①法令規定の具体化・詳細化・顕在化、②法令規定の修正（上書き）、③法令規定の強化（上乗せ）・緩和（引下げ）も可能である。⑶の部分には、法令規定以外に④「自治体独自の基準・要件・対象・措置・手続」が追加的に入るスペース（横出し条例の余地）が用意されていると考えるのである。その形状から、これを「ベクトル説」と称する。⑶のスペースの広さは、事務の性質によって変わりうる。旅券法にもとづくパスポートの交付手続事務（法定受託事務）、住民基本台帳法にもとづく住民の転出入取扱事務（法定自治事務）などは、ほとんどスペースがないと考えられる。また、⑵の部分の余地もほとんどないだろう。

こうした解釈に対しては、法律に明文規定がない場合には無理であり、立法的に解決するしかないという立場もあろう。しかし、本来、分権改革を踏まえて関係法が改正されるべきところ、それがされていない現状を所与とすることなく、憲法92条に適合した法環境を実現するように解釈をすべきというのが本書の立場である。文理に反するという批判もあろうが、そもそも文理解釈をするに値する法状態ではない。

リンク型条例の実例　地域特性に対応する必要性を立法事実として、法令基準に横出し的に基準を条例で追加するとともに、その効果を法律により実現する実例をあげておこう。以下では、〔図表2・3〕→40頁の整理を踏まえた条例の位置づけを、たとえば「((2)①)」のように表現する。2006年制定の「横須賀市宅地造成に関する工事の許可の基準及び手続きに関する条例」4条は、宅地造成等規制法（当時）が規定する許可基準に条例で資力要件を横出し的に追加するものであり、それに不適合な申請は、同法にもとづいて不許可とされた（宅地造成等規制法が2022年に盛土規制法に改正された際に資力要件が取り込まれたため、2023年に条例を改正して整合させている）。2005年に改正された京都市市街地景観整備条例11条は、景観法が市長の認定対象とはしていない景観地区内での工作物の高さについて、横出し的に対象にしている((3)④)。「東京都動物の愛護及び管理に関する条例」19条は、2006年改正により、知事が行う動物愛護法の特定動物飼養許可基準に横出し追加をした((3)④)。「佐賀県旅館業に関する条例」は、2014年改正で、旅館業法の許可基準に欠格事由として暴力団条項を横出し追加した((3)④)（旅館業法2017年改正により同法に取り込まれたため、2018年に条例を改正して整合させている）。

以上は、行政手続法制でいえば「申請に対する処分」に関する措置であったが、「不利益処分」に関するものもある。2006年に一部改正された「神戸市廃棄物の適正処理、再利用及び環境美化に関する条例」15条の2は、廃棄物処理法にもとづく一般廃棄物処理業許可業者に対する事業停止命令に関して、独自の要件を追加した((3)④)。後にみる八尾市条例も同様である→44頁。

「政令で定める基準に従い」　法令では一定の基準を示しつつ、必要があれば条例による強化・緩和が可能な旨が規定される場合がある。分権時代の法律のあり方として望ましい。ただ、その際に、「政令で定める基準に従い」という文言により、条例で規定できる範囲が制限されることがある。都市計画法33条3項の開発許可基準がその例である。

たとえば、政令上限を超えるような基準の設定は違法だろうか。違法でないとしても、超える部分の上乗せ規制は独立条例で実施すべしという考え方もあろう（そのような整理をしたものとして、（東京都）国分寺市まちづくり条例

(2004年) 50条1項1号がある)。しかし、たとえ政令で一定の幅を示したとしても、それは、全国的観点からのものであって、地域的対応の内容がそこに必ずおさまる保証はない。こうした幅は、標準的なものであって、それ以上のことを求めるのが地域特性に応じた法定自治事務の内容であると自治体が考えれば、その範囲を超える内容を条例で規定し、その実施を法律を通じて行うことも可能である。

文言の詳細化・具体化・顕在化

法定自治体事務を規定する法令の文言は、解釈の余地がないほどに明確でないのが通例である。解釈の余地が必然的に生じる。機関委任事務時代には、中央政府がとりあえずの解釈権を持っており、それを、通達などを通して自治体行政現場に浸透させていた。

ところが、権限行使が「自治体の事務」となった現在、法律の文言を自治的に解釈する必要性と責任が、自治体に生じている。行政庁が行政手続法5条の審査基準や同法12条の処分基準としてそれを示す場合もあるが、対外的効果を考えて、条例を通じてすることもできる。都道府県知事や市町村長は、当該自治体の事務を管理・執行する権限を持つが (地方自治法148条)、事務自体は自治体に委ねられたのであり、それゆえに条例の対象となる。

たとえば、法律に規定される許可基準の内容を詳細化・具体化するものとして、「北海道砂利採取計画の認可に関する条例」(2001年) がある。「他人に危害を及ぼし」という砂利採取法19条の採取計画認可基準の判断に関して、災害防止措置・跡地埋戻方法・保証措置を計画に規定することを求めている ((2)①)。埋戻保証措置としては、北海道砂利工業組合や市中金融機関の保証書提出が求められている。鳥取県採石条例 (2003年)、島根県「採石業の適正な実施の確保に関する条例」(2006年) も、同様の発想である。後に詳しくみるが(→292頁)、自主条例である関連政策条例の手続終了を法律の許可基準を具体化したひとつの場合として規定するものとして、鳥取県の「廃棄物処理施設の設置に係る手続の適正化及び紛争の予防、調整等に関する条例」(2005年) がある ((2)①)。

処分基準の具体化例としては、「岩手県循環型地域社会の形成に関する条例」(2002年) 19条4項がある ((2)①)。同項は、廃棄物処理法7条5項4号チの「おそれ条項」を具体化するものである。同条例違反をした者もそこに含まれているために、条例と法律がリンクする結果になっている。

また、基準が法律や政省令に規定されていない墓地埋葬法の許可にあたって、公衆衛生向上や生活環境保全の観点からの基準を規定する条例は、「横浜市墓地等の経営の許可等に関する条例」(2002年）など、多くみられる（(2)①)。墓地埋葬法は、「国民の宗教感情に適合」「公衆衛生その他公共の福祉」の観点から規制をするものであるが、生活環境保全に関する基準が規定されているのは、「その他公共の福祉」に生活環境保全が含まれるという法解釈にもとづいている。墓地埋葬法の実施条例の場合は、詳細化・具体化というより、顕在化といえようか。大阪市納骨堂事件最高裁判決は、墓地埋葬法の許可の根拠規定である10条に関して、「墓地経営等の許可の具体的な要件が、都道府県（市又は特別区にあっては、市又は特別区）の条例又は規則により補完され得ることを当然の前提としているものと解される。」と判示する（最三小判令和5年5月9日判自503号50頁)。こうした法律実施条例（(2)③）の適法性は下級審では指摘されていたが（さいたま地判平成21年12月16日判自343号33頁)、最高裁としてこれを認めた点に意義がある。「横須賀市開発許可等の基準及び手続きに関する条例」(2005年）2条2号は、都市計画法29条1項では不明確な「開発行為」の具体的内容（高さ・面積）を定める点で特徴的である（(2)①)。

上書き　法令の規定を条例で修正し、その内容を法律と融合的に実施するのが上書きである（(2)②)。

安曇野市景観条例（2010年）18条1項は、景観法18条1項が規定する着手制限期間の30日を、土地利用調整に関する他条例対象行為に関して60日としている。「京都市空家等の活用、適正管理等に関する条例」17条1項は、空家法のもとでの特定空家等への対応に関して、「助言・指導→勧告→命令」(22条1～3項）の手順を踏むことが求められているところ、著しい管理不全状態にある場合には、それによらず条例にもとづく命令を発出できるとする。形式的には独立条例であるが、指導および勧告を必須とする空家法を実質的に上書きする効果を持っている。

確認　法律の規定内容を条例において改めて規定するものもある。「安全で快適な千代田区の生活環境の整備に関する条例」(2002年）26条は、命令違反者について、「区長は、これを告発するものとする。」と規定する。刑事訴訟法239条2項の確認である。

リンク型条例をめぐる裁判例

廃棄物処理法にもとづく産業廃棄物処理施設設置許可処分の要件のひとつとして地元住民同意を求める（2008年改正前の）「三重県生活環境の保全に関する条例」（2001年）94条（(2)①あるいは(3)④）および三重県産業廃棄物処理指導要綱に反したことを理由に、不許可処分がされた。その取消訴訟において、裁判所は、廃棄物処理法は条例による別段の規制を許さない趣旨ではなく、三重県条例が規定する手続は特殊な地方的事情と必要に応じたものであり適法としている（津地判平成14年10月31日裁判所ウェブサイト、名古屋高判平成15年4月16日裁判所ウェブサイト）。

廃棄物処理法の一般廃棄物処理業許可取消要件に独自の横出し的追加をする（大阪府）「八尾市廃棄物の減量及び適正処理に関する条例」（2004年）38条（(3)④）が問題になった事件では、裁判所は、追加された基準や義務的取消規定を裁量的にする上書き的措置を精査することなく、あっさり「廃棄物処理法の…規定に積極的に反する内容を条例で規定したと解する合理的理由はない」と判示している（大阪地判平成20年1月24日判タ1266号151頁）。

先にみた北海道砂利採取計画認可条例→42頁が法定要件を具体化して規定した保証措置がなかったために不認可がされた事例において、公害等調整委員会（公調委）に対して取消裁定が申し立てられた。公調委は、「〔砂利採取〕法及び省令は、砂利採取計画の不認可事由について、全国的に一律の同一内容の規制を施す趣旨ではなく、それぞれの普通地方公共団体において、その地方の実情に応じて別段の規制を施すことを容認する趣旨である」と述べ、北海道条例を横出し条例と把握したうえで、法律リンク型の同条例を適法とした（公調委裁定平成25年3月11日判時2182号34頁）。

一方、「岐阜県廃棄物の適正処理等に関する条例」（1999年）旧22条1項が産業廃棄物処理施設設置にあたって義務づける関係住民への計画内容周知などを適切にしなかったことを理由に、許可が事後的に取り消された事案がある。岐阜県は、この義務づけを法律実施条例（(2)③）と位置づけたが、裁判所はそうしたリンケージを否定した（名古屋高判平成30年4月13日判時2409号3頁）。

リンク型条例の法律牴触性審査

前出の徳島市公安条例事件最高裁判決→35頁は、並行条例である公安条例の道路交通法との牴触関係を判断するための枠組みを提示した。〔図表2・1→36頁〕の通りであるが、同判決は、当然のことながら、分権改革後に可能になった法律非規定条例としてのリンク型条例の存在を想定していない。

このタイプの条例の法律牴触性審査のポイントは、地域特性を踏まえて条例で追加的な横出し・上乗せや上書きの対象となる法令部分の性質にある。判断基準を試論的に示せば、〔図表2・4〕のようになる。

法令による第1次決定があるかどうかが、まず判断される。決定があれば、その意味が問われる。条例対応を許さない明文規定があれば、その合理性が問題となる。それがない場合（ほとんどがこのケース）、その意味が問題となる。法令による第1次決定がない場合、規制しないと解されるかどうかが問題となる。そうでなければ、法律の制度趣旨を踏まえた判断となる。

検察協議　自治体は、条例に刑罰規定を設ける際には、地方検察庁と協議するのが通例である。これは、法的義務ではなく、運用上のものである。根拠は定かではないが、「各地方公共団体においては、罰則の定めのある条例の制定、改正などに当たっては関係地方検察庁との連絡を密に

〔図表2・4〕　法律実施条例に関する法律牴触性判断基準

対　象	規定・趣旨	地域特性	制定の可否
国が第1次決定をした部分に関する措置であるか（YES）	地域特性適合的対応（第2次決定）を許さない明文規定があるか（YES）	その禁止措置は合理的か（YES）	×
		その禁止措置は合理的か（NO）	○
	地域特性適合的対応（第2次決定）を許さない明文規定があるか（NO）	地域特性適合的対応を許さない趣旨か（YES）	×
		地域特性適合的対応を許さない趣旨か（NO）	○
国が第1次決定をした部分に関する措置であるか（NO）	法令が完結的に決定したと解されるか（YES）		×
	法令が完結的に決定したと解されるか（NO）	法律の制度趣旨に照らして目的実現のために地域特性適合的対応が認められるか（YES）	○
		法律の制度趣旨に照らして目的実現のために地域特性適合的対応が認められるか（NO）	×

（出典）　著者作成。

し、その運用に支障を生ずることのない適切妥当な規定が定められるよう配慮願いたい」という全国都道府県総務部長会議連絡事項（1973年１月25日）があげられることがある（旧自治省文書のようにも思われるが、総務省に照会したところ、所在は確認できなかった）。検察協議では、構成要件明確性や刑罰の重さの妥当性などのチェックがされる。刑罰規定については法的問題点はないという判断が一応はされたのである。

それでは、検察協議を経た条例に問題はないかというと、そういうわけではない。許可基準として住民同意を法的に義務づけるような違法性のある条例もパスさせている→222頁。きわめて狭い法技術的観点からの審査がされているにすぎないようである。

5　都道府県条例と市町村条例

都道府県と市町村の役割分担

都道府県と市町村の役割分担に関しては、地方自治法が規定する。すなわち、都道府県は、①広域事務、②市町村に関する連絡調整事務、③規模・性質において市町村の処理不適当事務（補完事務）を担当し、それ以外の事務は、「基礎的な地方公共団体」としての市町村が担当するとされたのである（２条３項・５項）。今後、都道府県は、条例制定に際して、この原則を十分に認識し、市町村に対して、どういう意味でそれが自らの事務であるといえるのかを説明する必要がある。

「違法・無効」な市町村条例とは

地方自治法２条16〜17項によれば、市町村条例は都道府県条例に違反してはならず、違反した条例は無効となる。しかし、都道府県と市町村は対等関係にあるから、このルールを無限定に拡大適用するのは妥当ではない。一般に、都道府県条例に対する市町村条例による上乗せ・横出しは適法と解される。この部分を実施するための対応は、フル装備条例→38頁によりされる。違法・無効となるのは、都道府県条例が、先にみた都道府県の役割分担に関する事務を規定していて、市町村条例がその趣旨目的を阻害するような効果を持つような場合である。

機能差に応じた法政策を考えよ

役割分担の明示は、第１に、市町村の環境条例の可能性を高める。今後、市町村は、安易に都道府県に依存するのではなく、独力で、あるいは、近隣市町村と連携しての問題対応が求められる。第2は、市町村域に関するかぎりで同じ環境空間を行政区域とする都道府県と市町村の機能の差を、自覚的に考えるきっかけを提供する。環境管理計画同士をどのように調整するか→140頁、法律にもとづく都道府県の事務の実施のなかで市町村の事情をどう反映させるかなど、整理すべき課題は多い。

都道府県条例の適用除外条項　都道府県条例のなかには、「この条例と同等の効果が見込まれる条例を市町村が制定した場合には、本条例を適用しない」という趣旨の規定を持つものがある。こうした適用除外条項は、補完性原理の観点からは望ましいとはいえる。認めるかどうかは知事の全面的裁量に委ねられているのが通例であるが、適用除外に関する市町村の申出権や除外基準などの手続的規定を整備する必要があろう。市町村の自治的決定に配慮した適用除外条項としては、「鳥取県環境美化の促進に関する条例」(1997年) 13条、「千葉県土砂等の埋立て等による土壌の汚染及び災害の発生の防止に関する条例」(1997年) 30条が注目される。条例内容にかかわらず、市町村の申出により適用除外となる。

ところで、ある事務を都道府県条例で規定していたのは、それが都道府県の事務であったからである。それなのに、都道府県として適用除外後に何の措置も講じなくてよいのだろうか。実務的には支障がないとしても、理論的には、やや疑念が残る。事務処理特例制度を通じた都道府県事務の市町村への移譲（地方自治法252条の17の２～252条の17の３）（権限を留保しない完全移譲）についても、同様の疑問がある。

6　環境法制のさらなる発展のために

条例の制定にあたっては、いたずらにコンサバティブになったり、逆に、法律との関係を無視したりするのではなく、法律による規制の限界、それに起因して発生している社会的弊害、地域的観点からみて独自の対応をすべき必要性などを慎重に検討したうえで、自治体の環境空間のよりよい管理と創造のために、新たな可能性を追求することが期待されている。自治体の工夫や努力が国法に影響を与え、全体として環境法制の動態的発展を促したことは、これまでの経験が教えるところである。

参考文献

■阿部泰隆『地方自治法制の工夫：一歩前進を！』（信山社、2018年）191頁以下
■石森久広『政策法務入門編：初めて学ぶ人への道しるべ』（花書院、2018年）45頁以下
■礒崎初仁『自治体政策法務講義〔改訂版〕』（第一法規、2018年）196頁以下
■大津浩『分権国家の憲法理論』（有信堂高文社、2015年）
■大橋洋一『行政法Ⅰ〔第５版〕現代行政過程論』（有斐閣、2023年）65頁以下
■川端倖司『条例の法的性質と地方自治の保障』（弘文堂、2024年）
■北村喜宣『分権政策法務と環境・景観行政』（日本評論社、2008年）
■北村喜宣『分権政策法務の実践』（有斐閣、2018年）
■北村喜宣＋山口道昭＋出石稔＋礒崎初仁（編）『自治体政策法務』（有斐閣、2011年）
■北村喜宣先生還暦記念論文集『自治立法権の再発見』（第一法規、2020年）
■北村喜宣＋飯島淳子＋礒崎初仁＋小泉祐一郎＋岡田博史＋釼持麻衣＋日本都市センター（編著）『法令解釈権と条例制定権の可能性と限界：分権社会における条例の現代的課題と実践』（第一法規、2022年）
■斎藤誠『現代地方自治の法的基層』（有斐閣、2012年）
■成田頼明『地方自治の保障〈著作集〉』（第一法規、2011年）

第2部
要綱と協定

第3章　要綱行政

●ワンポイントリリーフ？

1　要綱行政とは何か

要綱とは何か　環境行政を進める自治体が根拠とする法的規範は、法律や条例である。それ以外にも、自治体は、要綱にもとづいて具体的活動をしている場合がある。本来、要綱とは、行政が事務を進めるにあたって依拠する一律的な内部的ガイドラインである。それゆえに議会の議決を要せず、行政単独で定めうる。あくまで内部的規範であり、法的には、私人に対する外部的効果はない。補助金要綱や事業実施要綱が多数を占める。

ところが、環境管理に関する政策を遂行するにあたり、行政指導という非権力的行為を通じた私人の活動のコントロールを企図して要綱が定められる場合がある。本章では、主として私人の権利の制約により関わりのある指導要綱を考える。

「ノー」といわせない要綱行政？　要綱行政という場合には、権限を根拠づける具体的法規範はないけれども、それと外見的に似た指導基準にもとづき種々の行政指導が行われているような行政現象が念頭に置かれている。要綱という形式は存在しないが行政慣行によって一定の事象に対して行政指導をすることになっている場合も、要綱行政の範疇に含めてよいだろう。「指導」であるから、法的拘束力はなく服従義務は生じない。とはいえ、その遵守が期待されているのはいうまでもないし、全員遵守を前提にした行政運用が行われているのが通例である。

要綱の実例　条例にあって要綱にないものは何だろうか。典型的には、罰則（拘禁刑、罰金、過料）である。もっとも、条例による法的義務づけの不履行に対して、必ず罰則を規定しなければならないわけではない。罰則はないけれども、条例にもとづき求める内容の履行を確保するために勧告および公表だけを規定する条例は少なからずある。このような場合の条例は、外形的には、要綱と酷似してくる。

（佐賀県）「吉野ヶ里町開発指導要綱」（2007年）を例にしよう。「指導要綱」というように、名称において要綱であることを自白しているものの、対象となる開発行為に関して、「開発者は、……町長と協議しなければならない。」（5条1項）というように、あたかも法的義務であるかのように規定されている。そして、「一般的基準」に適合しないものは「これを認めないものとする。」（6条）とされ、協議をしない者については、「違反した者の氏名及びその内容を公表する」（22条4号）とされている。そうなると、罰則を定めない条例と変わらない。そのような条例の法的拘束力を否定する司法判断が出ているのは、前述の通りである。→22頁

2　条例か要綱か

1．行政に与えられた選択肢

なぜ要綱を選ぶのか

条例案を準備するのは、ほとんどが行政の担当部局である。それゆえ、行政には、環境行政を推進する際に、条例で対応するか要綱で対応するかを選択できる。結果として要綱を選ぶのには、それなりの理由があるはずである。以下、行政（職員）を中心に整理する。

2．行政にとっての理由

「従ってもらえる」

要綱を行政が好むのは、何よりも、それにもとづく行政指導に従ってくれる住民・事業者がほとんどであり、それで十分に行政目的が達成できるからであるが、もう少し詳しく理由を整理してみよう。どのような場合に要綱が選択されるのだろうか。

「ひょっとすると違法かも……」

第1は、良好な環境の実現のために行政的対応をする必要性はあるものの、それを条例ですることの適法性に万全の自信が持てない場合である。学説としてあれこれ議論するのは可能であるが、実務の立場では、たとえば、中央省庁が条例制定の適法性に懸念を表明している場合には、補助金交付などに関して将来とも良好な関係を継続したいという理由などから、それを排してまで自己の解釈を貫くというようにはならない。中央省庁も、要綱という形での対応には、あまり目くじらをたてないのが通例であるから、現場としては、いきおい要綱に流れる。

このことは、市町村と都道府県の関係についてもあてはまる。相談をしてみて県の担当部署の反応が思わしくないと、「県も消極的なようだし」と判

断し、無理をしてまで条例制定に向かうことは、通常はない。

「違法だけども何とかやりたい」

第２は、条例で義務を課すのは違法の疑いが濃いけれども、地域課題に対応をする必要があるという行政判断がされている場合である。相手方が行政指導に任意で応じたという形をとることにより、違法の批判を回避しつつ、政策目的を達成できる。地域環境の改善のために、寄付という形で一定額の負担金の支出を求めたり、地元住民同意書の提出を求めるような要綱が、これにあたる。

「議会対策が楽」

第３に、要綱は行政だけで制定できるため、議会の回避が可能になる。もっとも、実際には、議会の全員協議会や関係委員会で担当者が説明して議員の了承を得るという運用をしている場合もある。その意味では、実質的には、条例と同じであるが、そうであっても、根回しや「想定問答集」作成の手間がかからないなど、行政コストの点で、あるいは、気分的にも、要綱の方がはるかに楽なようである。地域の環境問題に対して積極的に立法措置により対応すべしという姿勢が自治体議会の議員に一般に欠けていることも、行政をして要綱に向かわせる要因であろう。「議員なんて何もわかっていない」というのが、行政職員の本音であろうが、そうだとしても、制度として議会審議がある以上、議会はやっかいな存在なのである。常任委員会における条例案の説明・答弁は、担当する部課長にとっては、できるだけしたくない仕事と受け止められている。

条例審査回避志向

第４は、議会を通すことにより、内容の後退が予測される場合である。条例となると、議員も、自身の支持母体などとの関係で、要綱よりも利害に敏感になるために、立案過程で内容が緩和される可能性がある。要綱の場合には、議員も比較的「おおらか」である。「名を捨てて実をとる」という方針ならば、実質的に厳格な規制が実現できるために、要綱が選択されることもある。

議会回避とはレベルが異なるが、条例となると、法制担当課の法令審査を受ける必要がある。要綱の場合は、そうでない運用が多い。審査担当課は、伝統的に、国の解釈や行政実例などに固執する保守的・形式的・画一的審査をする傾向にあるために、これを経ると、「政策がつぶされる」可能性もある。また、他の部局に妨害される可能性もある。「条例回避・要綱志向」の背景には、こうした面もあるのではなかろうか。

トラブル回避志向

第5は、あくまで行政指導であり行政処分はしないために、行政争訟を回避できると考えることである。住民の権利義務の確定、行政権限の明確かつ透明な行使といった法治主義の観点からは、条例にもとづいた行政処分という形式を用いるのが適当である。それは、地方自治法14条2項の要請でもある。ただ、当事者としての行政にしてみれば、公的なトラブルの可能性を極力排除したいと考えるのは、その当否はさておき、理解できない話ではない。

行政の要綱依存に、事業者の「裁判を受ける権利」を侵害している面があった。この点については、2004年の行政事件訴訟法改正によって、行政指導の違法性やこれに従う義務がないことの確認訴訟（4条）の可能性がひらかれたために、確実に発生する不利益を阻止する必要があるという即時確定の利益がある場合には、事情は変わっている。→258頁2014年の行政手続法改正による「行政指導の中止等の求め」（36条の2）の制度化も、影響を与えるだろう。→185頁

迅速な対応の必要性

第6は、公害防止技術が十分には確立していないけれども、とりあえず試行的に対応する必要がある場合である。公害への緊急的対応が求められた時期において、自治体は、住民の健康保護や生活環境保全のために、何らかの措置を講ずる現実的必要性に迫られた。ところが、科学的知見の蓄積が不十分なために、行政として責任を持ってある公害規制技術の使用を法的に義務づけることができない場合があった。そうしたときに、要綱にもとづいて要請すれば、一応の措置を講じてもらえたのである。

「早い・易い・ウマい」

そのほかにも、条例の制定や改正のための手続を経ていては眼前にある緊急の課題に機動的に対処できないといわれることもある。これは、それなりに説得力のある説明である。しかし、要綱がそれほど柔軟に制定・改正されているかといえば、決してそうではない。また、条例があっても、細かい規制内容は規則に委ねられている。その制定・改正には、パブリックコメント手続が必要になる場合はあるが、議会の関与は必要とされないのである。結局のところ、法的に明確な形で権限行使の根拠を規定することに伴う行政当局にとっての種々のコンフリクトの可能性を避けるために、要綱が選択されているといえよう。

また、条例となれば、その双面拘束的性格によって、自分の行動もしばられる。これは、柔軟性とも関係するが、なるべく無制約な裁量を確保したい

と考える行政は、一般に、行政活動の民主的統制という価値には鈍感であり、非公式的措置を好む。法治主義に対する認識が低いといえる。

条例づくりは勲章ではない？　中央省庁のいわゆるキャリア職員は、法律をつくることを自らの「勲章」のように考え、内容はさておいても法律づくりに積極的に取り組むといわれる。ところが、このようなマインドを持つ自治体職員を発見すれば、それこそ「勲章モノ」である。

他省庁との競争関係のもとでの予算・権限拡大志向、あるいは、外郭団体創設による天下り先確保志向など、中央省庁の立法対応には、必ずしも積極的に評価できない面もある。これと比較して、自治体職員の側には、「前へ前へ進む」ような意識が少ない。実施事務を自治体に委ねることができる中央政府職員とは異なって、自治体職員は、仕事が確実に自分に降りかかってくるために、とりわけ条例づくりには積極的になれない面がある。

3．事業者にとっての理由

交渉コストの軽減　行政の介入がないならば、環境空間の利用に関して、事業者は、住民のみと関係を持つことになる。ところが、その利用ルールが確立していない場合には、個別に交渉をする必要が生まれるが、必ずしもスムーズに問題が解決されるとはかぎらない。そこで、行政が、公益実現・利害調整の観点から、トラブルの未然防止という機能を一部に持った要綱を制定してくれるならば、それに従っているかぎりは、それなりの権威と正統性を持つ行政の力を援用でき、住民との関係で、ゼロにはならないにせよ交渉コストを下げることが可能になる。手続の予測可能性も高まる。もっとも、この点は条例でも同じであるが、一般的には、遵守が法的に求められないから、事業者にとっては、要綱の方が柔軟性があると考えられるのかもしれない。

4．住民にとっての理由

「とにかく規制がされるのならば」　要綱が、法律の不備を補う目的を持って制定されるのであれば、要綱を制定するなということにはならない。問題状況が改善されればよいのであって、そのための手段はとくには問われない。内容の点では議論はあるだろうが、要綱を通じて現状より良好な状況の創出が目指されているかぎりは、住民にとっても、これを支持する理由はあるといえる。

交渉コストの軽減　また、事業者に対して、関係住民との関係で一定手続の履践を求めているような内容の要綱であれば（実際、こうしたケースは多い）、事実上、事業者は、協議や説明会の開催等をせざるをえない。住民は、直接交渉を実現するための交渉コストを下げることが可能になる。事業者に対して条例で求めれば違法となる同意書取得を要綱にもとづき行政指導で求めてくれるよう規定されれば、住民は事業者に対して大きな交渉力を獲得できる。

3　環境保全要綱の内容と特徴

環境に関する要綱の内容は、その政策分野の多様性を反映して、多岐にわたっている。それによってどのように事業者の行動をコントロールしていくかという観点からみれば、いくつかの共通点を指摘できる。

事実上の義務づけ　第1に、事実上の義務の賦課である。条例ではないので法的義務は課しえないが、要綱を通じて、一律に一定の行為を求めるのである。たとえば、産業廃棄物処理施設設置にあたっての道府県要綱では、地元との調整を求めているものがよくみられる。

（茨城県）「廃棄物処理施設の設置等に係る事前審査要領」（1998年）は、「一般廃棄物処理施設等」（産業廃棄物処理施設も含む。）の設置許可申請の事前審査として、「地元住民等、周辺住民などの調整状況に関する事項」を定める。その評価は、処理施設の周辺住民、隣接敷地土地所有者、排水等放流先水路等管理者の同意取得状況によってなされる。岡山県産業廃棄物適正処理指導要綱（2012年）も、同様の措置を規定する。廃棄物処理法上の産業廃棄物行政権限を持たない市町村も、独自の要綱を持っている。たとえば、（広島県）廿日市市産業廃棄物適正処理指導要綱（1985年）は、「最終処分場の隣接土地所有者その他その周辺の地域における利害関係者……と協議し、その同意を得なければならない。」「協議が整つたときは、利害関係者等との間において、公害防止協定書を作成し、これを締結するものとする。」と規定している。

金銭の支払い

第２は、事実上の義務賦課と似たところがあるが、ある行為に対して一定の金銭の支払いを求めるものである。宅地開発指導要綱の規定する開発負担金が有名である。そのほか、たとえば、（東京都）「小平市まちづくり協力金に関する要綱」（2005年）は、「まちづくりの推進に必要となる公共施設の整備を図ることを目的とする」が、計画区画数・計画戸数が300以上の規模の開発事業をする事業主に対して、１区画・１戸あたり20万円の「まちづくり協力金」の支払いを求めている。

「従うかどうかは自由」は甘い⁉

第３は、行政指導遵守の事実上の義務づけである。勧告や指示に応じるべき旨が、多くの要綱のなかに規定されている。「……ねばならない。」と表記されていれば、確実に「誤解」を与えるだろう。法的義務と誤信して金銭の支払いがされた場合において要素の錯誤となれば（民法95条）、不当利得の返還請求がされうる（民法703条）。事業者に法的義務があると誤信させたような行為があってそれにより損害が発生すれば、自治体側に国家賠償責任が生じよう。

効果を高めるための措置

第４は、要綱の効果を高めるための措置である。これには、「アメ」と「ムチ」がある。「ムチ」の代表例は、要綱不遵守事実の公表である。無限定な利用についての適法性には疑問が持たれるものの、公表は、要綱において多用されている措置である。「山形県産業廃棄物の処理に関する指導要綱」（1990年）は、いわゆる県外産廃の搬入を規制するが、事前協議を行わない者について、その旨の公表を規定する。

「アメ」の代表例は、補助金である。良好な環境づくりのために補助金を支出することを要綱の形式で規定している例は多い。（東京都）「調布市生垣等設置に関する補助金交付要綱」（1988年）は、まさに表題の施策推進のための支出を規定している。（福島県）「矢祭町再生可能エネルギー推進事業補助金交付要綱」（2021年）は、再生可能エネルギーの有効利用促進と低炭素社会の実現という観点から、太陽光発電設備を設置したり電気自動車を購入したりする住民に対して補助金を交付するとする。補助ではなく法的負担の免除の場合は、要綱ではできない。（愛知県）「豊田市市街地における緑の保全条例」（1989年）は、市長認定にかかる保全緑地に関して、固定資産税と都市計画税の免除を規定する（10条。具体的根拠は、豊田市市税減免規則４条）。

また、協定や契約を締結して環境保全を推進することはよくみられる。それを個別的にするのではなく、要綱によって統一的な基準を決めている場合がある。住民が何らかの負担を負うとしても、それは対等当事者間の合意にもとづくものであるから、内容的には、要綱に親しみやすい。私有地を広場として借りあげて生活環境確保を目指す（神奈川県）「藤沢市緑の広場の確保に関する要綱」（1992年）は、その一例である。同要綱のもとでは、借上げにあたって、当該土地の固定資産税・都市計画税相当額を補助するとともに、60円／㎡の賃料が支払われている。協定期間終了の際、市としては更新を希望するが、それなりの補助があるにもかかわらず、相続税支払いのため売却せざるをえないなどの理由で拒否され、結果的に、マンションなどになってしまうことも少なくないようである。

4　要綱と法律の関係

法律の根拠は必要か

以上は実態の話であったが、行政法学の世界では、要綱（とそれにもとづく行政指導）は、どのように評価されているのだろうか。大まかに整理すれば、次のようになろう。

ある立場によれば、法律の根拠が要求されるのは、行政活動が住民に法的義務を課し権利を制約する場合であるから、法的効果を伴わない行政指導や要綱には、法律の根拠を問題にする余地はないとされる。別の立場からは、住民の権利自由に関わる行政の活動にはすべて法律の根拠が必要と主張される。さらに、行政指導の実態を踏まえた立場によれば、要綱行政として行われているのは法律上保障された住民の自由の制約であるから実態的には権力行政と変わらず、したがって、法律あるいは条例の根拠が必要とされる。

存在意義は否定できない

しかし、とくに開発管理行政の分野で要綱が果たしてきた現実的役割を考えるならば、上記のいずれの立場のようにも即断できないというのが、最近の理解である。要綱行政には、国法の不備のために住民の生命・健康の保護、あるいは、環境保全が十分に実現できない実態を是正する機能があるのであって、行政とその権限行使の直接の相手方との２極関係のみを念頭に置いた法律の欠陥を補うものとして、積極的に評価されている。（住民の自由を制約する結果になったとしても、）法令の根拠は要しないという議論が多数であるようにみえる。また、結果的に「公平」を実現できる要綱に積極的な意味を与えようとする議論もある。

ただ、だからといって、とくに相手方にとり実質的に侵害的効果を持つ行政活動の根拠として、いつまでも要綱にもとづく行政指導対応をルーティン化してよいかというと、決してそうではない。

5　基本的には条例化を

必要性の感じられない条例化

行政指導は、通常、効果的であるし、トラブルも少ない。それゆえ、行政には「慣性」が発生し、制定後かなりの期間を経過しているにもかかわらず、要綱を条例化するインセンティブが生まれない。しかし、住民・事業者の権利・義務に関わる内容を規定するのならば、それを要綱のままで放置するのは、法治主義の観点から、妥当ではない。地方自治法14条２項が「地方公共団体は、義務を課し、又は権利を制限するには、……条例によらなければならない。」と規定していることを想起すべきである。政治家たる長は、より目立つ形の条例を好むが、行政職員はそうではない点にも、行政組織としての要綱志向の原因がある。

要綱行政の甘さ

条例の場合には、施行のために規則が制定され様式も規定される。しかし、要綱の場合には、そこまで厳密な対応がされない例もある。要綱行政には、「法」にもとづかないがゆえの甘さが出てしまう点にも問題がある。

「法」でない要綱は、かつては、自治体ウェブサイトの「例規集」に掲載されていないのが通例であった。要綱制定の決裁権限が長ではない場合が多いため、「わが市にはどのような要綱があるのか」を職員も知らないという実情もある。自治体行政における重要性に鑑みれば、ウェブサイトで要綱を公開するべきであろう。最近、そうした自治体が増えているのは、好ましい傾向である。

旗色悪い行政指導訴訟

要綱にもとづく指導が行政訴訟や国家賠償訴訟で争われた事件の原告は、指導に従わなかった最初の事業者である場合がほとんどである。とくに開発管理行政の実施過程で行われた行政指導をめぐる訴訟では、自治体敗訴事例が少なくない。要綱や行政指導に関する裁判所の姿勢は、それほど寛大ではないし（東京高判昭和60年８月30日判時1166号41頁、最三小判昭和60年7月16日判時1168号45頁、仙台高判平成11年3月24日判自193号104頁)、行政手続法や行政手続条例の制定によって、それは、ますます厳しくなってきている。→187頁、288頁

敗訴となれば、当該原告との間で行政が面子を失うだけでなく、「皆さんに従ってもらっています」といういかにも日本的な説得に応じて指導に従ってくれていた事業者すべてとの関係で信用を失う。初戦は落としてもかまわないならば、敗訴後に条例化すればよいのかもしれないが、一敗もできないならば、解釈論を固めたうえで条例化して、権利義務関係を実定法的に確定すべきである(条例にした場合におけるの適法性は、別の問題であるが)。

負けるが勝ち？

要綱に従うことを行政から執拗に求められる事業者は、実質的当事者訴訟(行政事件訴訟法4条)として、不服従義務不存在確認訴訟を提起することも考えられる。被告となる行政は、「従う義務がある」と反論するはずである。

確認の利益のうち即時確定の利益が問題になるところ、不利益が課されない行政指導であるから事業者の権利や法的地位に現実的かつ具体的な不安や危険は発生しない。このため、訴えは却下される。それを通じて、従う義務がない行政格差にすぎないことが明確になる。訴訟としては敗訴であるが、結果として義務不存在が明らかになるのである。→22頁

ワンポイントリリーフ？

事実上の外部効果を持つ要綱は、基本的には、「ワンポイントリリーフ」であり、「つなぎの措置」である。実効ある規制システムを要綱という形で模索することは、大いにありうる。しかし、少なくとも一定の効果が確認された場合には、すみやかに条例化の方向で作業が進められるべきである。条例化により、自治体は、交渉力を高めることができる。条例となれば、事業者も重く受け止める。とりわけ、外国企業にこうした傾向がある。

行政指導遵守が法的義務になる場合？

もっとも、国レベルで適切な立法措置が講じられず、自治体議会も条例により適切な措置を講じる時間的余裕がない場合や、地域の特性に応じた計画的な環境管理ができるように法律が設計されていないために地域環境に悪影響が生じている場合において制定された要綱にもとづく行政指導が、訴訟になった際の法的評価は、別の次元の問題である。このような限界事例における具体的妥当性の確保の局面においては、その内容の正当性があるかぎり、環境基本条例によって、住民の健

康確保と地域環境の適正管理が責務とされている自治体が行う要綱にもとづく行政指導には、結果的に、一種の条理法的効果を見出してよいだろう。

それは、行政指導それ自体に法的拘束力が発生することを意味するのではない。そうではなくて、具体的状況のなかで、行政指導の相手方において、経済活動の自由の行使が、一定程度制約を受ける（結果的に、任意性が相対的に低下する）のである。そして、それを促すための一定の不利益措置や取扱いも、そのかぎりで違法と評価されない「時間が長く」なることになる（もちろん、比例原則などの制約は受ける）。

合法性判断の基準と対策　合法性の判断は、ケースにより異なる。訴訟になれば、要綱にもとづく措置の必要性、内容の社会的妥当性、関係者の利益・不利益の程度、事業者の態度、条例化の模索の努力の程度などの要素が、具体的事例に即して総合的に検討されるべきであろう。

具体的な基準については、裁判例の蓄積が待たれる。要綱の適用を不当に回避したパチンコ業者に対する建築確認処分の留保が争われた事件において、業者の不公正な行為に対するペナルティーとして、一定期間の留保は違法とはいえないと判示された例がある（横浜地判平成10年９月30日判自185号86頁）。

評価厳しくなる要綱への依存　中央省庁の有権解釈が条例化のネックになっていたという主張も、かつてはそれなりの説得力を持っていた。しかし、地方分権によって、自治体にも中央省庁と対等の法令解釈権限と責任が与えられたのであって、それを活用せずに安易に要綱に流れているのは、適切な対応とはいえない。拡大したとされる条例制定権を活用せずに要綱にもとづく行政指導を漫然と継続していた場合には、裁判所の評価は、厳しいものになるように思われる。

要綱には、「政策法務の傑作」と評された面がある。たしかに、そうした評価を受け続ける要綱もあろうが、今後は、条例化をさぼっているとして消極的な評価を受けるものが多くなるのではなかろうか。

要綱にもとづく行政指導と条例にもとづく行政指導　条例でも行政指導条例の場合には、違反に対して監督処分や刑罰という法的措置を組み込んでいないから、機能的には、要綱と変わるところはないようにも思われる。しかし、およそ条例は、民主的手続を経て示された住民の総意であり、一定の義務を法的に課しているのであるから、その義務を履行させるべく行われる行政指導に関しては、要綱にもとづく場合とは異なった評価が可能であろう。

住民・事業者の権利義務に実質的に影響を与える要綱については、条例化が求められる。（愛知県）豊田市は、『豊田市政策法務推進計画』（現行は、2022年改訂の第３次）において、「規制的指導要綱については、条例等整備指針に基づき条例化し、法執行に必要な権利義務規制の法的正当性を確保する。」と明言する。適切な認識であり、成果が期待される。

参考文献

■阿部泰隆『行政の法システム（上）〔新版〕』（有斐閣、1997年）361頁以下
■遠藤博也『行政法スケッチ』（有斐閣、1987年）37頁以下
■木佐茂男（編著）『自治立法の理論と手法』（ぎょうせい、1998年）
■芝池義一「行政法における要綱及び協定」『基本法学４：契約』（岩波書店、1983年）277頁以下
■鈴木庸夫「要綱行政の新たな展開」年報自治体学７号（1994年）94頁以下
■鈴木庸夫『開発規制と条例・要綱：土地所有権の公共性と規制手法』（地方自治総合研究所、1994年）
■原田尚彦『行政法要論〔全訂第７版補訂２版〕』（学陽書房、2012年）198頁以下
■藤田宙靖『新版 行政法総論（上）』（青林書院、2020年）364頁以下

第４章　公害防止協定・環境管理協定

●水平・個別・未然防止？

1　協定とは

垂直的関係と水平的関係

条例の場合には、一方的に義務が課されるが（垂直的関係）、要綱の場合には、タテマエ上は、行政による行政指導という形で、相手の同意に期待している（水平的関係）。行政と事業者は、対等関係なのである。このように、両者の法的性質は異なっている。一方、両者に共通するのは、行政が「一律的な基準」を用いて事業者の行動を「未然防止的」にコントロールしようとしている点である。対象となるのは、「……しようとする者」というように、抽象的・一般的な存在である。

個別的関係をつくる

これに対して、公共目的達成のために、求められる行為の内容を行政と特定の事業者の間で個別に調整・合意する手法があり、行政協定と呼ばれている。環境行政の分野では、公害防止協定や環境管理協定と称されることが多い。

協定の特徴

協定は、行政と事業者の意思の合致を前提としている。その意味では、行政指導と同じであるが、両者の関係や行為の内容が、「協定書」のなかで個別に表現されている。行政指導とは異なり、合意された所定の行為をすることが継続して求められているのである。端的に整理をすると、〔図表４・１〕のようになる。条例は、「垂直・一律・未然防止」、そして、要綱は、（法的義務づけではないが、）「水平・一律・未然防止」という特徴を持っている。これに対して、協定は、「水平・個別・未然防止」という特徴を持っている。後にみるように、協定が契約としての効力を持つ

〔図表４・１〕　条例・要綱・協定の法的特徴

	義務づけの方法	義務づけの内容	環境負荷行為への対応
条　例	垂　直	一　律	未然防止
要　綱	水　平*	一　律*	未然防止
協　定	水　平	個　別	未然防止

*ただし、事実上のものにとどまる。
（出典）　著者作成。

と解される場合には、強制履行も可能になるため、個別的関係に関して、条例に近い機能を有する結果にもなる。条例が垂直的義務づけであるとすれば、協定は水平的義務づけである。

なお、協定のなかには、行政は当事者にならずに、事業者と住民の２者が締結するものもある。この場合において、そこに規定される事業者の義務の履行を確保する観点から、当該事業者と行政との間で、立入調査や行政指導といった内容を含む協定が、別途、締結される事例もある。行政が当事者とならないものは、「行政協定」とはいえないが、公害防止協定・環境管理協定の一類型であるから、あわせて検討の対象にする。

2　窮余の一策？

横浜方式

自治体行政と事業者の間でなされた公害防止に関する合意については、島根県と山陽パルプ江津工場（現・日本製紙江津事業所）および大和紡績益田工場との間で1952年３月に交わされた工場廃水を中心とする「公害の防止に関する覚書」が最初のものとされている。しかし、本格的な公害防止協定の嚆矢として一般にあげられるのは、横浜市と電源開発株式会社との間で1964年12月に締結されたものである（横浜市の交渉の相手方は、実際には、通商産業省（当時）であったといわれる）。

根岸・本牧臨海工業地区に、電源開発の磯子火力発電所が立地するに際して、当時の法令や規制基準によるかぎりでは、先発施設との複合影響による大気汚染などが避けられないと判明したが、ばい煙規制法のもとでの諸権限は、横浜市長にはなく神奈川県知事のみにあった。県公害防止条例も制定されていたが、いずれにおいても、電気事業のような公益事業は適用除外とされていた。横浜市が独自の条例により規制をすることの適法性には、疑問が持たれていた。そこで、科学的データを踏まえて、世論を背景に、法定規制より強度の規制を市が申し入れ、企業が応諾するという形で実現された。これは、法令の不備や条例制定権の限界に関する当時の議論を前提にしつつも、立地について住民の理解を得ながら住民の健康・生活環境保全も確保するという、自治体ならではの柔軟かつ実践的な措置であった。具体的には、集塵機の構造・性能、煙突高、排ガスの吐出速度・温度・含塵量・亜硫酸ガス濃度などについて、市が申し入れている。

協定によるこうした対応は、現在では、「横浜方式」と称されている。なお、協定方式が全国的に注目され本格的な拡がりをみせたのは、1968年に、東京都が東京電力と締結してからといわれる。

宇部方式　1970年以降、国レベルの環境法は大いに整備され、政令市長に権限を与える法律も増加した。しかし、そのもとでは権限を有しない自治体もある。そのひとつである（山口県）宇部市が、企業と協定を締結して汚濁負荷を削減した取組みは有名である。宇部市は、法律規制を先取りする内容を協定のなかで実現しており、「宇部方式」と称されている。

3　なぜ協定か

1．行政にとってのメリット

画一的対応による不合理の回避　条例や要綱のもとでは、規制内容が規制対象カテゴリーごとに決定される。対象事業者ごとには調整できないため、どうしても画一的にならざるをえない。この点、協定の場合、事業者との交渉を通じて内容を決しうるために、公害防止技術の進歩などの諸条件を踏まえて、個別的状況に適合した措置を講ずることが可能になる。住民の要望なども反映できる。また、協定によれば、法律レベルで求められている義務よりもさらに厳しい要求を、事業者の同意のもとに、必要に応じて個別的に課しうる。条例で法律の上乗せをしている場合に、さらに「上乗せの上乗せ」を求めることも可能になる。より高い環境負荷削減のパフォーマンスを、ピンポイントで実現できる。一律に規制をかけると過剰規制を招くおそれもあるが、個別対応により、それを回避できる。一律的対応に加えて、協定締結を予定している条例もある（例：静岡市環境基本条例（2004年）17条、千葉市環境保全条例（1995年）106条）。ゾーニング地域における行為規制を、地権者と個別に協定を締結することにより実現しようとする場合もある（（千葉県）我孫子市手賀沼沿い斜面林保全条例（1999年））。一律的対応が不適切な景観規制において、地域ルールの調整結果を協定で規定する制度もある（（北海道）ニセコ町景観条例（2004年）13条・17条）。（熊本県）「宇土市環境保全協定に関する条例」（2002年）は、同市環境基本条例（2002年）25条をより具体化するもので、協定に関する一般条例となっている点でめずらしい。

さらに、要綱とも共通するが、条例による規制の適法性について争いがある場合にも利用できる。水平的性格は共通するが、締結交渉を個別的に行うために、一般的性格を持つ要綱に比べて、締結後に相手方の遵守がより期待できるというメリットもあろう。

環境紛争処理の一手段

こうしたメリットは、立地にあたって地元住民と事業者との間で紛争が発生している場合に最大限活用できる。すなわち、たとえば、県としては申請が法律上の要件に合致しているので許可せざるをえないとしても、法律が必ずしも環境汚染や環境破壊の防止に十分ではないために、反対運動にそれなりの理由があるとすれば、協定を通じて現実に適合した基準の遵守を求め、公害発生についての住民の不安を抑えるのである。権限を持つ県のレベルでは、タテマエと実態の調整が行政的に困難だとすれば、紛争発生地を抱える市町村が、協定の当事者となればよい。実際、県の産業廃棄物指導要綱のなかで、廃棄物処理法の申請に先立って、地元市町村長との協定締結が求められている事例が多いのは、こうした事情からである。なお、協定締結がないと廃棄物処理法の申請を受けとらない実務があるが、その問題点については、第9章で検討する[→187頁]。

たしかに、公害・環境法規は発展した。しかし、法律は常に時代おくれになる宿命であるため、社会のニーズや現実に十分対応できるようになっていない場合が多い[→8頁]。法令の不備を補完する必要は、いつの時代にも存在しているのである。その方法は、条例であり要綱であり、そして、協定でもある。

執行コストの削減

行政の求めに応じて法律以上の負担をしてくれる事業者は、一般には、それなりに「優良業者」である。行政の目を盗んで違法行為をする可能性も少ない。そうしたことから、「違反発見→執行」に関する行政コストをかけなくてすむ。

市町村の権限をつくる

法律にもとづく規制権限を有していない市町村が一方当事者となっている協定は、相当数ある。法律との関係でみれば、上乗せ・横出し的な内容が規定されているのではなく、実質的には、法律規制の内容が市町村との関係で確認的に規定されているものも少なくない。

これはなぜだろうか。市町村にとっては、権限を有する都道府県に任せておけばよいともいえるが、何か問題が発生した際には、苦情は地元である市町村に寄せられる。都道府県に連絡したとしても、迅速かつ的確に対応してくれるかといえば、必ずしもそうではない。そこで、事業場への立入調査や確実な義務履行を可能にする規定を持つ協定を締結することにより、（十分な指導・監督能力があるかは別にして、）市町村がイニシアティブをとって対応できる。立入調査権は、事務処理特例条例（地方自治法252条の17の2）にもとづく都道府県からの事務移譲によっても得られるが、法律による規制対象事業場のすべてに及ぶがゆえに、「重すぎる」と考えられているのだろう。

特定事業者に関する一覧性　市町村の行政区域内に立地する事業者に対しては、法律または条例のもとで都道府県知事が権限を有する規制がされている。市町村にとっては、いわば頭越しであるため、特定事業者に関して個別に締結する協定には、住民や地域の生活環境との関係で適正操業をしてもらわなければならない内容を、一覧性をもって把握できる機能がある。

その内容は、①法律や都道府県条例の内容を確認的に規定する部分、②市町村条例の内容を確認的に規定する部分、③協定対象事業者との間で個別に合意した事項を創設的に規定する部分から構成される。協定は、複数のカートリッジが差し込まれたオーダーメイドの「規制パッケージ」といえる。

標準協定書　協定は、個別に締結される。ところが、一般の反復的契約と同じく、あらかじめ定型的な内容が用意されている場合が多い。個別事業者への対応は、そうした標準協定書や標準計画書の「空欄部分」を埋める形でされる（宮城県の書式については、https://www.pref.miyagi.jp/soshiki/kankyo-t/kougaiboushikyoutei-keii.html）。埋められる空欄の内容が法律や条例と同一であるとすれば、形式的にみれば二重規制となる。

2．事業者にとってのメリット

トクなことって？　あくまでも任意であるから、締結によるコストが企業活動を無意味にするようなものならば、協定は選択されない。事業者にとってのメリットは何だろうか。

一般的宣伝効果　締結の経緯はさておき、協定という目に見える形をとることにより、公害防止・環境保全に対する企業の意欲と実績を、社会に対して個別具体的に提示できる。一種の宣伝である。また、「ウチだけがとくに厳しい対応をしている」のであり、企業内部のモラールを高めることも可能である。対象企業のすべてに適用される条例・要綱には、そのような効果はない。多くの企業が環境配慮を経営方針に含めるようになった現在、具体的実績を示して他企業との差別化をする意義と必要性は、事業者にとって大きい。ただ、上乗せ規制的協定を締結している場合において、その内容を条例に吸収して一般化する「トップランナー方式」のような対応がされるとなると、ほかの企業から、「余計なことをしやがって」と恨まれる可能性もあるために、それなりに気を使う必要があるのかもしれない。

特別融資制度　通常よりも厳しい対応が求められるから、設備投資も、当然に大きくなる。それをすべて事業者に負担させるとするならば、協定締結に応じたくても財政的に難しい企業も出てくる。この点で、協定締結企業に対して、公害防止施設に対する融資などの措置が優先的に講じられるのであれば、事業者も前向きに考えることができる。一般に、補助金は、汚染者支払原則（Polluter-Pays-Principle, PPP）の観点からは適切ではないとされるが、法律以上の対応をしようとする事業者に対する公金支出には、十分な公共性があるといえるだろう。

対住民・対行政対策　絶対反対なら論外であるが、立地予定地周辺住民は、協定締結を条件に賛成する場合もある。協定は、円滑な企業活動の実施にあたって、不可欠な存在といえる。行政と締結しているということで、自らの活動の正当性について、行政の権威を援用できる。万が一、民事訴訟が提起されたとしても、積極的に協定を締結して一定の措置を講じている事実は、比較衡量にあたって、事業者側に有利に作用するだろう。

また、前述の通り、対行政関係においては「協定を締結している協力的な企業」というイメージを与えることができ、各種規制法規の執行過程においてさほど「マーク」されないという効果も期待できる。ただ、それを逆手にとって、法律違反の操業を継続していたようなケースがいくつか発覚しており、行政側の「人の良さ」「脇の甘さ」が批判されている。戦略的には、未規制領域の場合に、自主規制という形で規制を自分に適合するように先取りし、画一的規制による不合理なコスト負担の回避も可能になる。

泣く子と行政には勝てない？　任意とはいうものの、企業にとって、締結に際し、実際にどの程度交渉の余地があったのかは、実証的に研究されるべき課題である。定式的なモデルが準備されている場合には、個別条項を留保・修正するのは困難だろう。強迫による締結はまずないだろうが（そうなら、当該意思表示は、取消可能である（民法96条１項））、ある地域への進出を前提にすれば、「泣く子と行政には勝てない」という現実があろう。それをいいことに、自治体側がいささか「ワル乗り」しているケースもないではないように思われる。

３．住民にとってのメリット

チョッピリ高い安心度

事業者に対する指導を行政に求めて環境悪化のおそれを除去させるという方法もあるが、それはあくまで行政指導である。効果の点で、心許ない。協定では、書面に義務が規定されるし、不履行の場合には、民事的に執行できる可能性もあるから安心度は高い。個別事情に応じて、住民自身の事業場への立入調査や操業関係情報の開示など、適正な操業を確認するための措置も規定できる。役割の内容にもよるが、協定に関係者として加わっていれば、身のまわりの環境について、たんに行政活動の便益享受者ではなく管理者のひとりとしての意識を持つことができるのである。〔図表４・２〕にみるように、住民が当事者や立会人として関与している協定がそれなりに締結されているのは、こうした認識を反映したものであろう。

半世紀継続される調査

立入調査権限の創設という点では、イタイイタイ病事件控訴審判決（名古屋高金沢支判昭和47年８月９日判時674号25頁）の翌日に、被告三井金属鉱山と原告被害者との間で締結された公害防止協定が注目される。協定では、被害住民らが必要と認めたときは、被害住民らや指定する専門家がいつでも神岡鉱業所の排水溝を含む最終廃水処理設備、廃滓堆積場などの関係施設を立入調査して自主的に各種の資料を収集できるとされた。この調査は、半世紀経過した現在でも継続されている。

4　協定の内容

多様な内容

協定の内容は、多種多様である。大気汚染対策については、法律や条例の基準に上乗せ（厳格化）・横出し（項目追加）した独自の排出基準を設定したり、工場単位で総量規制をするのが典型例である。水質汚濁対策も同様であるが（法令レベルでは一般に未規制の排水の着色度に関

〔図表４・２〕　公害防止協定の内容

（単位：協定数）

協定総数		32,578
一般的公害		23,849
原・燃料規制		5,256
ばい煙規制		10,739
排水規制		15,088
騒音規制		13,109
振動規制		10,099
悪臭規制		10,058
産業廃棄物		10,830
その他の公害		5,529
緑化等環境整備		11,361
違反等の制裁		8,384
公害発生時		15,775
	操業停止又は損害賠償	11,886
	無過失損害賠償	4,312
立入調査関係		17,322
住民関与	当事者	2,532
	立会人	1,814

（出典）　環境省総合環境政策局環境計画課『地方公共団体の環境保全対策調査　平成18年度調査（平成18年４月１日調査）』より著者作成。

する規定も目立つ）、敷地内に養魚池を設置し放流水を通すことで安全性を確認させている例や、製造工程の廃水処理にクローズド・システムを義務づけている例もある。農畜産業への影響の観点から、夜間の屋外照明の規制を規定するものもある。工場敷地に関してだけではなく、物品を搬入する他社の車両の搬入時間制限などを事業者の責任で担保することが規定されている場合もある。環境影響評価条例にもとづく評価書や開発事前協議の内容を協定にして、事業者に遵守義務を具体的に課すという利用方法もあるだろう。

公害防止計画書提出を義務づけたり、規制事項に関する立入調査規定を持つ協定も多い。そのほか、排水の水質データの開示を義務づけるもの、行政に報告するデータが情報公開条例にもとづく開示請求対象となった場合の扱いを規定するもの、公害防止担当者の常駐を規定するもの、事故時の対応や無過失賠償責任を規定するもの、補償基金積立てを義務づけるもの、周辺住民の立入調査の受忍とその費用支弁を義務づけるもの、任意保険の加入を義務づけるものなど、状況に応じて内容も多彩である。なお、協定の見直し手続について規定するものはそれほど多くないが、内容の妥当性を確保するためにも必要である。

自治体が当事者となっている協定で2006年４月１日現在に存在するものとしては、32,578件確認されていた。その内容については、〔図表４・２〕を参照されたい（最近の統計は、公表されていない）。

「まるめこまれない」ために？

協定の内容決定のイニシアティブを行政と企業のどちらがとるかは、事業により異なる。いくつもの工場を持つ企業は、協定締結の経験が豊富な「熟練者」であるのに対して、「協定は初体験」という自治体もある。法律や条例の規制を緩めるような内容になることはないにせよ、企業側に一方的にイニシアティブをとられて実質的内容のない美辞麗句が踊る協定を締結させられ、住民対策の片棒をかつがされるようではよくない。「企業情報公開」という一見先進的な規定を持っていても、その範囲と内容を、企業はきわめてコンサバティブに解している場合もある。具体的数値について、行政は義務的と考えているが事業者は任意的と考えている場合もある。これでは、同床異夢であり、住民の信頼を失うことにもなりかねない。この点で、経験のある自治体に学ぶことや自治体間の情報交換が重要である。

5　いくつかの論点

1．法的性質

紳士協定か契約か

協定の法的性質に関する考え方は、紳士協定説と契約説に大別できる。紳士協定説によれば、法治主義・民主主義を踏まえると、事業活動を法的に拘束する手段としては、法律や条例によるしかない。このため、当事者の合意にかかる協定によっては、法的拘束力を創出しえない。したがって、事業者が協定不履行をした場合、政治的・社会的批判を受けることはあっても法的に履行を強制しえない。相当の具体性を持って法的拘束力を有するような規定ぶりであっても、個別的な訓示規定とみるほかない。遵守義務はないという面に注目すれば、個別的に要綱行政をしているという整理もできる。

これに対し、契約説によれば、合意がされた以上それは法的拘束力を有する。したがって、不履行の場合には、履行を強制されたりサンクションを受けることがありうる。事業者の経済的自由の制約をもたらす結果になっても、その任意の同意があるかぎりは、法令の上乗せ・横出し的内容の行為を求めても違法にはならず、法的拘束力が発生すると考えるのである。

個別条文ごとの判断が必要

現在では、行政協定の役割は広く認められており、事業活動の規制が法律や条例に独占されるべきとは考えられていない。当事者の任意の合意があるかぎり、そこに法的拘束力を見出すことは可能と考えられている。法律にもとづく権限が行政に与えられているとしても、任意の合意があるかぎりは、事業者が追加的・加重的に負担をすることも適法とされる。契約説が多数説といえる。

しかし、そうであっても、法的拘束力の程度は条項ごとに判断されるべきである。すなわち、「町の環境行政に協力するものとする」という条項は、法的拘束力を持つような具体的特定性を有していないから、訓示規定にすぎず、契約の内実を備えるものではない。

法的拘束力を発生させる前提としては、①合意の任意性、②協定の目的の合理性、③手段の合理性、④求められる行為の具体性、⑤履行可能性、⑥強行法規への非牴触性、といった諸要素が充たされている必要があろう。合理性については、行政が一方当事者のときの方が、住民が一方当事者のときより一層求められる。なお、公序良俗に反する内容や行政法上の義務の緩和といった強行法規に反する内容を盛り込むことはできない。

問題になった協定の内容にもよるが、裁判所は、条項の文言を個別に審査した上で契約と評価する傾向にある。（行政と事業者の協定について、名古屋地判昭和53年１月18日判時893号25頁、札幌地判昭和55年10月14日判時988号37頁、松江地判平成27年12月14日 LEX/DB25542027参照。事業主体たる国ないし自治体と住民の協定について、高知地判昭和49年10月11日判時760号84頁、東京地八王子支判平成７年９月４日判時1555号85頁、大阪高判平成29年７月12日判自429号57頁参照。事業者と住民の協定について、最一小判昭和42年12月12日判時511号37頁、名古屋地判昭和47年10月19日判時683号21頁、東京地判昭和56年５月29日判時1007号23頁、山口地岩国支判平成13年３月８日判タ1123号182頁参照）。協定の法的効果は、事業者が履行の強制を求められた際に「自分には債務がない」と主張する場合にとくに問題となる。したがって、締結時には、文言を明確にし、理解を共通にしておく必要がある。協定を公正証書にすることを検討してもよい。

行政契約か私法契約か

協定の内容のうち、契約の内実を備える部分について、行政契約か私法契約かという観点からの議論がされる場合がある。

環境保全という公共目的の実現を目指すから行政契約ともいえるが、およそ行政の活動である以上、それは当然であるから、公共的であるというだけでは十分な根拠にはならない。事業者が一方的に義務を負う点で私法契約とは異なるという整理もあるが、贈与契約は片務契約であるし、可能な範囲で行政も義務を負うことが不可能というわけではない。

協定の法的性質については、各条文の法的拘束力の程度は異なれども、全体として行政契約と整理するのが適切である。その理由は、公共目的の実現手法であることのほか、一方当事者としての行政が、私法契約のように、自由に締結を決めることができない場合がある点に求められよう。たとえば、ある企業と環境保全協定を締結していた場合において、同種の企業が同じような内容の協定の締結を求めたときには、平等原則の観点から、これを拒否する自由はかなり制約されると考えられる。長の政敵が経営する企業であっても、正当な理由がないかぎり、拒否はできない。これは、私人間の契約にはない特徴である。なお、複数の産業廃棄物処理業者のうち一社とのみ公害防止協定を締結したために平等原則に反して無効と主張された訴訟において、裁判所は、恣意性は認められないとして請求を棄却した事例がある（新潟地判平成10年11月27日 LEX/DB25410009）。

また、協定締結手続の透明性の要請や、締結された協定の公開についても、住民との関係で、一定の措置が求められよう。なお、先にみたような例もあるが、行政が協定を締結するにあたって、条例の根拠は不要である。

第三者のための契約　協定を契約と解した場合、その履行を当事者以外の第三者が求めることができるかが問題になる。この点については、協定を「第三者のためにする契約」（民法537条）と解しうるかが論点になる。

協定当事者以外の者に対しても事業者が一定の措置を講ずる旨の規定があれば、そうした方向での解釈は可能である（東京地八王子支判平成8年2月21日判タ908号149頁参照）。しかし、行政が一方当事者である協定において、「協定は住民のために締結されている」という理由で、当該協定を第三者のためにする契約とまでみるのは無理である（さいたま地熊谷支判平成30年5月14日 LEX/DB 25564856）。また、行政が事業者に対して有する権利に関して、住民に債権者代位権の行使（民法423条）を認めるのも困難である。

協定の限界　協定に規定された項目が無効とされた例がある。「福岡県産業廃棄物処理施設の設置に係る紛争の予防及び調整に関する条例」の手続を経るなかで、立地先の自治体と処理業者の間で締結された協定には、最終処分場の使用期限が、「平成15年12月31日まで。」と明記されていた。その効力が争われた事件において、第一審判決（福岡地判平成18年5月31日判自304号45頁）はこれを有効としたが、控訴審判決（福岡高判平成19年3月22日判自304号35頁）は、使用期限の決定は廃棄物処理法にもとづく知事の専権事項であるとして法的拘束力を否定した。

しかし、事業者が許可によって取得した自身の権利を自主的に制限することを約したのであるから、それを無効と解するのは間違いである。「太く短く」生きるか、「細く長く」生きるかは、事業者の自由である。最高裁判所は、基本的に契約説に立って、当該期限条項に公序良俗違反があるか否かを審理させるために、高裁に差し戻した（最二小判平成21年7月10日判時2058号53頁）。高裁は、そうした事情はなかったと判断して、使用終了を求める自治体の請求を認容した（福岡高判平成22年5月19日判例集非登載）。

任意の決定として締結された協定内容については、たとえそれが事業者にとって厳格なものであったとしても、比例原則が問題になる余地は基本的にない。締結当時とは事情が異なってきたために結果的に過剰な負担となっているとすれば、事情変更の原則に従って協定内容の協議がされるべきである。比例原則の適用を認める裁判例があるが（大阪高判平成29年7月12日判自429号57頁）、適切な解釈とはいいがたい。

当事者の意識　条文の解釈とは別に、法的拘束力については、協定当事者が同じ認識を持っていることが重要である。先にもみたが、具体的な数値が規定されていても、事業者はそれを拘束力のない「努力目標値」と考えている場合もある。締結当初の認識がその後に変容する可能性もある。行政としては、定期的に内容をチェックするとともに、数値基準の意味について確認をする必要がある。

2．議会回避と事実上の強制の問題点

安易な依存は危険　協定方式には、実質的な義務の賦課を条例によらずに協定に逃避させるという危険性がある。議会の回避である。また、条例を制定するのはよいとしても、そこに形式的根拠を置くだけで、内容の限定もせずに協定の締結を長の義務と規定する場合、事業者にとって締結が事実上強制される状況になっているとすると、条例にもとづかない実質的な義務

の賦課であり問題がある。個別的協定という形式はとりながら、実質的には同様の内容の協定が一般的に締結されているならば、それは、行政への「マル投げ」であり、まさに積極的脱法行為である。行政コストをかけても、条例のなかで一律的規制をする努力をすべきである。

締結の強制？　契約的性質を持つ以上、事業者に締結を強制できないのはいうまでもない。この点に関して、（兵庫県）姫路市公害防止条例（1973年）７条１項は、「事業者は、市長が公害防止に関する協定の締結について協議を求めたときは、これに応じなければならない。」としている。協議という手続のみであるから、まだ許されるだろう。かつて、（三重県）大山田村環境基本条例（1998年）９条３項は、「村長は、事業者が公害等防止協定の締結に応じなかつたときは、その事業者の氏名及び関係する事項等を村民に公表することができる。」と規定していたが、制裁的機能を持つ公表であって、運用次第では強迫になりかねない問題があった（大山田村は、現・伊賀市）。公害防止協定締結の努力義務を課す北九州市公害防止条例（1971年）は、「努めない者」の公表を市長の義務とするが（22条４項）、法治主義に反して違法である。

３．締結手続と協定の公開

コメント募集　協定案を一定期間縦覧に供して住民に意見を求め、それを踏まえて内容をファイナルにするのも一案である。廃止された前記旧大山田村条例９条２項は、締結にあたって、環境審議会への諮問に加え、概要の縦覧と村民の意見聴取手続を規定していた。こうした措置は、一種のパブリックコメントであり、適切な法政策である。

協定の公開　（埼玉県）三郷市公害防止条例（1975年）22条２項、名古屋市環境基本条例（1996年）12条２項には、行政が当事者となっている協定の内容を、締結後に公開する規定がある。また、個別の協定にその旨が規定されている場合もある。規定がなければ、任意ということになるのだろうが、第三者によるチェックが可能になるという意味で公開が望ましい。情報公開条例の運用においても、原則として、公開相当として扱われるべきであろう。より踏み込んで、締結している協定の内容をウェブサイト上で情報提供している自治体が増えてきている（例：（北海道）釧路市、宮城県、横浜市、神戸市）。なお、協定にもとづいて事業者が行政に提出する測定データが公開されるべきかどうかは、別の判断を要する問題である。千葉県は、PRTR法のもとでの特定化学物質の年間取扱量のデータを、公害防止協定にもとづいて、事業者に提供してもらっている。それについて情報公開条例を利用した開示請求がされたところ、同県は、取扱量は営業秘密に該当するという理由で非開示処分とした。

協定のなかで規定されている基準などは、あくまで当該企業きりの個別的なものである。したがって、その企業と締結したからといって、別の企業に同様の基準を押しつけることができないのはいうまでもない。ところが、基準が「一人歩き」して、後からくる企業にも同内容を求めようという動きや期待が、行政や住民のなかに出てくる場合がある→66頁。逆立ちした平等原則である。企業や行政が内容の公開に消極的だとすれば、その理由は、こうしたところにもある。しかしながら、そうした対応は、本来、一般的適用性を持つ条例を通じてすべきものである。

透明化と監視の仕組み　協定それ自体の公開は重要であるが、それがどのように履行されているかに関する情報の公開も、同様に重要である。この点については、日本における環境改善のための協定手法を積極的に評価するOECDも、「自主的協定は、より透明化し、監視の仕組みと数値目標をもつものとすべき」と指摘している（OECD（編）『〔新版〕OECDレポート：日本の環境政策』（中央法規出版、2002年）47頁）。事業者側に一方的に有利な内容となり、かつ、無責任な運用がされることを懸念しているのだろう。

４．履行確保手法

違約金と差止め　住民と事業者との協定の場合、協定上の義務違反に対して損害金なり違約金を規定する例がある。一般的にいえば、こうした内容も適法であり、民事的に執行可能である（高知地判昭和56年12月23日判時1056号233頁）。義務内容に具体性があれば、その不履行に対して、裁判による強制も可能である。通常の民事差止訴訟であれば、請求認容のためには被害発生の高度の蓋然性があることが必要であるが、協定の場合には、客観的な基準値や行為の遵守の義務づけがされていれば、その不履行の事実だけで請求が認められる傾向にある（前出の平成21年最二小判のほか、公害防止協定に違反して投棄された産業廃棄物の撤去請求が認容された例として、奈良地五條支判平成10年10月20日判時1701号128頁、建築協定に違反した建築部分の撤去請求が認容された例として、神戸地姫路支判平成６年１月31日判時1523号134頁参照）。

協定の不履行は、不法行為となりうる。協定に違反する操業によって、養鶏場の産卵量が減少したことを理由に、損害賠償請求が認容された例もある（山口地岩国支判平成13年３月８日判タ1123号182頁参照）。

違反事実の公表と民事強制

行政と事業者との協定では、違反に対する措置として、公表制度が設けられている例が多い。

事業場増設を長の同意制にしてその違反に建設差止めで対処することができるかどうかについては説が分かれているが、協定の具体的内容によるというしかない。「同意なしに建設にとりかかってはならない。」というような規定があれば差止めも可能だが、たんに「同意を求めるものとする。」程度の内容なら、そこまではできまい。違反の際に是正を命令・指示することができるという内容の規定もよくみられるが、事業者においてそれを受忍する旨の明文規定がなければ、その執行は不可能であろう。締結にあたって、十分に配慮すべき点である。

行政代執行ができる？

なお、協定のもとでの義務は、法令により命ぜられた義務ではないから、たとえ協定中に「命令」という文言が使われていても、行政代執行法を用いた行政強制ができないのはいうまでもない。また、義務違反に対して刑罰や過料を科すことはできない。（福井県）敦賀市土地利用調整条例（2005年）は、開発事業者に対して、市長と締結した協定内容の遵守を義務づけ、不遵守があった場合には勧告を経て措置命令が出せると規定し、さらに、命令違反を５万円以下の過料に処するとしているが、条例上の義務と契約上の義務との混線がある。（長野県）「南牧村美しいむらづくり条例」（2006年）は、締結した協定に違反した事業者に対して勧告または命令できるとし、命令の不履行に対して、行政代執行法にもとづく代執行ができるとする。協定締結に応じない場合の制裁的公表措置や命令違反に対する10万円以下の罰金も規定され、違法というほかない条例である。

協定の破棄

協定を締結していることが「環境配慮的」と市場に評価されている場合には、自らの原因によって協定を破棄されれば、事業者にとっては、大きなダメージとなる。行政によっては、そのような状況をつくることが、協定の履行確保のための重要なポイントである。

なお、行政が一方当事者の協定の場合には、破棄にあたっても、平等原則が適用される。協定締結時の事情が相当に変わって、協定内容を維持するのが適切でない場合もあるだろう。協定の破棄や内容の変更を請求することは可能であるが、これに対応しないことが権利濫用とまで評価されるかは、事案によるというほかない。

協定の承継　協定に規定される条項のうち契約的効力を持つものは、当事者を法的に拘束する。ところが、土地の売却により当事者に変更があった場合には、新たな土地所有者に対して、当該協定部分の法的効力が当然に及ばない。

法律に規定される協定のなかには、対象区域の土地所有者全員の同意を踏まえ、特定行政庁の認可によって発効する建築協定のように、新たな土地所有者に対しても承継効が及ぶものがある（建築基準法75条）。（千葉県）「山武市残土の埋立てによる地下水の水質の汚濁の防止に関する条例」29～33条は、地下水保全協定に関して、同様の仕組みを定めている。

５．協定と議会

議会関与の可能性　協定方式のメリットを保持しつつ議会回避という批判に応えるためには、締結を議会の承認にかからしめることが考えられる。地方自治法96条１項のもとでは、一般に、協定締結は、必要的議決事項にはならないが、同条２項にもとづいて、政策的にそのような扱いをするのは、十分に可能である。

条例による対象の限定　協定の締結対象を条例により限定している例がある。「神戸市民の環境を守る条例」（1994年）は、市長は環境保全協定を指定事業所との間で締結できるとする（40条）。指定事業所の内容については規則委任されているので、実質的には行政に裁量があるが、珍しい対応である。施行規則では、水質汚濁防止法のもとでの特定施設を設置する事業所であり排水量が一日あたり平均400㎥以上のもの（２条２号）、資本金５億円以上で市内にある事業所の従業員数合計が500人以上の事業者にかかる事業所（同条５号）などが規定されている。「その他条項」（同条６号）があるから例示列挙であるが、具体的規模を明示する理由は何だろうか。

6　協定の今後

定期的見直しが必要

先にみたように、現在でも有効な協定は、多く存在している。そのなかには、かなり前に締結されたままバージョン・アップされることなく放置されている協定も少なくないであろう。法令整備が進んで協定の意味がなくなっている場合もあるのではなかろうか。

行政としては、店卸しが必要である。古いものは整理して、環境基本法や環境基本条例の体系のもと、行政・事業者・住民の協働による環境管理という新しい発想を盛り込む皮袋として活用することが期待される。

法定協定

2004年に制定された景観法は、景観行政のツールとして、承継効を有する景観協定を規定している（81条以下）。これは、景観計画区域内の一団の土地の土地所有者等の全員の合意にもとづき、景観行政団体の長の認可を受けて発効する制度である。「全員合意」という点で機動性には欠けるが、こうした法定協定は、法律による画一的な対応を法的拘束力を維持しつつ修正するものとして注目できる。2023年３月末現在、３県61市区町で132件締結されている（そのほか、建築協定（建築基準法69～77条）も参照）。

個別条例にもとづく協定

一方、個別条例のなかで、協定をひとつの手段として位置づける例も目立っている。条例で規定すべき内容は規定したうえで、なお必要な個別対応を条例の枠組みのなかに取り込むことは、より柔軟な法システムの構築につながり、基本的に適切である。たとえば、「千葉県里山の保全、整備及び活用の促進に関する条例」（2003年）16～23条は、NPOが土地所有者と里山の管理に関する協定を締結し、それが知事の認定を受けた場合には、必要な支援をすることができると規定している。長野県ふるさとの森林づくり条例（2004年）27条は、森林所有者とNPOとの協定締結を促進する役割を市町村長に求め、県がそれをバックアップするという仕組みを規定している。

参考文献

■阿部泰隆「公害防止協定違反と住民の救済方法」同『環境法総論と自然・海浜環境』（信山社、2017年）158頁以下

■淡路剛久「日本における公害防止協定の法的性質と効力」吉田克己＋マチルド・ブトネ（編）『環境と契約：日仏の視点の交錯』（成文堂、2014年）225頁以下

■宇賀克也『行政法概説Ⅰ〔第８版〕行政法総論』（有斐閣、2023年）424頁以下

■環境庁企画調整局環境管理課（編）『業種別公害防止協定実例集』（ぎょうせい、1990年）

■芝池義一「行政法における要綱および協定」『基本法学４：契約』（岩波書店、1983年）277頁以下

■島村健「環境規制と協定手法」大塚直先生還暦記念論文集『環境規制の現代的展開』（法律文化社、2019年）173頁以下

■助川信彦『環境問題と自治体：横浜市における実験』（ゾーオン社、1991年）

■東京市政調査会研究会（編）『都市自治体の環境行政』（東京市政調査会、1994年）52頁以下

■中山充「公害防止協定と契約責任」北川善太郎先生還暦記念『契約責任の現代的諸相〔上巻〕』（東京布井出版、1996年）319頁以下

■鳴海正泰「企業との公害防止協定：横浜方式」ジュリスト458号（1970年）279頁以下

■野澤正充「公害防止協定の私法的効力」淡路剛久教授・阿部泰隆教授還暦記念『環境法学の挑戦』（日本評論社、2002年）129頁以下

■「〔特集〕公害・環境に係る協定等の法学的研究」環境法研究14号（1981年）

■原田尚彦『環境法〔補正版〕』（弘文堂、1994年）164頁以下

■原田尚彦「公害防止協定とその法律上の問題点」同『環境権と裁判』（弘文堂、1982年）217頁以下

■松野裕「国の公害防止協定に対する態度」経営論集［明治大学］47巻４号（2000年）75頁以下

■松野裕＋植田和弘「『地方公共団体における公害・環境政策に関するアンケート調査』報告書：公害防止協定を中心に」調査と研究23号［経済論叢別冊］［京都大学］（2002年）

第3部

環境基本法と
環境基本条例

第5章　自治体環境政策と環境基本条例

1　新たな基本法の必要性と環境基本法の成立

新たな課題への対応

戦後における国の環境行政は、1967年制定の公害対策基本法と1972年制定の自然環境保全法を踏まえて展開されてきた。1990年代になると、これらの基幹法を統合した新たな法律の必要性が、語られるようになってきた。その背景には、「環境と開発に関する国際連合会議」（UNCED）（地球サミット）の1992年開催とその準備がある。両法律は、当時において対応の必要性が強調されていた地球環境問題を正面から受け止めたものにはなっていなかったのである。

そのほか、環境負荷を低減するためにビジネススタイルやライフスタイルを変革する必要性や環境影響に関する因果関係についての科学的知見が必ずしも十分にない場合における対応の必要性が、認識されるようになっていた。こうした新たな課題に対する両法律の認識は十分ではなく、新たな基幹的法律の制定により対応すべきとする声が高まった。

答申『環境基本法制のあり方について』

1992年10月に提出された中央公害対策審議会ならびに自然環境保全審議会の答申『環境基本法制のあり方について』は、新たな基本法の背景を、大要次のように述べる。

現在（当時）の環境問題は、地球規模という空間的拡がりと将来世代への影響という時間的拡がりを持っている。人類の生存基盤たる有限の環境資源を保全し、これを次世代に引き継ぐことは、人類共通の課題である。1970年の公害国会などにおける法令整備の結果、環境汚染や自然破壊に対して、環境政策は相当程度の効果をあげてきた。しかし、現在では、都市・生活型公害などの新たな問題が発生し、地球規模の環境問題も深刻の度を高めてきている。こうした状況に的確に対応し、環境の恵沢を現在および将来の国民が享受するためには、従来のような問題対処型・規制手法中心の法的枠組みでは不十分であり、社会全体を環境負荷の少ない持続的発展が可能なものに変える必要がある。そのために、環境保全に関する種々の施策を総合的・計画的に推進する法的枠組みを含む基本法を制定し、国・自治体・事業者・国民が共通の認識に立って、それぞれの立場から問題に対処する必要がある。

環境時代にふさわしい基本法を

答申にみられるように、環境問題に対峙する現代社会にあっては、「行政の総合化と国際化」「環境負荷低減のために働きかける対象の拡大」「行政手法の多様化」を求める状況が存在している。そこで、それに対応するための国家としての施策を展開するにあたって、新たな政策理念を持ち、行政の基本となる法律が求められたのである。

2　環境基本法の概要

総　則

概ね前記答申に沿った形で制定された当時の環境基本法は、３章46か条で構成されていた。第１章は総則である。同法は、環境保全の基本理念を定めるとともに、国・自治体・事業者・国民の責務を明らかにする。そして、施策の基本事項を総合的かつ計画的に推進し、将来世代までを含めた国民の健康で文化的な生活の確保に寄与するとともに人類の福祉に貢献することを目的としている（１条）。

施策の根本となる基本理念としては、「環境の恵沢の享受と将来世代への継承」「環境負荷の低減と持続的発展が可能な社会の構築」「国際協調による地球環境保全の推進」が明示される（３～５条）。国や自治体はもとより、社会構成員としての事業者や国民にも、基本理念に沿った行動が求められている（６～９条）。

基本施策

第２章は基本施策である。これは、健康・生活環境・自然環境の保全、生態系や種の多様性の確保、人と自然の豊かな触れ合いの確保を目標に行われる。公害対策基本法にはなかった施策について具体例をあげると、環境基本計画の策定（15条）、環境影響評価の推進（20条）、環境保全のための経済的措置（22条）、製品アセスメントとリサイクルの促進（24条）、環境教育（25条）、民間団体の環境保全活動支援（26条）、地球環境保全に関する国際協力の推進（32～35条）がある。国の環境配慮義務規定（19条）にも注目しておこう。

条文のなかには、複雑かつ厳しい省庁間折衝のあと（すなわち、妥協や玉虫色的解決）が残り、文章としてきわめて読みにくいものや真意がどこにあるかが直ちには理解できないものもある。とりわけ経済的手法について規定する22条２項は、「官庁文学の粋」と皮肉られていた。

3　環境基本法における自治体施策の位置づけ

1．環境基本法と自治体施策

環境基本法は、自治体に関しても、一定の規定を設けている。すなわち、７条と36条によれば、自治体は、前記基本理念にのっとって、①国の施策に準じた施策、②その他その自治体の区域の自然的社会的条件に応じた施策を策定・実施する責務を負うのである。43条と44条は、都道府県と市町村に対して「環境審議会その他合議制の機関」を設置することを、それぞれ義務的あるいは裁量的に規定している。分権時代の現在においては、都道府県についても裁量的とすべきである。

ところで、環境基本法の施策規定に特徴的なのは、①公害対策基本法18条ならびに自然環境保全法９条にあった「法令に違反しない限りにおいて」という文言が削除されていること、②「総合的計画的推進」という方針が追加されていること、③公害対策基本法や自然環境保全法にもあった「国の施策に準じた施策」の実施という文言を受け継いでいることである。

2．「法令に違反しない限りにおいて」の意味

法的には意味はないが……

「法令に違反しない限りにおいて」という文言は、地方自治法14条１項にもある。国の法令に違反する条例は違法であるから、たとえこの文言を削除したからといって、それが適法になるのではないのは明らかである。憲法94条に規定されるように、自治体は、「法律の範囲内で条例を制定することができる。」にすぎないからである。その点で、上記の限定は、法的に意味のある規定ではない。

入念的削除

ただ、条例についていえば、制定権限に関するこれまでの議論を踏まえた場合には、削除の意味はそれなりにある。すなわち、伝統的学説であった「法律＝最大限規制」論によれば、国の法律が一定の事項について規制をしている場合にはそれは完結的であるとされ、その分野について規制をすることはできないとされていた→23頁。また、法律に明示的授権規定がないかぎり条例は制定できないという考え方もある。こうした説

は、現在では、少なくとも学問的には支持されていないが、（部局のいかんを問わず、）行政現場においては意外なほど広く浸透している。前記文言がそうした解釈を導き出す根拠となっていたとすれば、削除は意味のある措置であったといえよう。

３．「総合的計画的推進」

総合性と計画性　総合性と計画性は、環境基本法１条の目的規定にも含まれている。これらは、同法を貫く基本的政策理念である。

中央政府においてもそうであるが、自治体においても、責務規定の対象とされているのは、いわゆる「環境サイド」だけではない。所定の目的の達成を図るべく、全部局体制をとることが前提とされているのである。これまでも、熊本市、熊本県、川崎市などでは、当時の長のリーダーシップのもとに環境基本条例を制定し、環境管理計画を策定して、たんに環境サイドにとどまらない全庁的な計画を総合的に推進する制度を整備してきた実績がある。

求められる全庁的体制と調整システム　環境基本条例にその根拠規定を有するかどうかは別にして、自治体は、環境管理に関する計画を策定し、全庁的調整のもとにこれを進めることが求められている。環境基本法において、総合性が環境政策の基本理念として位置づけられ、①環境負荷活動をするすべての者に対する公平な役割分担、②持続可能な社会へのシステムの転換、③環境保全の支障の未然防止というポリシーに沿った対応が求められたことは、自治体内部の調整にあたっても大きな意味を持っている。

環境行政の推進にあたって、何らかの計画を策定してきた自治体は多い。しかし、環境サイドの「唯我独尊」的内容であったりして、全庁的調整あるいは土地所有者などの利害関係者も含めた調整という意味での総合性の点で不十分なものが少なくない。自治体政策において総合性が実現されるべきことは、地方自治法１条の２第１項の要請でもある。→7頁

「総合性」の中身？　ところで、本書でも、「総合性」という文言を用いているが、その内実はと問われると、返答に窮する面がある。「あれこれの分野を一堂に集めること」「横断的に対応すること」「縦割り的でないこと」といった説明が考えられるが、必ずしも説得的ではない。総合的であることの法的効果や政策的意味は、とりわけ地方分権時代においては、より自

覚的に検討されるべきであろう。

４．求められる抜本的改正

時代おくれの規定ぶり

環境基本法が1993年に制定されて以来、30年が経過した。その間に、「国と自治体の対等関係」の実現を旨とする分権改革があり、両者の関係は同法制定時から大きく変化しているのに、そうした動きからは超然とした内容になっている。同36条は、地域の自然的・社会的条件に応じた環境保全のために必要な施策を総合的・計画的に推進するという普遍的な自治体の役割を規定する一方、「国の施策に準じた施策」というように、集権的な規定ぶりを存置している。自治体は国会が一方的に定めた基本理念に「のっとり」「国の施策に準じた施策」を進めるという７条も同様である。

公害対策のための関係補助金の嵩上げ等をしていた「公害防止財特法」が存在していた時代には、それと直結する都道府県の公害防止計画は法定計画としての意味があったが、同法の失効により、リンケージはなくなった。それにもかかわらず、都道府県知事は「〔環境基本法15条にもとづく国の〕環境基本計画を基本として」公害防止計画を作成できるという実に中途半端な規定もある（17条）。

環境基本法は、憲法92条を具体化した地方自治法１条の２および２条11項を踏まえて改正されなければならない。環境基本法は、環境法分野の基幹的法律であり、個別環境法に対して嚮導的役割を持っている。分権改革の制度趣旨を個別法において具体化するためにも、改正の必要性は高い。

分権改革以外にも、カーボンニュートラル、サーキュラーエコノミー、ネイチャーポジティブといった概念が登場し、それを踏まえた個別法が制定・改正されている。現行の環境基本法は、そうした動きを牽引する役割を果たしていない。2000年に制定された循環基本法についても、同様の指摘ができる。環境法の体系において、両基本法は、実に恥ずかしい状態にある。

「風」は吹くのか？

ところが、これまでは、改正に向けた動きはまったくみられなかった。とりわけ上記の諸概念は、環境省の所掌をはるかに超えるため、下手に改正に動き出すと、現在は専管法である両法が他省との共管法になりかねず、組織論としてそれは回避したいという想いがあるのかもしれない。

ところが、2024年6月に成立した再資源化事業高度化法の衆参環境委員会での可決の際、附帯決議のひとつとして、「制定後、相当な期間が経過している環境基本法及び循環型社会形成推進基本法について、カーボンニュートラルやサーキュラーエコノミーなどの国際的な環境政策並びに最近の廃棄物・リサイクル法制の展開を踏まえて、その見直しを含め必要な検討を行うこと。」が盛り込まれた。環境大臣は、（「やらない」という官僚答弁の意味での「検討する」ではなく）「本当に検討する」と答弁しており、環境基幹法制のあり方を含めて環境省として何らかの対応をすることが政治的に約束された点は注目される。国家にとって、時代にふさわしい、さらには時代を先取りするような内容を期待したい。

4　環境に関する基幹的条例の展開

環境基本法以前の動向

自治体環境行政の基本的姿勢を示す内容を持つ条例は、早くも1970年代から制定されていた。その先駆となったのは、1971年制定の「神奈川県良好な環境の確保に関する条例」である。全体9か条のこの条例は、環境保全対策の総合的推進を目的としている。そこにおいては、県独自の環境基準や環境保全計画に関する根拠規定が設けられていた。1971年制定の福島県生活環境保全条例は、「類型別指標」という環境基準を設け、それに従ってゾーニングした地域の環境の保全・改善をするための具体的計画を作成するとともに地域内における行為規制もするというように、かなり整備された内容であった。

先駆的な環境配慮条項

行政に対して環境配慮を求める条項は、条例においては、積極的に規定されていた。1971年制定の「岐阜県生活環境の確保に関する条例」は、行政計画が土地利用基本方針に適合するよう求めていたし、同年制定の前記福島県条例、「茨城県環境の整備保全に関する基本条例」、1973年制定の愛媛県環境保全条例は、地域開発や計画策定の際の環境配慮義務を規定していた。どの程度の法規範性を持っていたのか、どのように配慮されていたのかは定かではないが、比較的早期からこうした環境配慮規定が設けられていたことは、国法の対応の鈍さと対照的である。

環境基本法制定前数年の動向　環境基本法制定の５年前から、環境基本条例について注目すべき動きが確認できる。その先駆けとなったのは、1988年制定の熊本市環境基本条例であった。その後、1993年11月に環境基本法が制定されるまでに、確認できるだけで、熊本県、川崎市のほか、９市、21町、８村で制定されている。町村が多いことが注目される。以下では、熊本市条例、熊本県条例、川崎市条例を簡単に紹介しよう。

環境基本法に影響を受けての増加　分権時代の現在においては、前述のように時代おくれの規定ぶりとなっているが、1993年時点において、環境基本法が自治体に関して「国の施策に準じた施策」（7条、36条）としたことの実務的インパクトは大きかった。今なお最新の調査である環境省総合環境政策局環境計画課『環境基本計画に係る地方公共団体アンケート調査報告書平成28年度調査』によれば、「環境施策の基本となる条例」の制定状況は、〔図表５・１〕の通りである。47都道府県、20政令指定都市、1,741市区町村の別でみれば、前２者における割合が高い。ひとつの条例の一部分が「環境基本条例的な内容」と整理できるものとして、「福岡県環境保全に関する条例」（1972年）の第１章および第２章がある。

〔図表５・１〕　自治体における環境基本条例制定の状況

	全体	都道府県	政令指定都市	市区町村
2016年度	74.6% （n＝1,064）	97.8% （n＝45）	100.0% （n＝18）	73.1% （n＝1,001）
2015年度	75.3% （n＝1,023）	97.6% （n＝41）	100.0% （n＝17）	73.9% （n＝965）
2014年度	78.1% （n＝894）	97.6% （n＝41）	100.0% （n＝16）	76.7% （n＝837）

＊nは、回答団体数。
〔出典〕　環境省総合環境政策局環境計画課『環境基本計画に係る地方公共団体アンケート調査報告書平成28年度調査』7頁「環境施策の基本となる条例の策定状況」を踏まえて著者作成。

2018年度については、人口10万人以上の市町村（n＝290）では95.1%となり、人口10万人未満の市町村（n＝774）では57.4%となっている。未制定や制定予定がないと回答した自治体の自由回答をみると、「人員不足」「予算不足」「知識情報不足」のほか、「住民や事業者の理解や協力が得られにくい」「特段必要性を感じない」というものがある。

熊本市条例　制定時の熊本市条例は、前文ほか11か条から構成される。前文で特徴的なのは、憲法25条の精神に鑑み、「すべての市民が良好な環境を享受すべき権利を有するとの理念を確認」していることである。本文中で規定しなかったのは、まだ生成途上の権利という認識ゆえである。判例で明確に認められないかぎり条例に規定できないというのが、自治体現場の意識なのだろう。規定の形式はともかく、このような形であっても、環境行政の目標としての「環境権」が条例に書かれるのは望ましい。

基本指針に関する規定はないが、策定が義務づけられる基本計画のなかに、「基本理念」として表現されている。良好な環境への侵害者に対する行政指導権限を明記し、紛争解決にあたって市が斡旋・調停にあたる旨の規定があるのも興味深い。これは、同条例が、都市環境保全のための法規制が不十分であったことに起因して発生した紛争を解決しようという現実の必要性に端を発しているからである。それまでの、事後的・場当たり的対応に対する反省に立って、計画を中心とする総合的施策の展開を目指した。熊本市条例は、本格的な環境基本条例の嚆矢であり、自治体環境行政史において、歴史的意義を持つ。

熊本県条例　1990年制定の熊本県環境基本条例は、公害対策とアメニティを包括するような基本的スタンスを打ち出し、かつ、地球環境問題にも配慮すべきという行政の認識をもとにして制定された。第１期の条例や熊本市条例のほか、1986年に環境庁（当時）がまとめた『環境長期保全構想』も参考にされた。快適な環境を創造するための基本指針と基本計画の策定が、行政に義務づけられる。地球環境問題への取組みや自主的活動の促進など、後に制定される環境基本法の内容を一部先取りした規定もみられる。

川崎市条例　1991年制定の川崎市環境基本条例は、環境政策の理念、環境政策の基本原則を明記した後、市・市民・事業者の責務を規定する。比較的具体的な基本的施策を掲げ、その実施にあたって、「対策の総合性」「市民参加」「ほかの自治体との協力」を基本とすることを明言している。川崎市条例は、環境基本計画に、基本指針性を持たせている。総合行政の実現のために、「環境調整会議」を条例で規定し、市の主要施策や方針立案に際して、そうした行政施策がどのような形で環境配慮をしているのか、それは環境の観点から望ましいかを、計画段階から調査するとしている（環境調査制度）（現在は、「環境行政・温暖化対策推進総合調整会議」と改称）。同条例は、熊本市条例や熊本県条例とともに、体系性や決定内容の実現のための諸措置の整備度などの点で、ひとつのモデルとなる内容を持っていた。

公害対策と自然保護の両にらみ　1970年代に環境基本条例が制定された背景・理由は、おおよそ次のように整理できるだろう。当時は、産業系公害が深刻だった時期であり、それに自治体として対応する必要があった。公害のみを考えるならば、公害防止条例ということになろうが、この時期の条例は、自然環境をも射程に入れて、自治体環境行政の枠組みを提示したものといえる。モデル的には、自然環境保全条例と公害防止条例という実施条例を下に従えた基本条例である。そこに規定された基本方針や基本計画の目標を実現すべく、個々の具体的施策が展開されたのであった。環境基本法の枠組みの原型を、ここにみることができる。

総合的対応の認識の萌芽　公害対策基本法からの調和条項削除にみられるように、この時期には、遅まきながら、環境への影響をより早い段階で防止する必要性が確認された。そこで、自治体としても、環境行政にあたって、そうしたパラダイムの転換を受け止めて、自治体自身の環境政策の理念を明らかにする必要があったのである。

多くの条例が、環境行政の「総合的推進」を目的規定に掲げている。長のもとで、いくつかの部局からなる庁内の調整が必要という判断にもとづいたものである。開発優先であった従来の行政決定の不合理を認識したということであろう。環境保護という横断的価値を既存の行政領域に浸透させる必要があったのである。環境基本法制定の数年前の条例に特徴的にみられるように、総合性を担保する行政意思決定システムや計画の策定・実施体制が整備されているわけではないが、「総合的推進」の明確化は、これまでの対応の反省のうえに立った発想の転換と評することができる。

環境資源の有限性の認識　これに対し、熊本市条例制定以降の条例の場合には、それまでの施策の成果や新たな事態を踏まえての対応が意識されている。第1は、環境資源の有限性の認識である。基本理念に規定されるにとどまる場合もあれば、計画などで環境資源をかなり定量的に評価してその管理政策を定めている例もある。その場合、たんに環境部局にとどまる問題ではないために、計画に条例の根拠を与えているケースが多い。

時代にあわせた体制づくり

第2は、体系の再整備の必要である。いかに先進的な条例を制定したとしても、変化のスピードの速い数十年を経験すれば、考え方や制度が社会の実態に合わなくなるのは当然である。地球環境問題を自治体でどのように受け止めるか、生活系汚濁負荷の増大にみられるような汚染源の多様化現象にどのように対応するか、大量消費社会のもとでのライフスタイルをどのように転換するかといったことは、1970年代の条例が制定された当時においては、十分認識されていなかった。

法益の拡大

第3は、法益の拡大である。生態系・身近な環境・里地というように、従来ともすれば見過ごされがちであった環境資源にも政策の光をあて、それらを含めた総体としての環境を将来世代に継承することが重要視されるようになったのである。

変化する社会的状況への積極的対応

第4は、とくに中小市町村の条例について妥当する。1980年代から1990年代にかけて、ゴルフ場、産業廃棄物処理施設、カラオケボックスなどの進出を受けた自治体は、環境面からそれらにどのように対応するかに関する基本的姿勢を、必ずしも十分に固めていなかった。そうした問題に受動的に対応するのではなく、計画を策定し、受け入れるとしてもどのようなものならば適切かを事前的・積極的に考える必要が認識されたのである。

また、条例には、事業者の責務や事業者に対する行政指導権限が明記されることがある。法律上の権限を持たず、さりとて規制型条例も制定しない市町村の場合、こうした規定であったとしても、条例に根拠があれば、事業者との対応にあたって、職員の「精神的支え」になる。

5　環境基本条例の内容

1．条例のモデル

環境基本条例のエッセンス

自治体環境行政の基本となるべき環境基本条例の構成や内容は、どのようなものが適当だろうか。自治体の規模や有する行政権限の内容により異なるのは当然であるが、これまでの分析をもとに、ひとつのモデルとして整理してみよう。

実施条例的規定を含むかどうかは、選択の問題である。ここでは、制定数の多いいわゆる理念条例をイメージする。環境基本条例には、エッセンスとして、①責務規定、②基本理念、③基本方針、④基本施策、⑤環境基本計画、⑥環境アセスメント、⑦環境情報システム、⑧行政の総合調整システム、⑨行政の環境配慮義務、⑩実施管理システム、⑪ほかの自治体との協力関係、⑫NPOとの協力などに関する規定がある。以下、簡単にみていこう。なお、本章において、たんに「○○市条例」のように記しているのは、「○○市環境基本条例」という名称を意味している。

2．条例の構成要素

(1)　責務規定

自治体・事業者・住民に関する責務規定は、ほとんどすべての条例が持っている。自治体の環境管理に関与する主体のあり方についての規定だけに、重要な意味を持つ。ここでは、とくに、事業者の責務規定について検討する。

責務規定の意味　事業者の責務規定の書きぶりは、条例により多様である。「……に協力するよう努めるものとする。」という例もあるが、適切ではない。これでは、まさに訓示規定であって、特段の重要性を持たない。現代社会においては、豊かな環境創造のための行政施策に協力することや環境負荷の低減措置を講ずることは、たんなる「努力義務」以上のものというべきである。この点は、少なくとも「……を講ずる責務を有する。」という規定ぶりにすることにより、事業者の経済的自由を制約する正当性をより明確にできる。

こうした規定は、排水基準違反の排水の禁止や違反に対する改善命令のように、特定人に具体的義務を課すものではないが、議会の決定であるから、実践的に何の意味もないと理解すべきではない。たとえば、法令の不備ゆえに自治体で環境悪化が現実に進行しているにもかかわらず行政指導でしか対応できない限界的ケースにおいては、当該社会的コンテキストのなかで、不合理な環境改変行為をしようとする事業者の自由を制約する法的根拠となる場合もあると解せよう。

土地利用における環境保全の優先　環境に負荷を与える事業活動は、程度の差はあれ、土地所有権にもとづくものである。そこで、土地について公共の福祉を優先させることを規定した土地基本法２条と環境保全施策への協力を義務づけた環境基本法９条２項をあわせ読むと、土地利用が環境保全のための公共的制約に服するといえる。2020年に改正された土地基本法が、適正利用のみならず適正管理の責務を土地所有者に関して規定した点にも注目したい。環境基本条例においては、責務規定で、そうした内容を確認的に規定できる。これ自体が、いかなる行政指導をも合法化するのでないのは当然であるが、責務規定の場合と同様に、限界的事案の処理においては、ひとつの補強的論拠となるだろう。

⑵　基本理念と基本方針

自治体独自の基本理念・基本方針を

自治体環境行政の基本となる考え方を示す条例であるから、基本理念ないし基本方針に関する明示的規定は不可欠である。ひとつのモデルとしては、「有限の環境の恵沢の享受と継承」「環境負荷の少ない持続的発展可能な社会構築」「国際的協調による地球環境保全」を規定する環境基本法３～５条がある。ただ、これらは、全国的観点からのものであった。基本条例の場合には、「金太郎飴」ではなく、地域の特性や実情を踏まえて、自治体色を鮮明に出すことが期待されている。今後100年間不変というわけにはいかないだろうが、ある程度の将来を見据えた通時間性を有する内容であるべきであろう。

環境基本法に規定される基本理念のなかでも、とりわけ「持続可能性（sustainability）」は、中心的・基礎的位置づけを持つものである。それゆえに、「持続可能な地域の発展」については、十分に議論して条文化する必要がある。条例のなかでは表現しきれないならば、環境基本計画において、その作業をするべきであろう。現在、その内容の確定には、後述のように、ESG や SDGs が大きな影響を与えている。→103頁

土地基本法12条にもとづく土地利用計画や国土利用計画法７条、８条にもとづく自治体計画を策定したり独自に環境管理に関する計画や方針をつくったりしているところがあろう。そうした場合には、自治体環境管理に関係する部分を抽出して基本理念ないし基本方針に書き込むことで、それらに新たな意味を与え、あるいは、公式的・民主的にオーソライズできる。

地域のシンボル的な環境資源を中心に据えて、その保全を目標としている

条例もある。「高知県四万十川の保全及び流域の振興に関する基本条例」(2001年) や (兵庫県)「豊岡市コウノトリと共に生きるまちづくりのための環境基本条例」(2006年)、(高知県) 須崎市「カワウソと共生できるまちづくりのための環境基本条例」(2002年) は、その例である。

環境理念の基底性　縦割りの法律のもとで、縦割りの公共性の実現を目指して実施される傾向のある行政に、環境という横糸を通す役割を持つ環境配慮条項は、理念なり指針なりのなかに是非とも法定する必要がある。これは、後にみる環境基本計画とほかの行政計画との調整に関しても、問題になってくる。川崎市条例２条３項は、環境配慮条項のほか、より根本的に、市政策における環境政策の基底性を明記している点で特徴的である。(三重県) 四日市市条例 (1995年) ４条１項は、市の政策展開にあたっての基本理念の基底性を規定し、滋賀県条例10条、(埼玉県) 越谷市環境条例 (2000年) ７条、(長野県) 飯田市条例３条２項、(大阪府) 豊中市条例 (1996年) ４条２項、静岡市条例 (2004年) ７条は、環境優先の理念を宣言する。環境優先理念は、環境基本条例においては定着してきたようにみえる。もっとも、「優先」といっても、「絶対的優先」を意味するわけではない。実務的には、それまで不当に軽視されてきた環境価値に充分な政策的光をあてることを企図したものであろう。

環境基本法19条にならった形で、行政の環境配慮義務を規定する条例も多い。基底性をより明確にする意味で、適切な対応である。なお、環境配慮を具体的にどのように担保するかは、別に検討されるべき問題である。

「環境権」と環境公益　「環境権」の扱いは、大きなポイントである。環境基本法の制定過程でも議論があったが、結局、明示的には規定されなかった。しかし、その趣旨は、３条のなかに見出しうるとされる。「環境権」については、論者により様々な定義や理解があるが、ここでは、とりあえず、「安全・快適・良好な環境の保全と創造に関する行政決定に関与し、かつ、そうした環境の便益を享受することができる権利」としておこう。もっとも、「権」とはいうものの、その利益が個人に排他的に帰属するという意味での権利性を持ってはいない。次章で検討するように(→123頁)、個々の住民の環境選好が民主的に調整された結果を享受する集合的・社会的利益であり、「環境公益」と呼ぶ方が適切な内実を持っている (この造語は、本書第４版 (2006

年）が初出）。

環境基本条例のもとでの環境行政は、この環境公益の実現を目標にして展開されるべきである。そうした趣旨を基本理念あるいは自治体の責務規定に明示する必要がある。もっとも、規定自体は抽象的なものにならざるをえないから、そこから直接に何らかの措置が導き出されるわけではない。しかし、基本条例の本文中に規定するかどうか、するとしてどの程度の内容にするかは別にして、自治体の立法活動や行政活動が環境公益の実現を基本に行われるべきことを宣言する必要がある。

ところで、「環境公益」という言葉は、現在のところは、一般的ではない。「環境権」にそれが表現されていると考えれば、環境基本条例におけるその規定場所は、熊本市条例、大阪府条例、東京都条例、四日市市条例のように前文ではなく、川崎市条例や滋賀県条例のように、本文の方が望ましい。抽象的な内容であるから規定するのは簡単と思われるかもしれないが、基本条例に「権利」という文言を書き入れる意味は大きいのであって、規定にあたっては、自治体としてのそれなりの「覚悟」が必要である。環境基本条例における「環境権」については、次章で詳しく解説する。

環境まちづくり基本条例　1990年代とは異なって、2000年以降の環境基本条例には、より多様なものが登場している。たとえば、2004年制定の（愛知県）日進市環境まちづくり基本条例は、「環境の保全等をはじめ、地域やまちの姿、社会の仕組み、市民の生活スタイルが環境に配慮され、持続的発展が可能な社会の実現のために経済社会システムの見直しや転換を図りながら、まちづくりを推進する」という「環境まちづくり」を推進するためのものである。「情報共有の原則」「共働の原則」「説明責任の原則」「予防の原則」「市民参加の原則」の５つが基本原則とされ、「参加と対話」を通じた環境まちづくりが目指されている。子どもの意見の聴取も特記されている点が目新しい。「自治基本条例」の環境版のような内容である。

将来世代への配慮　有限な環境資源を継承することによって将来世代の利益を保障すべきという認識は、環境基本法１条や３条のほか、多くの環境基本条例にもみることができる。「現在及び将来の世代」という文言は、気軽に用いられているようにみえるが、その意味するところはきわめて重大である。自らの利益に影響があるかもしれない決定に対して、将来世代は声を発しえない。そこで、ツケを将来世代に負わせる可能性のある環境の改変には、とくに慎重にならなければならないのである。目先の開発効果や保全効果に目を奪われるのではなく、長期的なスパンで環境への影響を把握したうえでの決定が求められる。

過去のある時期において自然環境の破壊が進行した旨の認識を前文で述べる環境基本条例は少なくない。それは、結局のところ、その当時の「現在世代」が、その当時の「将来世代」であるわれわれの利益を十分に考慮せずに種々の決定を行った結果なのである。新環境基本条例が制定されるときには、将来の立法者に、同様の認識を述べさせるようであってはならない。

(3)　基本施策

環境行政の射程

自治体行政として、どのような領域を環境行政の射程に入れるかを、住民に対して明確にするのは重要である。環境基本法は、環境省の所管であるために、対象とする環境行政分野について、組織法的な制約がある。

しかし、自治体の場合は、長のもとでの総合的行政が期待されている→4頁。そこで、生活環境・自然環境・地球環境のほかに、都市環境や歴史的文化的環境を広く含めてその旨を規定するのが適切である。環境教育も重要である。また、従来は、機関委任事務制度の制約があったために、総合的対応を正面から規定することに消極的な面がないではなかった→6頁。既存条例については、住民参画のあり方などを含め、環境基本条例と分権改革を踏まえて、全体を再検討する必要がある。

独自の環境基準

環境行政の目標としての環境基準は、環境基本法16条に規定されているが、それに加えて、自然的・社会的実情を踏まえて、自治体独自の基準を設定することも考えられる。京都市条例は、11条にもとづき、「環境保全基準」として、大気汚染、水質汚濁、土壌汚染、騒音、地下水汚染、悪臭、地盤沈下、ダイオキシン類、緑の９項目について、独自の内容を規定している。前記高知県四万十川基本条例は、「清流基準」として、清流度や水生生物指標を規定している（23条）。

⑷　環境基本計画

計画の機能

枠組みとしては、基本理念のもとに基本方針が策定され、その目標を計画的に達成するために、環境基本計画が策定される。これは、「公害対策」「自然環境・生活環境保全」に関するものである。そこには、住民のライフスタイルとそれを支える社会システム（リサイクルなど）に関するものも含めてよい。計画の目標は、実現が目指されるべき環境権・環境公益の内容を左右する重要な意味を持っている。基本理念や基本方針を踏まえ、専門的知見の収集や住民参画のもとに策定される環境基本計画の根拠を法定する意味は大きい。環境基本計画については、第７章で扱う。

⑸　環境アセスメントと環境情報システム

環境アセスメントと環境情報

環境への影響を調査するために、基本計画それ自体の環境影響を予測・評価する戦略的環境アセスメントが必要であるし、具体的な事業計画や事業実施に際してのアセスメントも必要である。環境アセスメントにあたっては、自治体が環境情報システムを整備していればそれを活用することが考えられるし、アセスメントの結果が情報システムに新たな情報を与えることにもなる。まさに、両者は、車の両輪の関係にある。

基本条例ではないが、アセスメント手続を規定する（神奈川県）「逗子市の良好な都市環境をつくる条例」（1992年）と環境データをもとにした同市の環境管理計画の組合せは、ひとつのモデルを提供している。「川崎市環境影響評価に関する条例」は、地域環境管理計画の策定を市長に命ずるとともに、それを踏まえてアセスメントがされるような制度設計をしている。

⑹　行政の総合調整システム

環境価値の制度的配慮

環境に配慮された事業や計画の推進にあたっての行政内部の総合的調整システムにも、川崎市条例10〜12条や、東京都条例10条２項、静岡市条例13条のように、条例の根拠を与えるのが望ましい。基本理念や基本施策で表明された政策とそれを具体化した基準をもとにして、調整がされることになる。とくに、川崎市条例の前記部分は、基本条例にしてはかなり踏み込んだ実体的内容を持つ規定である。

また、環境に影響を与える行為（公共事業に限られない。）に対して、行政過程の早い段階で関係部局が集まって、政策的観点から、環境に配慮した当該行為のあり方を検討する制度を設置・運用している例としては、神奈川県土地利用調整条例（1996年）がある→288頁。この制度は、縦割り的行政法の硬直的運用がもたらす不合理を自治体環境管理の観点から予防するシステムであり、「総合行政」の具体例と評しうる。予算要求の際に、事業の環境配慮度をチェックする仕組みも一考に値しよう。

調整システムの現実の機能　総合調整を確保するための具体的組織としては、庁議メンバーを構成員とする環境調整会議のような制度が置かれることが多い。しかし、実態は、それほど機能しているとはいえないようである。

内部環境監査役　現実には、事業部局が、環境に影響を与える可能性のある施策や事業の原案作成に大きな役割を演じている。そこで、原案作成過程において環境配慮ができるようにするのが効果的である。

1997〜2005年度にかけて、滋賀県には、環境監という制度が存在した。たとえば、土木部（当時）にも次長級ポストとして配置され、「環境の視点からの指導・調整を行う」ことになっていた。現在では、一定の役割を果たしたとして廃止されている。環境配慮が県庁の意思決定システムにおいて内部化されたということだろうか。

神奈川県では、1998年度から、各部に環境管理責任者と統括責任者を配置して、部における環境配慮を推進するとともに、部内の環境管理監査役が自主的な点検をする仕組みを実施してきた。環境マネジメントプログラムを経て環境マネジメントシステムへと発展させていたが、こちらも2023年度末をもって廃止された。制度趣旨が定着したということである。

調整システムと行政手続　総合調整システムの詳細は、要綱などに委ねられている例が多い。しかし、事業者・住民の権利への影響と行政過程の透明性に対する近年の要請に鑑みれば、これ自体に関する個別条例を制定することも検討されてよいだろう。調整基準策定手続に関する規定も、必要ではなかろうか。総合調整システムと環境アセスメントとの関係も、検討が深められるべき課題である。

ところで、総合行政が必要とされるのは、各部局が活動の根拠とする法律・条例をその（形式的な）趣旨目的に忠実に実施していたのでは、不都合が発生するからである。しかし、法令は法令であるから、それとの関係で総合行政的対応なるものが妥当性を欠くと判断されるのは適切ではない。そこで、総合行政的対応の必要性をとくに明示的に規定することが肝要である（もちろん、基本条例における対応だけで必要かつ十分かという問題は残る）。総合行政は、個々の実定法によって縦割り的に規定されるモザイク的公共性を統合した実質的公共性の観点から求められているといえよう。

(7) 住民参画

住民参画の重視

環境公益の形成と実現の視点から、住民参画は大切なポイントであり、個別施策の策定・実施にあたって、これを重視する旨を宣言する規定は必須である。一歩進んで、静岡市条例のように、「市民及び事業者並びにこれらが組織する団体」の役割の重要性を認識して、その意見聴取と反映に努めるとともに、その活動を支援・協力することを市の責務とすると規定するNPO重視の条例もあらわれている（10条3項)。（滋賀県）彦根市条例（1999年）は、市、市民、市民団体、事業者の公平かつ対等の立場での連携を規定する（4条)。

自治体の人口規模は多様であるために、住民参画の具体的あり方を一律に論じることはできない。ただ、十分な理由づけのされた素案を行政が用意し、それに対して対案や意見を求め、行政はそれに答えるという「討議」の過程は重要である。パブリックコメント制度は、その機能を一部果たしうる→229頁。さらには、環境基本計画の策定に関して後にみるように、一定の作業をすべて住民に委ねるという対応もあらわれている→142頁。

住民参画の効果

いかに条例に根拠を有するといっても、たとえば、行政が一方的に決定する計画ならば、それをもとにしたガイドラインや行政指導は、正統性に欠ける。一定の住民参画手続を踏まえて策定された場合、それにもとづく行政指導には、相手方の明確な拒否の意思表示にもかかわらず継続できる余地を（限界はあるものの、）それ以外の場合よりも広く認めてよいのではなかろうか。川崎市条例7条2項、9条1項と東京都条例9条3項、16条は、基本計画策定を含む施策一般の決定・実施にあたって、それぞれ住民参画措置を講ずべき旨を明文で規定する。滋賀県条例3条2項や岡山県条例３条２項は、基本理念のなかで、住民参画を明記している。

利害調整

住民参画は、環境管理における利害調整という観点からも、重要な意味を持っている。すなわち、行政と土地所有者との関係を基本に構成されている現行開発法制が、環境管理のように選好の必ずしも一致しない多数の利害関係者（住民）の存在する（紛争）状況の処理には適切でない場合が多いために、それを所与としつつも、住民参画を得た調整システムが求められるのである。また、住民の環境公益の内容に大きく関わる環境基本計画策定にあたっての住民参画も、利害調整という観点から整理できる。調整の正統性を担保するひとつの要素は、調整プロセスが民主的であることである。なお、住民参画については、第11章で詳しく検討したい。

(8) 実施管理システム

環境行政の外部チェックの必要性

さらに、「実施管理のためのシステム」も必要である。これは、法律や条例などにもとづく行政の実施・執行活動が法目的を達成すべく適正に実施されているか、行政がその責務を適正に果たしているかを、外部からチェックする仕組みである。「行政の総合的・計画的推進」「環境配慮」などとバラ色の言葉で彩られている条例が、実際にそのように実施されているかの判断を行政のみに委ねるのでは心許ない。アカウンタビリティの確保という観点からも、説明義務を課すなどの措置の根拠となる規定が欲しいところである。

また、現状では、住民が行政の執行活動を具体的に知ることはできず、違反に対して適切な措置が講じられているかどうかは、ブラック・ボックス状態である。そこで、事業者の遵守状況の公開やそれに対する行政指導・行政処分の内容の公開が、ひとつの方策として考えられる。

いわゆる情報公開条例がある場合には、そうした情報の扱いに関する特例措置の基本となる考え方を、基本条例のなかで規定してもよい。特例や情報請求権を認めたのではないが、熊本県条例２条５項（「県は、県民の生活に密接な関係のある環境に係る情報については、速やかにこれを公表するよう努めなければならない。」）や東京都条例17条（「都は、環境の保全に資するため、……環境の保全に関する必要な情報を適切に提供するよう努めるものとする。」）は、その方向に一歩進んだ規定であるようにもみえる。もっとも、執行情報までを含む趣旨かどうかは、よくわからない。提供にあたっての判断を完全に行政に委ねるとなると、行政にとっての「不都合な真実」は知らされない可能性が高い。この点は、第10章で再び取りあげたい。→205頁

行政と住民とのコミュニケーション　実施管理には、行政と住民との間の一種のコミュニケーションという機能がある。これは、環境管理計画の実施過程で行ってもよい。ポイントは、行政の活動を住民に伝え、「できること・できないこと、すべきこと・すべきでないこと」を議論することである。こうしたプロセスの積重ねを通じて、環境行政に対する住民の理解が深まり、協力が得られるのである。

環境オンブズマン　環境行政に関する住民からの意見に関して、オンブズマン制度を運用している自治体では、それを活用する方法がある。たとえば、川崎市は、市民オンブズマン条例（1990年）にもとづき制度化している。制度がない場合には、たとえば、「環境オンブズマン」を新たに制度化し、地方自治法138条の４第３項の附属機関と位置づける方法もある。

東京都条例26条は、都の機関の環境の保全に関する施策について調査などをする組織として、環境保全推進委員会を規定している。岡山県条例25～27条は、環境保全に関する県民からの提言を受けて審議し、必要と認められる場合に、知事に意見書を提出する手続を設けている。環境審議会が担当する。また、滋賀県条例27～29条は、「滋賀の環境自治を推進する委員会」（環境自治委員会）を規定する。環境保全に関する行政施策に不満を持つ県民は、同委員会に審査申立てができる。知事に対する措置勧告も、可能なようになっている。ただ、2024年５月現在、９件の実績と低調である（2013年２月13日の審査結果通知案件が最後）。一歩踏み込んで、勧告の尊重と措置義務を町長に課す（岐阜県）御嵩町条例（2002年）22～25条の環境オンブズパーソン制度は、滋賀県条例に学んだものである。こちらは、実績はない。

⑼　ほかの自治体との（協力）関係

市町村行政に配慮した都道府県条例　「ほかの自治体との（協力）関係」に関する規定もあってよい。実際、この規定を有する条例は多い。都道府県・政令指定都市と市町村を比較した場合、環境行政にとって必要な調査研究能力や技術力は、一般に、前者の方が充実している。そこで、市町村への

支援を行う現実的必要がある。そうしたことに法的根拠を与える規定、境界を越えて拡がる環境保全のために隣接自治体との協力関係を進める根拠規定、あるいは、そうした市町村の協力を仲介・促進するような根拠規定が、都道府県条例に必要である。これは、広域行政および補完行政の役割を担う都道府県の立場に照らしても矛盾しない（地方自治法2条5項）。

都道府県は、広域的視点から環境管理を考えるが、市町村には、地元の状況を踏まえての見解があろう。規制に関する法律上の権限は、都道府県に与えられていることが多いのであるから、市町村が都道府県の眼からみて妥当と思われる環境管理計画やまちづくり計画などを策定しているような場合には、権限行使やその前の段階の総合調整プロセスにおいて、地元の事情を考慮する旨の一般的な規定を設けるのも一案である。都道府県も計画を策定するだろうが、「キメ細かさ」を実現するためのコストの点で限界がある。他方、市町村が計画を策定しても、都道府県知事の権限行使に影響を及ぼせるわけではない。しかし、環境空間を共有しているのであるから、役割や機能の差を踏まえた協力関係をつくるのが重要である。都市計画法33条6項は、そうした発想を制度化したものといえる。

外国の自治体との協力

今後、自治体によっては、国境を越えて外国の自治体に技術・情報提供の面で協力して地球環境問題に対応しようとするところが出てこようし、すでにそうした実績を持っているところもある。神奈川県条例29条や北九州市条例21条は、「地球環境保全等に関する国際協力」に関して規定するが、一案ではある。

⑽　NPOとの協力

「いい子」だけをかわいがる？

先にもみたが、「NPOとの協力」は、これからの環境行政にとって、必須の政策といえる。環境基本法26条も住民団体や事業者団体などの民間団体に一定の役割を期待しているが、これは、基本的に、「行政が適当と思う方向」で活動している団体を支援するという発想である。現在の基本条例も、おそらく、同じような理解である。

双方向パートナーシップ

しかし、こうした発想にもとづく環境行政では限界がある。これからは、環境問題の複雑化に伴って、知識や政策立案レベルでも、行政を上回る組織が生まれるだろう。そこで、今後は、両者の協力関係が、適切な環境管理のためには是非とも必要である。ときに厳しい批判を受けるかもしれないが、それに対して聴く耳を持ち、誤解をしているような場合にはNPOの主張の誤りを積極的に正していくような双方向的の関係が望ましい。行政がNPOを育てるとともに、NPOも行政を育てるのである。政策のパートナーとしてNPOを位置づける規定が欲しいところである。それは、アジェンダ21の第27章および第29章の趣旨にもかなう。「自治体行政」ではなく、「自治体全体」の視点から考えなければならない。

6　SDGsと環境基本条例

1．２つの理念、５つの原則、17のゴール、169のターゲット

環境政策をめぐる最近の目立った動きとして、「持続可能な開発目標（Sustainable Development Goals, SDGs）」を踏まえた施策展開がある。SDGsとは、2015年９月に国連本部で決議された「持続可能な開発のための2030アジェンダ」の中核文書である。SDGsは、「われわれの世界を変革する」「誰一人取り残されない」という２つの理念のもとに、人間（People）、地球（Planet）、繁栄（Prosperity）、平和（Peace）、パートナーシップ（Partnership）という５大原則が基本となる。そのもとに、「経済、社会、環境」のトリプルボトムラインを統合して持続可能な発展を目指す。2030年の実現を目標に、地球規模で目指すべきゴールが17（環境省によれば、12が環境に関係）、それぞれのゴールのもとでの具体的到達点であるターゲットが合計169設けられている。５大原則相互の関係は、次のように説明される。

「『人間』の尊厳を守るということは、人間の存在基盤としての『地球』を守るということが大前提となる。そのうえではじめて、人間と地球の『繁栄』が可能になる。しかし繁栄は、争いが起きるとあっという間に消え去ってしまうものでもある。持続可能な繁栄の前提になるのは、『平和』である。持続可能性とは、『平和』そのものの言い換えであるとさえいってよいものかもしれない。そして、これらを実現していくためには『パートナーシップ』を組むことが必要になる。」
【出典】蟹江憲史『SDGs（持続可能な開発目標）』（中央公論新社、2020年）５～６頁

2．環境基本条例への影響

1990年代に制定された環境基本条例は、抜本的な改正を受けていない。後述のように、現在では、環境基本条例のもとでの環境基本計画の改訂によって取り込まれているにとどまるが→139頁、日本社会に浸透しつつあるSDGsという枠組み・考え方は、今後、環境基本条例見直しのひとつの契機となるだろう。自治体政策のOSの変更であり、そのもとで環境政策の位置づけやあり方を改めて検討する必要性が生じてきた。

単独条例として、SDGsに対応しようとする事例も現れている。2018年制定の（北海道）「下川町における持続可能な開発目標推進条例」は、町としてSDGsを推進するための組織条例である。2019年制定の（群馬県）桐生市「持続可能な開発目標（SDGs）を桐生市のまちづくりに生かす条例」は、SDGsを踏まえた市政を推進する方針を明確にした理念条例である。ゴール11「住み続けられるまちづくりを」に対応したものである。いずれも、環境政策を超えて広く「持続可能なまちづくり」を対象にするものである。環境基本条例の先駆けである熊本市条例は、地球温暖化対応や循環型社会構築、さらには、SDGsの視点を踏まえて、2021年に改正された。

7　最近の環境基本条例

カーボンニュートラルへの対応

環境基本条例は、新規にはほとんど制定されなくなっている。そうしたなかで、東京都特別区における２つの条例が注目できる。

葛飾区条例（2022年）は、全体としてみれば従来型の構造であるが、基本理念のひとつに、2050年までの脱炭素社会（地球温暖化対策法２条の２にある定義を引用）の実現への取組みを、区、区民および事業者が協働して行うべきことを規定する。台東区条例（2024年）は、脱炭素社会を同様に定義し、その実現に向けての取組みを区の責務とする。

もっとも、現在のところ、内容としてはこの程度である。将来的には、基本条例を踏まえて、それを推進するために地球温暖化対策法21条にもとづく実行計画をどのようなものにするかや、どのような実施条例を制定するかなどの検討がされるのであろう。

8　環境ガバナンスにおける環境基本条例

1．分権改革と環境基本条例

新たな環境ガバナンスづくりを

機関委任事務制度を廃止した第１次分権改革は、自治体環境行政に対しても、大きな影響を与えうる。法律にもとづく事務であっても、自治体の事務である以上、条例制定は可能となり、法律の実施にあたって、地域特性に応じた対応が求められている。新たな法環境のもとで、どのような「自治的環境決定」をしていくのか、どのように住民自治を進めていくのかは、重要な点である。

ところが、前述の日進市条例→95頁のような例外はあるものの、2000年の地方分権一括法施行後に制定された環境基本条例（市町村合併を契機とする旧条例廃止・新規制定が少なくない）をみても、国と自治体の対等関係を前提とする適切な役割分担を求める分権改革を意識した内容となっているものはほとんどない。

環境基本法の影響を受けた環境基本条例が制定されてから、30年が経過しようとしている。これまでの環境行政の実績、国やほかの自治体の政策展開、地球環境危機、そして、分権改革を踏まえて、基本理念などを再検討し、内容のバージョンアップを検討してよい時期である。

市町村合併に埋没

市町村合併の結果、特徴ある条例が廃止された例も、数多いのではないか。その際には、どのような議論がされたのだろうか。合併は、新たに一緒になった住民・事業者・行政・議会が、当該自治体の環境管理のあり方に対する議論をする絶好の機会ではあるけれども、そうした時間的余裕はないのが通例だろう。合併によって、環境政策が、ほかの政策のなかに埋もれてしまっているのではないかと懸念される。

2．条例制定プロセスの重要性

住民に条例を意識させる

条例策定プロセスは、きわめて重要である。条例制定の実質的作業を委ねられている審議会や検討会、あるいはその議事録を公開して議論の状況を住民に知らせ、主要な問題点について意見を聴取する場を設けてそこで出された意見を審議の参考にする程度のことは、最低でもすべきである。一気に結論に持っていかず、「中間とりまとめ」の形で素案を公表して意見を一般的に聴取するのも一案である。住民が委員に含まれる審議会や検討会で原案を作成したり、行政が住民をサポートしつつ原案を作成するという方法もある。(簡単な骨子ではなくある程度の内容が書きこまれた）条例案に対するパブリックコメント手続は不可欠だろう。

東京都と神奈川県の基礎自治体を対象にしたある調査によれば、住民参画に関しては、〔図表５・２〕〔図表５・３〕のような結果が得られている。2000年の分権改革との先後関係は不明であるが、環境基本計画と比較して、環境基本条例への住民参画度は、意外なほど低調なことがわかる。

〔図表５・２〕　基本条例・基本計画の素案作成時の市民参加

内　容	環境基本条例の素案作成		環境基本計画の素案作成	
①市民参加を取り入れた	31（自治体）	58.5%	48（自治体）	88.9%
②市民参加は取り入れなかった	22	41.5%	6	11.1%
③無回答	0	0%	0	0%
合　計	53	100%	54	100%
非　該　当	32		31	

（出典）　田中充「環境政策過程における市民参加」川崎健次＋中口毅博＋植田和弘（編著）『環境マネジメントとまちづくり：参加とコミュニティガバナンス』（学芸出版社、2004年）80頁以下・87頁〔表２．３．２〕。

〔図表５・３〕　素案作成時の市民参加の形態

内　容	条例素案作成時の形態		計画素案作成時の形態	
①市民意見を聴いて行政主導で作成	9（自治体）	29.0%	16（自治体）	33.3%
②行政等の支援を受け市民主導で作成	4	12.9%	5	10.4%
③行政と市民が含まれる委員会等で作成	14	45.2%	24	50.0%
④条例・計画の一部を市民に委ねて作成	0	0%	0	0%
⑤その他	4	12.9%	3	6.3%
合　計	31		48	
非　該　当	54		37	

（出典）　田中充「環境政策過程における市民参加」川崎健次＋中口毅博＋植田和弘（編著）『環境マネジメントとまちづくり：参加とコミュニティガバナンス』（学芸出版社、2004年）80頁以下・87頁〔表２．３．３〕。

3．条例であることの意味

議会の制定によることの重要性

環境行政の基本的事項を明らかにする作業が、要綱という形ではなく議会の議決を経た条例という形式で制定されている点も、注目されるところである。「環境基本要綱」という名前は、まず聞かない。

これは、ひとつには、条例という「より目立つ形」をとることに長が政治的関心を持つこと、そして、そうした事情を背景に、立案にあたる行政組織内の環境部局が開発行政に対して環境価値に対する配慮の重要性を（抽象的ではあれ、）法的に確認することに実践的意義を見出しているためであろう。

また、前述のように、行政施策に協力すべき事業者や住民の責務が議会の制定にかかる条例に規定されていれば、それらが行政指導を受ける場合に、（応諾が強制されないのはもちろんであるが、）行政との関係が純粋な水平的関係ではなく、勝手気儘に「ノー」といえるのではない。→92頁

環境基本条例の法的効果

もちろん、基本条例といえども、ひとつの条例にすぎないのであって、議会の単純過半数の議決で、廃止されたり改正されたりする可能性はある。ただ、「基本」という名を冠した条例であることの事実上の効果は、少なくないであろう。将来の立法や行政運営に明確な指針を与える機能を持つのであるから、重要事項は、基本計画などではなく、条例本文に書き切らなければならない。

基本条例の内容に牴触するような既存条例や行政方針は、それに合致する方向での改正が求められる。個別条例の解釈も、基本条例の理念や指針に沿ってされなければならない。

環境基本条例の裁判規範性

環境基本条例は、行政活動に関して、裁判規範性を持つのだろうか。環境基本法の規定が問題となった事件を参考にみてみよう。

環境基本法19条は、行政の環境配慮義務を規定する。産業廃棄物処理施設の許可が機関委任事務であった時代に、この規定を踏まえて、廃棄物処理法の申請を不許可にできるかが争われた事件があった。裁判所は、環境基本法の規定は、「制度、政策に関する基本方針を明示することにより、基本的政策の方向を示すことを主な内容とする」にすぎないとして、とくに19条に注

目することなく、その裁判規範性を明確に否定している（札幌高判平成9年10月7日判時1659号45頁）。

環境基本条例に関しても、「事業者に対して一定の努力義務を課すにとどまる」とするもの（大分地判平成28年11月11日 LEX/DB25544858）、「環境についての基本理念や環境を保全するための社会の基本姿勢等を宣明する」とするもの（大阪地判平成20年8月7日判タ1303号128頁）、「宣言や指針にとどまり、具体的な請求権を定めたものではない」とするものがある（横浜地判平成13年2月28日判自255号54頁）。なお、取消訴訟における原告適格判断との関係で、処分の根拠法規の関連法令と位置づける判決はある（那覇地判令和4年4月26日訟月68巻11号1349頁）。

4．行政職員の環境意識

環境基本条例のオーディエンス　環境基本条例は、理念的性格の強い条例である。実質的に、環境関係条例の上位に位置し、また、そのほかの行政分野の条例や計画にも影響を与えるものであるだけに、責務規定の対象となっている関係者は、条例の基本理念・基本方針の趣旨を十分に理解しなければならない。住民にとっては、日々の生活やライフスタイルを、そして、事業者にとっては、その事業活動を基本条例の規定する方向に変えていくことが期待されている。これを促進するために、行政による環境教育・環境学習の推進が規定される場合もある。ここにおいては、個々の住民ないし事業者が念頭に置かれているのである。

「行政」とは誰か　ところで、責務規定の対象となっている「自治体」は、包括的な概念である。施策の実施にあたって環境配慮などが求められているが、果たして、誰に対して求められているのだろうか。実際には、部署のいかんにかかわらず、個々の行政職員がそうした理念を体得して日常的な業務を行うことが期待されているといえる。日進市条例は、一歩踏み込んで、「市職員は、まちづくりの専門スタッフとして、環境まちづくりにおける市民等への情報提供や市民等との連携に努め、市民参加のもとに政策形成を進めるよう努めなければなりません」と規定している（12条）。「環境意識の高い補助機関」の育成を考えているのだろう。

しかし、従来の縦割り的な事務に横断的な価値を新たに注入するようなシステムが必ずしもうまくいっていない実務実態は、行政手続条例をめぐる自治体内の担当課と事務事業の担当原課との関係に明らかである。「総スカン」とはいわないまでも、行政手続担当課が庁内で「浮きあがっている」場合が往々にしてある。職員全体の理解がなかなか進んでいないと感じる場面が少なくない。研修がされるとしても、すぐに「風化」が始まる。

環境基本条例の場合はどうなのだろうか。事業部局であっても、基本条例の理念に沿った施策を立案・実施しなければならない。環境基本条例を自治体行政に根づかせるためには、自治体職員に対する環境教育・環境学習が必要である。とくに、財務・人事担当に対する措置を強調しておきたい。こうしたことは、条例に書き込むには不適切な内容なのかもしれないが、それはそれとして、実施過程においては、基本理念や基本方針の浸透が図られるような部内体制を整備することも忘れてはならない。

長の環境意識の重要性

もっとも、実践的にいって、何よりも大切なのは、「長の環境教育」であろう。トップが「その気」にならないかぎり、条例の制定や制定された条例にもとづく実効的な行政運営は期待できないからである。「環境保全優先」か「環境と調和した開発」かは別にして、環境価値を無視した政策展開は不可能になってきている。その方針を明確に示すメディアである基本条例は、やはり必要である。そのためには、環境省などによる「長へのラブ・コール」が効果的であろう。

参考文献

■金井利之＋自治体学会（編）『自治体と総合性：その多面的・原理的考察』（公人の友社、2024年）

■環境省総合環境政策局総務課（編著）『環境基本法の解説〔改訂版〕』（ぎょうせい、2002年）

■環境法政策学会（編）『総括 環境基本法の10年：その課題と展望』（商事法務、2004年）

■環境法政策学会（編）『環境基本法制定20周年：環境法の過去・現在・未来』（商事法務、2014年）

■北村喜宣『環境法〔第６版〕』（弘文堂、2023年）277頁以下

■北村喜宣「判例にみる環境基本法」同『分権政策法務と環境・景観行政』（日本評論社、2008年）139頁以下

■北村喜宣「地方分権時代の環境基本条例の意義と機能」同『分権政策法務の実践』（有斐閣、2018年）218頁以下
■倉阪秀史『環境政策論〔第3版〕』（信山社出版、2014年）76頁以下
■猿田勝美「地方環境行政と環境基本法」環境研究93号（1994年）65頁以下
■東京市政調査会研究部（編）『都市自治体の環境行政』（東京市政調査会、1994年）
■西尾哲茂＋石野耕也「環境基本法の意義と課題」新美育文＋松村弓彦＋大塚直（編）『環境法大系』（商事法務、2012年）395頁以下
■原島良成「環境基本条例の理論モデル」島村健＋大久保邦彦＋原島良成＋筑紫圭一＋清水晶紀（編）『環境法の開拓線』（第一法規、2023年）43頁以下

第6章　環境基本条例における環境権規定

●さわらぬ神にたたりなし？

1　「入れる入れない」環境権

環境基本条例という形で自治体環境政策を表現する方法は、この30年間ですっかり定着した。1993年に、環境基本法が制定され、同法7条が、国の施策に準じた施策などの策定とその実施を自治体に求めたところから、全体としてみれば、環境基本法に似た構成の条例が多く制定された。

結果的に現在の形に落ちついたものの、環境基本法の立法過程においては、内容に関して、様々な議論がなされた。そのひとつが、「環境権」規定の扱いである。この点は、条例の立法過程においても同様である。同法を引き写したようにみえる条例であっても、環境権をめぐっては、「入れる入れない」という議論が、行政内部において、あるいは、審議会委員と事務局の間においてされたことであろう。前章では、「環境公益」という表現もしたが、本章では、「環境権」について、その法的性質、現行条例における扱い、条例に規定した場合の効果、望ましい自治体環境行政の観点からの制度の組み方などを、これまでの議論を踏まえつつ検討する。

2　環境権論

1．環境権の提唱

環境権論の背景　1970年に環境権が提唱された背景には、無意識のうちに「みんなのもの」と感じられてきた環境が、公共事業や民間事業者の開発により「適法に」汚染・破壊され、それに対する従来の法的救済措置が十分に機能しないと認識されている事情があった。そこで、「環境を破壊から守るために、われわれには、環境を支配し、良き環境を享受する権利があり、みだりに環境を汚染し、われわれの快適な生活を妨げ、あるいは妨げようとしている者に対しては、この権利にもとづいて、妨害の排除または予防を請求しうる」という趣旨の主張がされたのであった。法的根拠としては、憲法13条、25条があげられている。環境それ自体に対して地域住民ひとりひとりが権利を持っていると理解され、個々人の生命・健康への影響は、直接には問題とされない。提唱時の環境権論は、民事訴訟としての行為差止訴訟における請求の法的根拠とすることを目的とした、すこぶる実践的なものであった。

別の見方をすれば、環境権の主張は、環境に影響を与える経済活動をコントロールする行政法規に環境配慮という観点が入っていなかったがゆえになされたという面がある。未然防止を旨とする行政法の整備不全である。さらに、行政訴訟における狭い原告適格解釈が、判例上、確立していた。このように、住民は、行政法システムに期待することができずに、民事的対応を通じての問題解決を求めたのである。

環境権論の先見性

それまでは、「環境の利用」という行為は、自然公物の自由使用ないし自己の財産の管理・処分という枠組みで理解されていた。ところが、環境権論によって、環境は有限でありかつ万人の共有財産と認識されるべきという理解が示されるようになった。汚染や破壊は、不可逆的影響を環境に与える可能性があり、良好な環境を次世代に継承する「現在人」の義務を踏まえると、その有限性を十分に認識した経済活動がされるべきというパラダイムが提示されたと評価できよう。社会一般というような抽象的対象ではなくて、住民個々人との関係で環境価値の重要性が位置づけられた点も、見逃すことができない。これは、「持続可能な発展」など環境基本法に規定された基本理念にも通ずるところがあり、環境権論の先見性・進歩性を窺い知ることができる。

また、そうした認識を前文で示すとともに、行政に対して環境権の保障義務を課したものとして注目されるのが、1969年制定の東京都公害防止条例である。理念的ではあるものの、同条例は、環境権提唱当初の目的やその後の展開も射程に含んだ内容を規定しており、環境行政史において重要な意義を持つ。→10頁

２．環境権論の展開と現在

差止訴訟の根拠になるか

環境権については、いわば、公法的理解と私法的理解の２種類がある。前者は、国家との関係における（防御権的・請求権的）権利としての環境権であり、後者は、環境破壊行為をする私人に対す

る訴訟の根拠としての環境権である。

前者、すなわち、憲法13条、25条を根拠にして、憲法上の（抽象的）権利として環境権を認めるのは、憲法学では、いまや通説といってよい。中央政府は、国民が健康で文化的な最低限度の生活ができるように環境保全施策を実施するという国の責務を果たすための基本理念ととらえ、憲法25条に由来するとしている。もっとも、今のところ、憲法学の議論は、概念の整理のためのものにとどまっている。

環境権が民事的行為差止訴訟における請求の具体的根拠になるかという点について、ほとんどすべての裁判例は、主として概念上の不明確さや権利の抽象性を理由として、私法上の環境権を差止請求の根拠とすることには否定的である（大阪高判平成４年２月20日判時1415号３頁、岐阜地決平成７年２月21日判時1546号81頁、東京地決平成10年１月23日判時1633号106頁、名古屋高判平成10年12月17日判時1667号３頁、名古屋地判平成12年11月27日判時1746号３頁参照）。この傾向は、完全に定着している（最近のものとして、名古屋高金沢支判平成30年７月４日判時2413・2414合併号71頁、鹿児島地決平成30年４月27日訟月65巻７号1058頁、那覇地沖縄支判平成29年２月23日判時2340号３頁）。否定される理由は、より根本的には、同じく「新しい人権」と整理されるプライバシー権とは異なり、権利としての個人権性や排他性を観念できない点にあろう。

政策目標としての環境権　学説全体をみれば、最近では、私法上の個人的権利として環境権をとらえるのではなく、国あるいは自治体が積極的に実現を求められる公共性の高い「利益」としてこれを把握する傾向が強くなってきたようにみえる。すなわち、立法や行政システムにおいて配慮されるべき政策的価値として、あるいは、それらの整備の目標として、環境権を主張するのである。先にみたように、著者は、さしあたり、「安全・快適・良好な環境の保全と創造に関する社会的決定に関与し、かつ、そうした環境の便益を享受することができる権利」と環境権を定義しているが[→94頁]、これは、基本的には、行為差止訴訟の請求権を根拠づけるかというような民事法の次元ではなく、行政法の法政策次元で環境権をとらえ、かつ、手続的側面を重視する理解である。

なお、保護などが求められる対象は、一般にその主張者の財産ではない。「環境権」の効果として、「他人の財産」の使用・収益に一定の制約が課されることもあろう。その場合、当該財産に「公共性があるから」というだけでは、制約を根拠づける理由としては弱い。環境権を、憲法13条、25条だけにもとづくものとするのではなく、それらと憲法29条とのバランスが憲法12条を介して社会全体で調整されたものと考えるのはどうであろうか。

憲法改正と環境権　なお、憲法改正がされるならば、別に条文を起こして、環境に関する内容を明確に規定するのが望ましい。その場合には、社会の持続的発展を可能にする基盤としての環境の意義を規定するとともに、国民の個人権としての基本的人権ではなく、国家の環境保護義務と構成して、保護義務違反に対する国民の訴訟提起制度構築に向けての強いメッセージも発する内容にするべきであろう。

環境権の内容の確定方法　様々なレベルの行政決定に手続的に関与し、その結果としての施策により便益を受けるのは個々の住民であるが、目標とされる環境は、住民全体の選好を環境管理に関する計画策定過程を通してあらかじめ調整した（マクロ的）総和状態、または、利害関係のある住民の選好を具体的土地利用にあたって個別的に調整した（ミクロ的）総和状態である。「環境権」の内容は、こうした合理的・民主的調整のプロセスを経て、マクロ的・ミクロ的に決定されるといえる。公共的・集合的性格が強い。

この立場によれば、排他独占的に管理しうるものに対する純粋な個人権を連想させる環境「権」という用語法は、ミスリーディングといえよう。著者が「環境公益」という表現をするのは、こうした理由からである→94頁。しかし、慣れ親しまれている言葉でもあるので、本書では、相互互換的に「環境権」という言葉も用いる。

良好な環境と人格権　人格権の内容のひとつとして、良好環境を享受する権利が主張される場合がある。裁判例のなかには、環境権にもとづく行為差止請求を人格権にもとづくそれと基本的に同一とするものもある（仙台地判平成６年１月31日判時1482号３頁。その控訴審（仙台高判平成11年３月31日判時1680号46頁）も同旨）。生命・健康といった人格権のコアの部分への侵害の蓋然性が高いがゆえに請求が認められるとするならば、それは、あくまで人格権の問題なのであって、環境権の問題ではない。したがって、わざわざ「環境権」という議論をする意味はないのである。

訴訟による実現は不適切　問題は、そこまでに至らないような環境状態の変化の是非である。一定の環境に関して利害を有する者の数は、かなり多い。環境に関する効用の程度も、人により多様である。そうした状態を放置しておいて、そのうちのひとり（あるいは、一部のグループ）の主張で当該環境のあり方が決定されるというのは、その主張の「環境保護度」にかかわらず、原理的にいえば、きわめて不合理である。「将来世代の環境権」も重要というのが最近の議論の傾向であるが、それを民事訴訟において主張するのは難しい。原告・被告という両当事者関係を基本とする古典的利害調整モデルは、環境権の主張が目指す状態の実現には不適合なのである。

行政法手続のなかでの実現　しかし、安全・快適・良好な環境が実現されること、そして、それが将来世代に継承されることそれ自体は、現代社会にとって必要不可欠である。その趣旨は、すべての環境基本条例の基本理念が規定している。とするならば、立法による行政システムの整備によって、その実現が目指されるべきである。

その目的は、時間的・空間的に拡がっている多様な効用を、自治体環境行政の目標としてそれなりに明確な程度にまとめることにある。また、そのシステムには、合意された内容の実現に向けて行政が適切・的確に行動しているかどうかをチェックする機能も具備されるべきである。環境基本条例には、少なくともこうした認識が、明確に示されていなければならない。

平穏生活権　最近、民事訴訟においては、人格権の一種として平穏生活権という概念が、裁判上も認められるようになっている（最近のものとして、広島地決令和３年３月25日判時2514号86頁）。平穏な生活が生命・身体に対する被害の危険の認識を強いられることにより侵害されない権利であり、伝統的な人格権から派生したものである。法的利益性が認められる範囲が時間的に前倒しされ、空間的に拡大する結果となっている。生活環境影響への侵害を未然に防止するという点で、環境権に親和的な面がある。

従来は、産業廃棄物処理施設に関する差止請求における認容例が目立ったが（仙台地決平成４年２月28日判タ789号107頁、熊本地決平成７年10月31日判タ903号241頁）、最近では、包括的な生活利益として、福島第一原発事故をめぐる一連の損害賠償請求訴訟において肯定する判決もある（仙台高判令和２年９月30日判時2484号19頁、東京高判令和３年１月21日訟月67巻10号1379頁）。とりわけ、差止請求の場合、時間的には、「より以前の時期」における権利救済が実現できるようになっている点が重要である。

3　環境基本法の認識

明記されなかった環境権

環境基本法の制定過程において、環境アセスメントの法制化宣言と並んで具体的規定を設けるかどうかに注目が集まったのが、環境権であった。この点に関しては、法案とりまとめ過程における住民からの意見聴取や提案のなかでも、実現に向けての要望が多く出された。

しかし、環境権の具体的権利内容や法的性格に不明確なところがあること、判例においても認められていないこと（最高裁の判断は、現在もされていない）、「権利」という文言を用いると民事訴訟上の請求の根拠となる権利と混同されるおそれがあることなどを理由として、明示的には規定されなかった。もっとも、中央政府によれば、環境基本法３条の「環境を健全で恵み豊かなものとして維持することが人間の健康で文化的な生活に欠くことのできないものであること」や「現在及び将来の世代の人間が健全で恵み豊かな環境の恵沢を享受する〔こと〕」という書きぶりのなかに、環境権の趣旨とするところは的確に位置づけられているとされている。なお、私法上の訴権となるという意味での「環境権」という意味で理解されているわけではない。裁判例も同様である（岐阜地判平成６年７月20日判時1508号29頁、仙台高秋田支判平成19年７月４日判例集非登載、東京地判平成23年６月９日訟月59巻６号1482頁）。

景観利益と景観権

環境基本法制定後、環境権の議論は低調であるが、国立市大学通りマンション事件において、「景観権」が話題になった。完成済・入居済14階建て43.65mのマンションの20メートルを超える部分を撤去せよと地裁が命じた判決（東京地判平成14年12月18日判時1829号36頁）が「景観権を認めた」と報道されたこともあって、世間の注目を集めたのである。しかし、この判決は、高裁で取り消され（東京高判平成16年10月27日判時1877号40頁）、最高裁も高裁の判断を支持した（最一小判平成18年３月30日判時1931号３頁）。最高裁は、一定の条件を充たす場合に、不法行為法の次元において、良好な都市景観の恵沢を享受する「景観利益」という概念は認めたうえで、それは「法律上保護に値する」ものであるにとどまり、その侵害が不法行為法の文脈で違法性を帯びるのは、加害者において公序良俗違反や権利濫用があるという限界的場合に限られるとした。それ以上に「景観権」なるものは認められないと明言している。

さらに最高裁は、先にもみたように、「景観利益の保護は、一方において当該地域における土地・建物の財産権に制限を加えることとなり、その範囲・内容等をめぐって周辺の住民相互間や財産権者との間で意見の対立が生ずることも予想されるのである」としつつ、「景観利益の保護とこれに伴う財産権等の規制は、第一次的には、民主的手続により定められた行政法規や当該地域の条例等によってなされることが予定されている」と述べたのである（東京地判平成17年５月31日訟月53巻７号1937頁も参照）。この判示は、民主的討議を経て公益を確定すべきというものであり、「環境公益」という著者の議論にも通ずるところがある。

4　環境基本条例と環境権

現在の環境基本条例において、「環境権」の環境公益的性格は、十分に意識されていないように思われる。今後、変化する可能性もあるが、以下では、「環境権」という言葉に注目しつつ、条例を整理しよう。

環境基本法では、法文のなかから環境権の「趣旨を読みとる」という整理がされた。それでは、環境基本条例ではどうだろうか。環境権に関する条例の扱いには、前文方式と本文方式の２つがある。そして、後者は、明文主義と解釈主義とに分けることができる。以下、実例をあげながらみていこう。

１．前文方式

基幹法的位置づけがされているからか、環境基本条例のなかには、前文を持つものが少なくない。そのなかには、前文において環境権に関する記述をする条例がある。たとえば、東京都環境基本条例（1994年）は、「すべての都民は、良好な環境の下に、健康で安全かつ快適な生活を営む権利を有するとともに、恵み豊かな環境を将来の世代に引き継ぐことができるよう環境を保全する責務を担〔う〕」と規定している。また、大阪府環境基本条例（1994年）は、「良好で快適な環境を享受することは、府民の基本的な権利」

と規定している。そのほかにも、（三重県）四日市市環境基本条例（1995年）（「良好な環境を享受し、健康で文化的な生活を営む権利を有している。」）、新潟県環境基本条例（1995年）（「私たちは、豊かで快適な環境の下で、健康で文化的な生活を営む権利を有する」）、福井県環境基本条例（1995年）（「もとより、良好な環境を享受することは、県民の基本的な権利であり」）、「兵庫県環境の保全と創造に関する条例」（1995年）（「私たちは、環境の恵沢を県民の権利として享受する。」）といった例がある。

比較的早い時期に制定された熊本市環境基本条例（1988年）も、前文中に、「すべての市民が良好な環境を享受すべき権利を有するとの理念を確認し」という文言を置いている（制定時の規定ぶり）。この点に関する立法者意思は、私権としてこれを理解するのではなく環境行政の目標としてその実現を目指すというものである。（東京都）「国立市次世代に引き継ぐ環境基本条例」（2010年）も前文方式であるが、「私たちには、自らの生存権を守るために良好な環境を保全する義務と責任があります。これらを果たす中で、私たちは環境権を獲得することができます。」と規定する。「生存権」が憲法25条にいうそれであるとすれば、その実現が個人の義務であるというのは、興味深い認識であるが、そのための義務と責任を果たせば環境権が獲得できるというロジックは、少々わかりにくい。なお、同条例は、本文において、「環境の保全等は、良好な環境を享受し健康で文化的な生活を営む権利を実現し、これを将来の世代に継承していくことを目的として行われなければならない。」（３条１項）とも規定するが、ここでいう「権利」と「環境権」の関係は不明確である。

２．本文方式

明文主義

明示的な形で環境権を本文で規定している例としては、川崎市環境基本条例（1991年）がある。同条例２条１項は、「市の環境政策は、市民が安全で健康かつ快適な環境を享受する権利の実現を図るとともに、良好な環境を将来の世代に引き継ぐことを目的として展開する」と規定する。また、（東京都）日野市環境基本条例（1995年）３条１項も、「環境の保全等は、健康で豊かな自然の恵みをもたらす環境を享受するすべての市民の権利として、将来の世代に継承していくことを目的として行われなければならない」と規定している。

滋賀県環境基本条例（1996年）の規定ぶりはユニークである。同条例３条２項は、「環境の保全は、県民が、環境に関する情報を知ることおよび施策の策定等に当たって参加することを通じ、健全で質の高い環境の下で生活を営む権利が実現されるとともに、環境の保全上の支障を生じさせず、かつ、環境の恵沢の享受に応じた負担をする義務がすべての者の環境への負荷を低減する習慣の確立と公平な役割分担の下に果たされることを旨として行われなければならない」としている。情報入手と住民参画を「権利」実現のための不可欠な前提と位置づけた点は、高く評価される。本文方式・明文主義の例としては、そのほかに、新潟市環境基本条例（1996年）３条１項、（長野県）飯田市環境基本条例（1997年）２条１項、（北海道）伊達市環境基本条例（1998年）３条、（北海道）ニセコ町環境基本条例（2003年）３条１項があるが、こうした対応は少数派である。（愛知県）日進市環境まちづくり基本条例（2004年）は、「市民には、良好な環境の恵みを享受する権利とともに、これを将来の世代に引き継ぐ義務があります。」（３条）と規定する点でめずらしい。「環境権」のなかに、権利と義務を含める解釈のようである。

解釈主義　これに対し、全体的にみて多いのは、前文中にも本文中にも「権利」という文言はないものの、環境基本法のように本文の基本理念のなかで環境権の趣旨を規定していると整理できる解釈主義の環境基本条例である。たとえば、「横浜市環境の保全及び創造に関する基本条例」（1995年）３条１項は、「環境の保全及び創造は、健全で恵み豊かな環境がすべての市民の健康で文化的な生活に欠くことのできないものであることにかんがみ、これを将来にわたって維持し、及び向上させ、かつ、現在及び将来の世代の市民がこの恵沢を享受することができるように積極的に推進されなければならない。」という基本理念を規定する。市当局は、環境権の趣旨はそのなかに読み込みうるという解釈である。

３．検討

心配の種は訴訟　条例の立案作業にあたる行政担当課は、環境権規定が住民に行政訴訟や公共事業に対する行為差止訴訟を提起する根拠を与えるかもしれないことを、過剰なまでに懸念する。しかし、環境権の実現を行政の目標とすること自体に異論はないために、いわば「足して２で割る」式の解決として、前文で規定するのではなかろうか。前文だとまさか訴訟の法的根拠とはならないだろうという読みである。「権」という名のつく文言を条例本文に書くことは、厳格な法令解釈を旨とする法令審査部署の抵抗を招く場合もあろう。このように、何となく「危なっかしいもの」を反対を押し切ってまで入れることはないというのが、通常の対応と推測される。

「私たちは、健全で恵み豊かな環境の恵沢を享受する権利を有する」という文言を前文に持つ宮城県環境基本条例（1995年）の立法者意思は、すべての県民が環境を守るために努力する必要性の宣言である。ここでは、行政の目標というよりも、私人間の問題として環境権が認識されているようにみえる。しかし、それをもって、たとえば、差止訴訟の法的根拠とするということは考えられていないから、無用の混乱を避けるためにも前文で規定したのだろうか。また、混乱の可能性を一切回避する（さりとて、環境権の発想を正面から否定するわけにもいかない）という立場からは、解釈主義が採用されるのだろう。まさに、「さわらぬ神にたたりなし」である。

「訴訟の根拠にはならない」

川崎市条例、日野市条例、滋賀県条例のように本文で環境権を明記したとしても、それは、書きぶりから明らかなように、あくまで政策宣言的なものであり、理念的なものである。それゆえに、これまでは、格別の手続規定もなく、それだけで行政の活動を住民が法的に攻撃できる根拠となることはないと考えられていた。住民訴訟のなかで、川崎市条例２条をもとに原告が環境権を主張した事件はあったが、裁判所は、「個別の市民に環境権を保障したものでもないと解される。」と判示している（横浜地判平成13年６月27日判自254号68頁）。

改正行政事件訴訟法と関係法令

ところが、こうした状況が変化する可能性が出てきている。それは、2004年に改正された行政事件訴訟法の影響による。→255頁

同改正の主要な柱のひとつは、行政訴訟における原告適格判断に際しての考慮事項の追加であった（９条２項）。行政訴訟は、「法律上の利益を有する者」（９条１項）が提起できるが、その際には、「処分又は裁決の根拠となる法令の規定の文言のみによることなく、当該法令の趣旨及び目的並びに当該処分において考慮されるべき利益の内容及び性質を考慮するものとする。」と

されている。そして、趣旨・目的の考慮にあたっては、「当該法令と目的を共通にする関係法令があるときはその趣旨及び目的をも参酌するもの」とされている。

問題は、環境基本条例が、関係法令に含まれるかどうかである。この点に関しては、小田急線高架事業認可処分事件最高裁判決が参考になる（最大判平成17年12月7日判時1920号13頁）。そこでは、処分の根拠法規である都市計画法59条2項の関係法令として、公害対策基本法と東京都環境影響評価条例（1980年）があげられていた。行政事件訴訟法改正以前ならば、原告適格判断に際して、おそらくは、考慮されなかった法令である。

機関委任事務が廃止された現在、法定自治体事務の実施にあたっては、当該法律はもちろん、抽象的には、環境基本条例も影響を与える。そこで、裁判所が、原告適格判断にあたって、環境基本条例を関係法令と考える可能性がないではない。多くの行政は、これまで、「環境権の趣旨は、解釈で読みとれる」としていたのであるから、「環境権」的な文言が明記されているかどうかは、その判断には関係しないだろう。

また、環境基本条例のなかには、環境基本法19条の環境配慮義務に相当する規定を持つものもある（例：北海道条例（1996年）11条1項、岩手県条例（1998年）14条）。先にみたように、その規範的意味については否定的な裁判例もあったが、原告適格判断にあたって、関係法令該当性を判断する具体的な規定となる可能性もある。都市計画法との関係で、これを否定する裁判例もある（大阪地判平成20年8月7日判タ1303号128頁）一方、肯定する裁判例もある（大阪地判平成20年3月27日判タ1271号109頁）。廃棄物処理法や鉄道事業法との関係で、肯定する裁判例もある（名古屋地判平成18年3月29日判タ1272号96頁、大阪地判平成18年3月30日判タ1230号115頁）。

5　環境権規定をめぐる論点

1．環境権と行政権限

機関委任事務制度廃止の影響

地方分権一括法施行前は、機関委任事務については、条例でその権限行使に法的影響を与えることはできないのではないかという議論もありえた。この点は、機関委任事務制度の廃止によって、明確に整理できるようになった。法定受託事務であれ法定自治事務であれ、多くの事務が「自治体の事務」となった以上→6頁、そのかぎりで、(具体的な法的拘束力については、議論がありうるが、)環境基本条例が、正面から適用される。

国の直接執行事務と環境基本条例

問題なのは、国の直接執行事務である。これに関しては、自治体の役割はなくなったのであり、行政区域内の環境管理について、自治体側からみれば、いわば、「権限上の治外法権」ができた結果になる。この点は、どのように考えればよいのだろうか。

国は、環境基本法に則して権限行使をする責務があるから(6条、19条)、何の制約もないという状態ではない。性善説に立つかぎりでは、特段の問題はないということになろう。ただ、国の具体的権限行使を、自治体が、独自の環境管理の観点から不適切だと判断する場合があるとすれば、国にそれを伝えて適切な対応を求める制度的な手続は、存在していないのである。

現在ある環境基本条例は、機関委任事務制度を暗黙の前提としているが、国と自治体の関係の対等性に鑑みれば、何らかの手続が整備されるべきである。今後は、たとえば、(一方的ではあるが、)「国に対する知事の意見提出」といった規定を設けることが考えられる。

2．環境権の実現のための仕組み

(1)　実体的保障と手続的保障

環境権を条例のなかに規定するしないという議論に欠けているように思われるのは、その内容をどのように確定するのか、その実現のためにどのような仕組みを整備すべきか、あるいは、既存の環境行政実施システムは環境権の実現との関係でどのように評価・整備できるかという視点である。

環境権には、実体的側面と手続的側面がある。前者は、政策や計画のなかで目標として確定された良好な環境を享受するという意味であり(そのために、行政の環境配慮義務を環境基本条例中に確認的かつ具体的に明記する必要がある)、後者は、そうした目標や結果を得るために、関係する行政決定に参加するという意味である。前出の国立市大学通りマンション事件最高裁判決→116頁を踏まえれば、とくに重要と思われるのは、手続的保障である。そのためには、どのような制度が可能だろうか。ここでは、前章で部分的にふれた内容を簡単に整理しよう。

(2)　環境権規定を受けた制度設計

住民参画手続の具体化

環境権の内容を実質的に確定するような行政計画・行政決定・実施活動の際に住民が参画して意見表明の機会が与えられるのは、環境権の保障にとって、決定的に重要である。基本条例で規定する場合には、いささか「頭出し」的であり、内容がやや抽象的になるけれども、住民参画やそれを実効あらしめるための情報に対するアクセスの保障を、行政の方針として、明確に記述する必要がある。先にみた滋賀県条例の規定は、ひとつのモデルとなろう。

そして、意見書、説明会・公聴会、規制権限発動請求といった制度や、環境行政に関する意見を述べることができる環境オンブズマンのような制度を整備・充実するのが望ましい。また、これらの諸制度を効果的なものにするためには、情報公開制度の運用を改善すべきである。環境基本条例のなかで環境権をどのように扱うかという議論は、その実質的保障のための具体的制度設計と併行してなされるのが妥当である。それぞれの制度の具体的内容については、第10〜11章で検討する。

6　環境基本条例と「環境権」「環境公益」

単純個人権思考からの訣別

環境基本条例に規定される環境権は、私人が民事訴訟において主張しても肯定されるような権利ではない。公共財的性格を持つ環境に対する価値づけについて、私人の選好が結果的に絶対視されない点は、前述の国立市事件最高裁判決において明らかになっている。「環境権」という言葉で議論されているものを、単純個人権と考えるのは無理である。したがって、これまでにも論及してきたが、これを、「安全・快適・良好な環境の保全と創造に関する社会的決定に関与し、その決定の実現を監視するとともに、便益を享受する公共的利益」、すなわち、「環境公益」と整理するのが適切であろう[→94頁]。

住民は、いわば「純粋私人」として、それぞれの想いを持ち決定過程に参画する。この手続は条例で規定されているのが望ましい。それらの想いが調整され、方針、計画、あるいは、具体的基準値にまとめられる。まとめられた結果は、モザイク的ではないひとつの社会的合意であり、行政は、その実現を信託されている。住民は、今度は「公的市民」として、その実現を監視する。「純粋私人」も「公的市民」も同一人であるが、決定とその実施の2つの次元で性格を異にすると考えるのである。第7章で検討する環境管理計画は、環境公益の重要な表現手段である。

「健全な緊張関係」づくり　これからの環境基本条例においては、「市の環境政策は、市民が安全で健康かつ快適な環境を享受する利益の実現を図る」というように、自治体の目標として規定するのが望ましい。すでに制定されている場合に、あえて「権利」を削除する改正をするのは無用の混乱を生じさせるだろうからそのままにするとしても、整理としては、本章で議論したような認識が基本とされるべきであろう。

重要なのは、環境公益の創出と実現のための基本的考え方や具体的措置である。次にみる計画はその表現媒体となるだろうし、おそらくは個別条例で規定される措置の「見出し」のようなものを基本条例で規定する必要があるだろう。住民・事業者・行政がそれぞれの役割分担を踏まえ、その間に「健全な緊張関係」を確保することが重視されなければならない。

地域環境権　従来、環境権は、環境基本条例で規定される例が多かった。この点で、2013年制定の（長野県）「飯田市再生可能エネルギーの導入による持続可能な地域づくりに関する条例」が規定する「地域環境権」は注目される。同条例3条は、「飯田市民は、自然環境及び地域住民の暮らしと調和する方法により、再生可能エネルギー資源を再生可能エネルギーとして利用し、当該利用による調和的な生活環境の下に生存する権利（以下「地域環境権」という。）を有する。」と定めている。

市長は、市民の地域環境権保障のために基本計画を策定し、権利行使を協働により支援する責務を有する（5条）。さらに、地域団体が民主的意思決定にもとづき実施する再生可能エネルギー活用事業に対して支援をすることも求められている（8～10条）。環境公益の実現のための手続的権利が保障されていると評せよう。

参考文献

■淡路剛久「環境と開発の理論：法律家からのアプローチ」池上惇＋林建久＋淡路剛久（編）『21世紀への政治経済学：政府の失敗と市場の失敗を超えて』（有斐閣、1991年）194頁以下
■大阪弁護士会環境権研究会『環境権』（日本評論社、1973年）
■大塚直「憲法環境規定のあり方」ジュリスト1325号（2006年）108頁以下
■大塚直『環境法 BASIC〔第４版〕』（有斐閣、2023年）516頁以下
■環境省総合環境政策局総務課（編著）『環境基本法の解説〔改訂版〕』（ぎょうせい、2002年）98頁以下
■北村喜宣『環境法〔第６版〕』（弘文堂、2023年）48頁以下
■桑原勇進「環境権の意義と機能」森島昭夫＋大塚直＋北村喜宣（編）『環境問題の行方』［ジュリスト増刊］（有斐閣、1999年）42頁以下
■中山充『環境共同利用権』（成文堂、2006年）
■畠山武道「環境権、環境と情報・参加」法学教室269号（2003年）15頁以下
■原田尚彦『環境法〔補正版〕』（弘文堂、1994年）94頁以下
■藤井康博『環境憲法学の基礎：個人の尊厳に基づく国家・環境法原則・権利』（日本評論社、2023年）324頁以下
■松本和彦「憲法問題としての環境保護：民主主義との関係において」大塚直先生還暦記念論文集『環境規制の現代的展開』（法律文化社、2019年）３頁以下
■『〔特集〕憲法における環境規定のあり方』ジュリスト1325号（2006年）
■亘理格「環境法における権利と利益：環境権論を中心に」髙橋信隆＋亘理格＋北村喜宣（編著）『環境保全の法と理論』（北海道大学出版会、2014年）２頁以下

第4部

環境行政過程と社会的意思決定

第7章　自治体環境管理計画

●総合性と計画性を担保する枠組み

1　「環境管理」とは何か

先輩格の自治体　「環境保全施策の総合的計画的推進」を意味する文言は、環境基本法のなかで5カ所も使われており（1条、14条、15条1項・2項、36条）、まさに、同法のキーワードである。国レベルでは、それを具体化すべく、同法にもとづき環境基本計画が策定される。

ところで、環境保全に関する総合的計画については、自治体の方が先輩である。同法制定時には、多くの環境管理計画がすでに策定され実施されていた。それらはどのような経緯でつくられ、どのような役割を果たしているのだろうか。また、それらにはどのような特徴があり、どのような限界があるのだろうか。

本章では、自治体環境管理計画の「過去・現在・未来」をみることにしよう。本章で「環境管理計画」と記しているのは、「環境管理に関する計画」という意味である。環境基本条例に根拠を持つ環境基本計画のほか、個別法によって策定が奨励されている計画、独立条例のもとで策定が義務づけられる計画、特段の法的根拠なく策定される計画を広く含む。

環境管理　環境管理計画策定の目的は、地域環境の適正な管理にある。環境管理とは、「現に存在する環境に関し、これに一定の質・量・機能を与えるべく保全・再生・創造することを目的として、強制や誘導といった手法を適切に組み合わせ実施することにより、公共性を有する有限な環境資源を合理的に利用する措置」である。「利用」には、物理的改変を伴う利用のほか、保全することにより環境資源の便益や効用を地域社会が享受するような利用も含まれる。民主的プロセスを経て作成される計画において目標とされる環境状態は、行政が実現を目指すべき環境公益の実体的内容を示すものと理解すべきである。

管理の対象は、最終的には、多様性を持つ環境資源それ自体になるのであるが、そのために、具体的には、環境に影響を与える可能性のある人間の社会活動がコントロールされる。管理の対象としてどの範囲の環境や社会現象を含めるかは政策的な判断であり、一義的には決まらない。

2　環境管理と計画手法

1．環境管理計画の動態的性格

環境管理の枠組み

環境管理計画は、環境の管理にあたって、計画という枠組みを与える。もちろん、その内容の実施のためには、法律・条例や要綱、さらには、組織体制や財源措置の整備が必要となる。

環境管理計画の構成要素

ところで、環境管理計画というと、文書化された分厚い書類が想い浮かぶ。しかし、現実には、このような静態的な印象とは程遠い、動態的な内容を持っている。すなわち、それぞれ対象領域に関して、①計画の策定に先立って管理すべき環境の状態を把握する、②管理の方向を決定するに際して自治体の自然的社会的諸条件を調査し評価する、③将来世代や持続可能性も射程に入れた自治体環境目標を決定し達成のためのメニューを整備する、そして、④計画の実施・管理とフィードバックをする、という一連のプロセスにより構成されるものなのである。計画には、目標（ビジョン）、方針（シナリオ）、施策（プログラム）、行動指針（ガイドライン）、実施管理（レビュー＆フィードバック）という「PDCA（Plan, Do, Check, Act）サイクル」が盛り込まれる。

配慮指針型と総合計画型

環境管理計画を機能別にみると、配慮指針型と総合計画型に大別できる。前者は、地形・地質・植生などの環境条件を地図上に表現し、土地利用のあり方を提示するとともに、開発にあたっての配慮指針を示すものである。後者は、公害防止や自然環境のみならず快適環境創造までを射程に含めるもので、施設整備事業なども記述される。別の角度からの整理であるが、住民や事業者も計画内容の実施に責任を持つタイプとして、社会計画型というカテゴリーも示されている。

2．計画という手法のメリット

施策目標の共有化

環境管理を計画という方法で推進するメリットは、次のように整理できる。第１は、個別環境施策を共通の目標に向けて統合できる点である。環境法規といっても、水・大気・良好な景観というように、保護目的が総じて縦割りである。しかし、計画の対象となる環境は、これらの要素が複雑に絡みあって構成されている。そこで、それらの保全施策をうまく組み合わせる必要がある。計画は、その受け皿となる。「計画は総合の道具」ともいわれる。

施策展開のシナリオ

第２は、目標の達成を通時間的に把握しうる点である。保全・再生・創造は、一朝一夕にはできない。長期的展望に立つ必要がある。施策の重点・優先順位・手順など、計画によって、実現のためのシナリオを可視的な形で提示できる。

開発利益と環境利益の調整

第３は、開発利益と環境利益の調整を総合的に図りうる点である。両者をどのようにバランスをとって調整するかは、すぐれて政治的・政策的問題である。しかし、個別法規の制定・実施や条例の制定を通してでは限界があり、調整の「場」が別に必要となる。総合的観点から地域環境を将来的にどのようにするのがよいのか、地域の環境公益の内実をどう決めるか、さらに、どのようなタイムスケジュールでどのような活動を統合するかを、住民参画や庁内の他部局の積極的参加を経て確定できる。計画は、（環境基本条例でない）条例や個々の施策との関係で、より基本的な位置を占めるものである。

環境管理に対する意識の向上

第４は、環境管理に対する住民や行政職員の意識向上が期待できる点である。目標実現にあたっては、社会の様々な主体の間で、役割分担がされなければならないが、計画という形でそれを明確に表現することによって、認識を高める効果が期待できる。計画のなかに行動指針を書き込んでもよいし、計画とは別に、個別主体に関して、アクション・プランとガイドラインを整備してもよい。そのためには、後にみるように、策定の前提となる環境調査と評価、計画策定過程、そして、実施管理への関係者の参画が不可欠である。計画には、行政誘導的機能と行政抑制的機能がある。

また、実践的には、計画策定・運用責任を負うことによって、担当部課の組織・予算の拡充が行いやすくなるという効果も指摘できる。以上の点は、条例に計画の根拠を置く法定計画とすることにより、一層意味を持つようになろう。

3　地域環境管理計画の展開

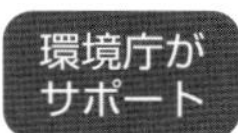

どの計画が第１号かは定かではないが、1973年９月に策定された大阪府環境管理計画は、かなり初期の計画のひとつである。『昭和52年版 環境白書』は、地域環境管理計画の総合的・計画的推進の必要性を指摘し、その後、環境庁（当時）は、『地域環境管理計画策定の手引き』を1987年にとりまとめた。策定が増加するのは、この時期からである。

さらに、1995年度からは、環境基本計画推進事業費補助金交付要綱にもとづいて、市町村の計画策定に２分の１補助がされるようになった。それに加えて、環境庁（当時）は、1997年に、『地域環境計画実務必携』を出版したために、策定自治体数は一層増加していた。もっとも、補助金が廃止された2004年以降、その数は減少した。

4　環境基本条例のもとでの環境管理計画

１．環境基本条例と環境管理計画

総合的な環境計画

環境基本法がそうであるように、第６章でみた環境基本条例のなかには、環境基本計画についての規定を設けているものが多い。そうでないとしても、自治体環境行政の基本となる総合型の計画を策定する自治体が多くなっている。本章で「○○条例」というのは、「○○（という自治体の）環境基本条例」を意味する。

計画の位置づけ

環境基本計画のもとで、具体的な行動指針が作成され、それを実現するために、条例やガイドラインが制定される。環境基本計画および環境管理計画については、自治体の総合計画やマスタープラン、あるいは、より具体的なレベルの事業実施計画との調整がなされなければならないだろう。

とくに環境基本計画の策定にあたっては、環境の現状が把握され、環境空間に関する住民のニーズが反映される必要がある。そのためには、環境情報の整備と解析が、まず必要である。そのうえで、自治体としてどのような方向で具体的に環境管理をするのかを決定しなければならない。住民のライフスタイルに関する計画部分の策定・実施にあたっては、住民の意識や行動を変えるためにどのようなアプローチが効果的かについて、社会心理学の成果を利用するのが有益である。

「使ってもらえる」計画づくり

なお、計画については、策定を安易に「行政マル投げ」とするのではなく、マクロ的目標や基本的施策の主要部分、さらには、策定手続を条例で規定する方が望ましい。この点で、川崎市条例はひとつのモデルとなろう。法的根拠を有する計画であることは、ほかの部局との調整において環境基本計画が劣位に扱われないためにも、必須の条件である。法定計画であるから、環境サイド以外の部局も作成に関与せざるをえないため、たんなる環境サイドの作文ではなく、事業部局にも「使ってもらえる」計画になる。また、そうでなければ意味はない。

「整合するよう努めるものとする」という規定が多いなか、たとえば、東京都条例10条１項、兵庫県条例７条１項、神奈川県条例８条１項、豊中市条例９条２項は、一歩踏み込んで、ほかの行政施策が基本計画と整合性を有することを求めている。たんに規定するだけではなくて、整合性確保のための全庁的な意思決定システムづくりが課題である。

ローカルアジェンダ21との関係

環境基本条例に根拠がある場合には、法定計画という位置づけになる。多くの計画が策定された当時の状況について、少し別の角度からも考えてみよう。

第１は、ローカルアジェンダ21のもとでの計画という位置づけである。ローカルアジェンダ21とは、1992年の地球サミットで採択されたアジェンダ21の地域版である。アジェンダ21は、持続可能な発展のための行動指針であるが、ローカルアジェンダ21は、持続可能な発展を地域レベルで推進するための課題や将来像の設定、行動メニューを提示したものとされる。環境・経済・社会の３分野を含むことからわかるように、環境に特化しているわけではなく、当時における自治体ガバナンスの基本指針を示したものともいえる。

第２は、行政の計画として環境管理計画を把握し、それに対して、住民・事業者の自主的な行動計画としてローカルアジェンダ21を位置づけるものである。この場合には、環境管理計画には、住民・事業者に関する事項の記述は、相対的に少なくなる。

なお、現在の自治体環境行政においては、ローカルアジェンダ21は「過去のもの」となっている。環境省のウェブサイトにおいても、情報更新はされていない。もっとも、環境管理計画自体は継続されている。自治体は、その位置づけについて、改めて検討する必要がある。

２．計画の内容

(1)　構成要素

何を盛り込むか？

総合的環境管理計画の場合には、公害防止、自然環境・生活環境保全、快適環境創造といった内容が盛り込まれているのが通例であった。

計画構成要素としては、先にもみたように、目標、方針、施策、行動指針、実施管理が考えられる。環境基本条例時代に期待される事業者像・住民像を計画の冒頭部分に記し、それと構成要素を関連させる構成もありうる。現在においては、次にみる新たな政策課題への対応が求められている。

CN

2050年カーボンニュートラル（CN）を目指す地球温暖化対策法のもとで、自治体は、温室効果ガス排出量削減に関する実行計画の策定が義務づけられている（21条１～２項）。それに加えて、都道府県および政令指定都市・中核市は、同計画のなかに、さらに踏み込んだ施策の規定が義務づけられている（同条３項）。また、市町村には、地域脱炭素化促進事業を進めるための取組みを実行計画に盛り込むことが強く求められている（同条５項）。

従来からの環境管理計画の内容は、大きく自治体に委ねられていた。ところが、枠付けが相当に強い法定計画である実行計画の策定は、その内容にも影響を及ぼさずにはいられない。かつてのローカルアジェンダ21のような総合性はないが、それに代替するような自治体環境政策の正当化根拠となるのだろうか。

これまで地球温暖化対策は、自治体にとっては、「遅れてやってきた政策課題」であった。ところが、パリ協定（2015年）をはじめとするこの10年ほどの国際情勢の変化により、地球温暖化対策法にリードされる形で、いささかマンネリ気味の伝統的な公害対策や自然保護政策を追い抜くまでになっている。両計画を別立てにするのか、あるいは、統合を図るのか。検討が必要になっている。

CEとNP　CN と同じく、世界的な対応課題と認識されているのが、サーキュラーエコノミー（CE）とネイチャーポジティブ（NP）である。環境省によれば、CE は、「従来の３R の取組みに加え、資源投入量・消費量を抑えつつ、ストックを有効活用しながら、サービス化等を通じて付加価値を生み出す経済活動であり、資源・製品の価値の最大化、資源消費の最小化、廃棄物の発生抑制等を目指すもの」である。排出という動脈と処理という静脈を分断するのではなく、これらを循環的に把握し、地球規模で作動させる壮大な戦略といえる。国内においても、部分的には、プラ資源循環促進法（2021年）や再資源化事業高度化法（2024年）において具体化された。

同じく NP は、「自然を回復軌道に乗せるため、2030年までに生物多様性の損失を止め、反転させること」と説明される。生物多様性基本法11条にもとづく生物多様性国家戦略（2023－2030）に、「30by30」（2030年までに陸海域の30％以上を健全な生態系として効果的に保全）という踏み込んだ記述がされた。その目的の達成を目指して、生物多様性活動促進法（2024年）が制定された。

急がれる新たな展開　現在の自治体環境管理計画は、CN、CE、NP という政策的動きを十分に受け止めた内容にはなっていない。しかし、これらは、人類の存続にとってきわめて重要な戦略であることに鑑みれば、地域における実現方策を模索しなければならない。「まずは容れ物から」ということか、これらの名称をそれぞれ冠した課名のもとに組織改正をする自治体もある（例：那須塩原市、市川市、北九州市）。政策推進のメディアとしての自治体計画は、大きな役割を果たす。新たな展開が、早急に期待される。

(2)　どこまで具体的になれるか

綱引きのポイント　計画におけるポイントのひとつは、目標や方針をどの程度具体的に表現できるかである。（事実上にせよ、）計画をかなり拘束力あるものとして考えた場合には、それらを定量的に表現すればするほど、庁内外に対しては、規制的な効果を持つ。計画の事務局となる環境サイドにとって、住民の理解以前に重要なのが、庁内他部局の理解であろう。具体的数字は、所管事業に直接的影響を与えるからである。

環境管理計画が条例に根拠を有する全庁的なものとなると、事業部局は敏感になる。自治体単独の事業ならば格別、国の補助金で行っている事業に影響する可能性があれば、協力的になれないのがこれまでの現実であった。

しかし、CNが地球的・国家的重要課題として認識されている現在、「潮目が変わった」ようにもみえる。中央政府も経済界も、後ろ向きの姿勢では、世界に取り残されることが明らかになってきたのである。事業活動はもちろん、住民の家庭生活においても、より踏み込んだ取組みが求められるようになるだろう。

(3) 誰にとっての望ましさ？

主役は公的市民

環境管理計画のなかには、目的とする環境状態が、定量的・定性的に記述される。そうした状態は、誰にとっての望ましい状態なのだろうか。計画を根拠づける環境基本条例には、将来世代に言及するものが増えてきた。「野生生物の権利」という議論もある。現在世代としても、障がい者、高齢者、子どもなどの社会的弱者にとっての望ましさをどのように計画に反映させるかは、後述するSDGs時代の環境基本計画の課題となろう[→139頁]。

ところで、理解されるべきは、個々の具体的住民に関しての望ましい状態が計画のなかで表現されるのではないことである。環境の効用は人により異なるから、すべてを盛り込むのは不可能である。そこで、利害調整的な住民参画を経た後に「抽象的な市民」が想定され、それに対してどのような内容の環境を提供するかが書かれるのである。前章でも述べたように[→124頁]、これを、「公的市民」という。これまでにもみてきたように、「住民の環境権」という場合の住民とは、こうした存在である。その実現過程においては、個々の住民の手続的参加が重要な意味を持つが、環境権の実体的内容は、環境に関する個々の住民の効用とは別のところにあると整理できよう。

３．総合計画と環境管理計画

計画間関係

2011年の地方自治法改正により、市町村の基本構想の策定義務規定が削除された。既存のものについては、環境管理計画との関係では、基本構想が先にあったり後でできたりする場合がある。しかし、いずれにせよ、基本構想にもとづく総合計画のなかで、環境管理計画を位置づけて整合性を確保している例が多い。総合計画との上下関係では、環境管理計画を総合計画の環境版としたり、総合計画の環境面の実施手段と理解したりして、概ね下位にあると認識されている。親子計画という整理である。この整理は事実上のもので、条例上の根拠を有するものではない。(群馬県)高崎市条例３条２項は、基本構想を踏まえて環境基本計画を策定・実施すべきことを規定している点で特徴的である。

総合計画のなかに環境について踏み込んで書かれている場合には、わざわざ別に理念色の強いタイプの環境管理計画を策定する必要があるかどうかが問題になる。その場合には、環境管理計画は実施計画にして総合計画にぶら下げるという整理があろう。

４．法定計画としての環境管理計画

権威を与える　越谷市、赤穂市、川崎市、熊本市、大阪府などの例外はあるが、1980年代から1990年代はじめにかけて策定された環境管理計画には、条例上の根拠がないものが多かった。そのため、どちらかといえば、全庁的調整を経ずに作成された「環境サイドの作文」的なものもあり、実現可能性の点からは限界があった。

環境基本条例の制定に伴って、環境管理計画を法定計画とする自治体が増加したが、妥当な対応である。環境基本条例においては、行政の環境配慮が義務づけられる場合がある。法定計画である環境管理計画の策定は、その具体的措置のひとつといえる。

議会の議決　環境基本計画それ自体を議会の議決対象としている自治体は、日野市（日野市条例９条４項）などいくつかの例があるにとどまる。自治体環境政策の具体的内容が規定され、条例化の指針ともなるため、議決対象とするのが望ましい。環境基本条例のなかでその旨を規定してもよいし、地方自治法96条２項の任意的議決事項を定める条例を別に制定している自治体の場合は、それに追加してもよい。

地球温暖化対策法21条のもとでの実行計画のように、法律で策定が義務づけられている計画を、任意的議決対象にできるだろうか。否決がありうるという前提に立てば、法律の実施を阻害するといえないではないが、同計画の自治体にとっての重要性に鑑みれば、手続的追加として認められよう。

５．計画間調整

国法の場合　環境基本法にもとづく環境基本計画に関しては、これを「基本として」計画を策定することを命ずる法律（生物多様性基本法12条１項、循環基本法16条１項）、「調和」した計画策定を命ずる法律（例：森林法４条４項、河川法16条２項）がある。ただ、実現度は、各計画策定者の裁量に委ねられる。

「抜けない宝刀」？　環境基本計画が環境基本条例に根拠を有する場合において、神戸市条例９条、東京都条例10条１項、静岡市条例13条のように、環境に影響を及ぼす施策の策定・実施にあたって基本計画との整合を求める規定を持つ条例がある。

この認識それ自体は、きわめて適切である。しかし、現実には、何もされていない。調整となると、運用のための細則づくりが必要になるが、その場合には、庁内部局の間できわめて実際的な利害のぶつかりあいになるために、そうしたものは、通常、策定されていない。調整権限が環境サイドに与えられているタテマエにはなっているが、「抜けない宝刀」状態にあるのは、庁内の常識であるように思われる。法定計画とし、さらに、調整規定まで設けているにもかかわらず何もしていないというのは、住民や議会との関係で誠実さを欠く運用である。こうしたなかで、（東京都）「国立市次世代に引き継ぐ環境基本条例」（2010年）は、環境基本計画との整合を図ることを市に義務づけたうえで、「市は、環境の保全等に関する施策について、総合的に調整し、推進するために必要な措置を講ずるものとする。」（11条２項）と、踏み込んで規定している。

自治体間調整　自治体環境行政における難題のひとつは、行政区域を越えて展開する環境をどのように受け止めるかである。策定されている環境基本計画に収録される環境図をみると、当該自治体の行政区域を境に環境が「断絶」したり周囲が「空白」となっていたりするケースがほとんどである。もちろん、現実の地理はそうではない。

環境は連坦して展開する。境界域に居住する住民にとっては、隣接自治体の環境政策が、自分の生活環境に大きな影響を及ぼす。しかし、環境管理計画の策定においては、その必要性を感じつつも、隣接自治体との調整はされていない。市町村域を越えた広域の環境空間の管理や市町村間の連絡調整は都道府県の事務（地方自治法２条５項）であるが、特段の対応はされていないのが通例である。調整コストの大きさゆえである。

実務的な意義は少ないのかもしれないが、たとえば、隣接する自治体同士が、その環境管理計画を突き合わせ、両者の「違い」ではなく「共通する認識」を確認する程度の調整がなされてもよいのではないだろうか。その繰り返しが、共有環境空間という認識を醸成するように思われる。

６．環境アセスメントと環境管理計画

行政指導の強い根拠

マクロ的にみれば、環境アセスメントは、自治体環境政策の実現を目標に実施されるべきものである。このため政策の基本となる計画は、きわめて重要である。→169頁

環境アセスメントの過程において、環境部局は、事業者に対して開発行為の内容の変更を求める行政指導をする場合があるが、その根拠として、環境管理計画に規定されている土地利用の方針や地域のあり方などを示すことができる。行政指導は所詮行政指導なのであるが、住民参画などを経て策定された計画の実現のためのものであるがゆえに、より正統性がある。何の根拠もない「裸の行政指導」とは異なった効果を持たせうる。また、環境配慮指針を含む計画であれば、事業計画策定に際して環境配慮を求めるにあたっても利用できる。

とりわけ、土地利用調整条例やまちづくり条例の分野においては、「計画適合性評価」という考え方が一般化しつつある。土地利用に関する計画に照らして、具体的な開発案件を審査し、計画実現の観点から不適当な部分があれば、最終的には、変更命令などが出されるシステムである。このかぎりにおいて、計画は、法的拘束力を持つ。

独自の環境アセスメント制度を持たない自治体の場合には、国や都道府県の制度に依拠せざるをえない。しかし、そうであっても、環境に関する計画の内容をアセスメント手続のなかで実現することが重要である。この点、徳島市条例（2003年）は、環境影響評価法と徳島県環境影響評価条例にもとづいて、県知事から意見を求められた場合、市長は、環境基本計画との整合性

を図ったうえで意見を述べるとしている（11条）。関係法制度を十分に踏まえた、適切な認識にもとづく措置である。

７．SDGs時代の環境基本計画

持続可能な開発目標
→103頁

SDGsは、自治体環境行政に対して、徐々にインパクトを与え始めている。環境基本条例への影響はまだ十分に確認できないが、そのもとにある環境基本計画の改訂を通じた導入例が散見されるようになった。計画書には、17のゴールのカラフルなアイコンが掲載される。

たとえば、2020年に改訂された（大阪府）吹田市環境基本計画（第３次）は、「SDGsの目標との関係性」という章を新設した。同市は、ゴールのなかでも、とりわけ「17.パートナーシップで目標を達成しよう」を重視し、都市環境・生活環境・自然環境に関する施策と17のゴールとの関係を整理している。こうした動きは、（大阪府）堺市環境基本計画（第３次、2018年）、（千葉県）市川市環境基本計画（第３次、2021年）、（大阪府）豊中市環境基本計画（第３次、2018年）など多くみられる。SDGs未来都市や自治体SDGsモデル事業選定都市となっている自治体が多いようにみえる。もっとも、現状は、「とりあえず取り込んだ」という状況にある事例が少なくない。PDCAサイクルでいえばＰの段階（あるいは、その前段階）である。具体的施策において、ゴールやターゲットをどのように解釈してどのように実現するのかは、今後の課題である。たんに時流に乗っただけではない、責任ある対応が求められる。

SDGs未来都市に選定された（東京都）江戸川区は、2010年制定の条例を2021年に公契約条例と改正・改称した。環境法との関係ではないが、労働者の賃金水準等を含めた労働環境の整備を促進するためにSDGsを意識し、区長が決定する労働報酬下限の保障を規定している。

なお、SDGsは、いわば中立的なシステムである。これとつきあう自治体は、地域社会の実情を「SDGsのモノサシ」に照らして評価し、自らが進むべき独自の道を模索する必要がある。どこかの自治体の「成功事例」が伝播するようなものでは決してない。

８．都道府県計画と市町村計画

自治体計画間調整の重要性

市町村の区域の範囲内で、都道府県は、市町村と行政領域を共有している。これは、環境も共有していることを意味する。→101頁環境管理計画といった場合には、両者が同じ環境空間について計画を策定する。そこで、策定過程や実施過程における調整が重要になってくる。

ところが、実際には、両者間の調整は、ほとんど行われていない。市町村のなかには、頭越しの計画策定に関して、都道府県に不満を持っているところもある。この点の調整は、是非とも必要である。また、市町村が後から計画を策定する場合には、都道府県計画では何が不十分なのか、それが自前の計画ではどのように是正できるのかを、自覚的に議論しなければならない。「ヨソがつくったからウチもつくろう」というのが現実の動機である場合も多いが、さしたる必要もなく自治体横並び意識で同じような内容の計画を策定しても、効果は大して期待できないだろう。

他力本願？

計画の実施に際して、もっぱら行政指導や啓発といった非権力的手法を用いるというのならば別であるが、何らかの形で法令にもとづく規制権限の行使も必要になるとすれば、その権限がどこにあるのかがポイントである。都道府県知事にある場合には、市町村計画の実施に際しては、現実的には、都道府県に頼る部分が出てくる。逆に、都道府県の計画に規定されている事項に関して、たとえば、政令指定都市・中核市・施行時特例市の市長が権限を持っている場合も同様である。計画実施に必要な条例制定をして自己完結的に権限行使ができるならよいが、そうでないとすると、両者の調整が必要になろう。同一の環境空間に関して、都道府県と市が違ったイメージを描いていると、住民に混乱を与える結果になる。

９．計画を実現するための権限をつくる

分権改革の影響

分権改革以前には、たとえ自治体に法律にもとづく権限があったとしても、それは、機関委任事務の場合が多かった。環境管理計画の実現のために裁量権を行使しようとしても、権限の根拠法規がそうできる旨を明示的に認めていないかぎり、現実には、困難であった。また、独自政策条例による土地利用規制には消極的な行政現場の意識もあり→19頁、行政指導以外に実現の手段がないことも少なくなかったのである。

かつて機関委任事務であった法定自治体事務（法定受託事務・法定自治事務）の実施にあたって、現在、自治体は、地域特性に応じた対応をする法政策裁量を持っている。現在の法環境を踏まえて、環境管理計画の改訂を検討する必要があるだろう。これまでは、環境管理計画に関する事務は「環境サイドのもの」という認識が一般的であった。これは、ひとつには、事業部局が担当する法律を通じて計画を実現するという発想がなかったことに理由がある。現在では、自治的法解釈によって、環境管理計画と法定権限の行使をリンクをさせる運用は可能になっている。詳しくは第９章で説明する→190頁が、たとえば、環境に影響を与える事業の許可の根拠法は環境管理計画適合性への配慮を求めていると解釈し、その旨を行政手続法５条にもとづく審査基準のなかに表現してもよい。全庁的プロジェクトとなるであろう改訂作業においては、そうした可能性を追求する作業をその一部に含めるべきである。

5　環境管理計画の策定過程

計画の権威を高める策定手続

計画策定プロセスは、重要なポイントである。コンサルタントに委託して原案をつくり庁内調整や環境審議会にかけて確定するという方法もあるが、形式的参画にすぎない。シンポジウムやワークショップの開催、住民の環境意向調査の実施、パブリックインボルブメントとしての住民による環境調査の実施、十分変更の余地のある素案の公開と意見聴取・説明会実施など、第11章でみるような主体的な住民参画・事業者参画を得て作成することを心がけるべきである→216頁。事務方には「我慢と忍耐」が求められるかもしれないが、こうした手続を行政が実施するのは、もはや当たりまえの時代になった。なお、計画案は、パブリックコメント制度の対象にする必要がある。環境公益の実体的内容をつくるのであるから、策定過程は、軽々に扱ってはならない。

実践的には、少なくとも行政指導の合理性・妥当性の主張を補強するための根拠として、計画を利用できる。議会の議決対象とするように規定を整備すれば、その権威も高まろう。素案作成を行政内部のみで行えば行うほど、庁内部局の相対的力関係によって内容が左右され、できたとしても「店ざらし」される可能性が高いことは、留意されるべき点である。

「何から何まで住民の手で！」の実践

最近では、策定過程における住民の役割と責任を一層充実させるパブリックインボルブメントを活用する自治体が出てきている。環境審議会が作業の中心に位置しつつもワークショップを随時開催して住民意見を集約・反映させているところ、より徹底して、全員公募の住民検討組織にすべてを任せるところなどがある。行政は住民委員公募手続・最初の説明・資料照会への対応しかせず、基本的に住民が主体となって策定された環境管理計画の例としては、（東京都）日野市環境管理計画と（大阪府）豊中市「豊中アジェンダ21」があった。（東京都）狛江市環境基本計画も、策定過程においては、市民委員が大きな役割を果たした。計画の実施にも住民が責任を持つとなると、先にみた社会計画という性格になる。

受売りはダメ！

自らの環境空間の管理をするものであるから、その内容には、オリジナリティがなければならないのは当然である。しかし、現実には、住民（旧住民・新住民）・事業者・行政が共有できるような自治体環境像を十分に描くことができずに、国の環境基本計画の受売りのような抽象的イメージを掲げるにとどまる場合が多いといわれる。とりわけ、市町村においては、環境空間との「近さ」ゆえに具体的内容を記述することが相対的に可能であるから、国や都道府県の計画のコピーは避けなければならない。「自分たちの言葉」で表現する必要がある。

「押しつけ」でなく主体的参加を

環境配慮指針のように、ライフスタイルの転換を求めるような内容が含まれているならば、余計に住民参画に対する配慮は必要になる。こうしたことは、行政から押しつけられる筋合いのものではない。主体的参画を通して合意を得ることが、その実効的な実施のためには不可欠である。行政も、形式的参画や諮問的参画ではなくて、より実質的な参画ができるような工夫をすべきである。

ともすれば、環境保全にかかるコストを忘れて、住民は、すべてを行政に依存しがちになる。計画づくりを通じて、どの程度の保全ならばどの程度のコストを（社会全体として、あるいは、個々の住民が）負担しないといけないのか、それは適当か、将来世代を考えた場合はどうかといった点について、意識的に議論されることが望まれる。響きがよいだけのスローガン的表現の羅列をいかに超えられるかが、重要な点である。

6　環境行政評価の必要性

しないさせない「店ざらし」

環境管理計画は、「店ざらし」されてはならず、計画内容の効果的な実現がなされなければ意味がない。従来の計画には、具体的実現施策の裏づけを欠いた「ほら吹き計画」の傾向があった点は否めない。「独自性ある魅力的計画」づくりのノウハウを持つコンサルタント（スタッフ全体に占めるエンジニアの割合がきわめて高い。）が、たとえば、国や県の法的権限との関係で市にはどのような法的権限があるのかに比較的無関心であることは、理由のひとつにあげられよう。多大のエネルギーを費して策定しても、「美辞麗句の羅列」「たんなる環境サイドの存在証明」という批判が、常についてまわったのである。ただ、法的権限といったことを考えれば考えるほど計画としての「華やかさ」に欠けてしまう。そうした内容の計画を「発注者」たる自治体行政側が好まないという面もあり、一概にコンサルタントばかりに原因を求めるわけにもいかない。

オープンなシステムで実施管理を

環境基本条例は、総合的推進体制を要求している。したがって、環境管理計画実施にあたっては、環境サイドだけではなく、全部局が責任を負う。その場合に大切なのは、内外における実施管理体制の整備であろう。とくに、計画の進捗状況や環境保全の様々な目標の達成状況などを住民に公開して意見を求めるシステムが必要である。これらの措置は、環境基本条例などで具体的に規定されるのが望ましい。年次報告書に対する市民の意見書提出権と環境審議会の必要的意見聴取を規定する川崎市条例13～16条は、ひとつのモデルである。（埼玉県）志木市自然再生条例（2001年）は、志木市自然保全再生計画にもとづいて施策を推進するものであるが、市民・事業者・行政職員から構成される「志木市自然保全再生計画及び市民の検証方法策定委員会」が、同計画の検証を実施する。

実施状況は、環境白書や年次報告書の形で、毎年、検証・報告するとされている例が多い。ただ、問題なのは、「現状」と「施策・事業実施状況」の羅列的表記が少なくないことである。住民にとっては、「行政は何かしている」ことはわかるが、「それが効果的であったか」「不十分なら何が原因か」といった点を知ることはできないのである。「何かをやっている」面を重視するプロセス志向の強い行政ゆえの限界であろうか。これからの環境行政は、住民との対話を重ねることに重点を置くべきであるが、その観点から考えると、多くの実施報告書は、「深み」に欠けている。住民にコメント機会を与え、行政はそれにリスポンスするような措置が必要である。そして、そうした運用を次年度の施策にフィードバックできるようなシステムでなければ意味がない。いわゆるPDCAサイクルである。

見直しのサイクルについては、項目ごとに差を設けてもよいだろう。評価作業は、それなりの負担を伴うものである。とにかく評価することが重視されると、「見直しのための見直し」になり、本来の目的が見失われてしまわないか懸念される。

環境白書を環境審議会にかけてから公表する自治体もあるが、審議会では、実質的に「報告事項扱い」にならざるをえない。住民・事業者を含んだ計画管理委員会を組織して、年次報告案に対するコメントをしたり、環境白書が提示する課題を抽出して次年度事業に反映するようにするのが望ましい。計画に対する住民参画が必要なのは、たんに策定時だけなのではない。「検証のための検証」に陥らないようにするために、事務的余裕を考えて、実施は数年に一度とするのが適切であろう。

Cを睨んだP

新規に環境管理計画を作成する自治体は少ない。ほとんどが、改訂であろう。作業の担当職員は、改訂された計画のチェック時には、その課に在職していない。そのため、改訂それ自体が目的となり、実施状況をどのようにチェックするのかにまで思いが至らない。

計画期間の終期が迫る時期になされるチェックの内容を作成時に暫定的にでも定めておくことには、どのような意味があるだろうか。チェック結果は、計画内容の改訂に反映される。その際には、結果の分析がされるが、その時点から過去を振り返って検討となり、どうしても「後知恵」による整理となる。この点で、作成時に定めておけば、計画期間において、そこに規定される事業者（行政、民間）や住民に対して定点観測的なアンケートを実施できるなど、即時的な情報の収集と分析が可能になる。次期改訂において、より意味のある情報を踏まえることができるのである。

「行政完璧主義」の克服を

行政は、住民の要求に応えるべく手段のいかんを問わずに奮闘する。あるいは、まったく逆に、批判されないようにと「不都合な真実」は出さない。どちらも「行政完璧主義」の現れといえる。しかし、法治国家のもとでの行政には、できることとできないことがあるのであって、計画の策定と実施を通じて、その点を住民と議論するのが重要である。自治体環境行政の限界を正直に伝え、計画の目標実現のためにはどのような対応をとりうるのかを、一緒に考えることが大切である。

環境管理計画が多く策定された2000年頃と現在を比較すれば、行政職員の数は相当減少しており、自治体財政の状況も厳しい。実情を踏まえた双方向的対話を通じて、住民の環境意識・環境責任も向上し、コストの分担を含めた行政施策への協力も可能になる。最近は少々停滞気味といわれる環境管理計画であるが、自治体環境ガバナンスにおける有力なツールである点は変わらない。

参考文献

■磯部力「都市の環境管理計画と都市自治体」都市問題研究42巻10号（1990年）17頁以下

■宇都宮深志『環境理念と管理の研究：地球時代の環境パラダイムを求めて』（東海大学出版会、1995年）190頁以下

■宇都宮深志＋田中充（編著）『事例に学ぶ自治体環境行政の最前線：持続可能な地域社会の実現をめざして』（ぎょうせい、2008年）60頁以下

■蟹江憲史『SDGs（持続可能な開発目標）』（中央公論新社、2020年）173頁以下

■斎藤達三『総合計画の管理と評価：新しい自治体計画の実効性』（勁草書房、1994年）

■須田春海＋田中充＋熊本一規『環境自治体の創造』（学陽書房、1992年）

■高橋秀行『市民主体の環境政策：条例・計画づくりからの参加　上・下』（公人社、2000年）

■田中充＋中口毅博＋川崎健次（編著）『環境自治体づくりの戦略：環境マネジメントの理論と実践』（ぎょうせい、2002年）

■東京市政調査会研究部（編）『都市自治体の環境行政』（東京市政調査会、1994年）36頁以下

■中口毅博「自治体環境計画の新たな視点に基づく計画の特徴の分析」日本都市計画学会都市計画報告集13号（2014年）

■西谷剛『実定行政計画法：プラニングと法』（有斐閣、2003年）

■蓮實憲太「行政計画を議決事件として追加することに関する一考察」都市社会研究10号（2018年）151頁以下

■原科幸彦（編著）『市民参加と合意形成：都市と環境の計画づくり』（学芸出版社、

2005年）

■原島良成「環境基本条例の理論モデル」島村健＋大久保邦彦＋原島良成＋筑紫圭一＋清水晶紀（編）『環境法の開拓線』（第一法規、2023年）43頁以下

第8章　合理的意思決定と環境アセスメント

●環境配慮の具体化方策

1　過大な期待？

最後の砦・最後のハードル

環境影響評価（以下「環境アセスメント」という。）制度に対しては、具体的な開発計画に関係する住民と事業者の両方から、それぞれ過大な期待が寄せられているように思われる。開発計画に反対する住民にとっては、中止とまではいかないにせよ、環境負荷の少ない方向にそれを修正させることができる絶好の機会であるし、計画を進めたい事業者にしてみれば、このハードルさえクリアすれば実質的に着工が可能になるというわけである。環境アセスメント制度を運営する自治体行政は、この間に立って苦労しているようにみえる。

環境アセスメントとは、どのような制度なのだろうか。1997年に制定された環境影響評価法は、自治体制度にどのような影響を与えたのだろうか。同法と条例との関係は、どうなるのだろうか。本章では、こうした論点にアプローチしよう。

2　環境アセスメントという発想の背景

1．アセスメントとは

毎日しているアセスメント

アセスメントとは、「目的達成のために、複数の案を想定し、それらを長期的・短期的な視点から比較検討し、最良の手段を選択する意思決定の方法」である。ひとつの案だけを考えると、それを相対的・客観的に評価できず、大きなデメリットがあるにもかかわらず一見魅力的なメリットに引きずられて選択してしまう。そこで、複数案の比較をすることにより、冷静な判断が期待できるのである。

買い物をするときなど、私たちは、（衝動買いでないかぎり、）アセスメントを瞬間的・日常的に経験している。その考え方を環境に大きな影響を与える行為をする際に応用したものが、環境アセスメントである。

2. 環境アセスメントとは

定義

環境アセスメントの理解は、一様ではない。現実の制度は、かなり多様性に富んでいる。とりあえず定義をしておくと、「環境に（直接的・間接的に）影響を及ぼす行政施策の立案や事業者の開発行為の計画に際して、環境政策目標の達成を目指すべく、作業のできるだけ早い時期に、①その環境影響について住民からの情報も参考にしながら調査・予測・評価をし、②代替案を検討し、③それぞれについて公害防止・自然環境保全対策とその効果を比較検討したうえで最終案の候補を選択し、④選択過程の情報を公開したうえで住民に説明をして意見表明の機会を与え、⑤以上の結果を踏まえて計画の妥当性を判断し最終的意思決定に至るという合理的意思決定の手法」である。事後調査も含めて、広義に環境アセスメントを把握するのが適切である。

ただ、現在の制度は、種々の理由で、この定義からはずれる部分が多い。そのなかでも、事業をするかしないかではなく実施がアセスメントの前提となっている点や比較検討の視点が必ずしも明確でない点には、とくに注意しておきたい。

環境影響を真剣に考えさせる

評価や判断は、政策的要素に左右される。それゆえ、その基準などについてあらかじめ社会的合意を得ておく必要がある。ポイントは、環境に大きな影響を与える行為をする決定の際に、その影響について真剣に考える機会を与えることである。また、環境アセスメントは、環境政策目標の達成のために行われるものであるから、政策や目標自体がしっかりとしていなければならない。この点で、環境公益の内容を確定するための自治体環境管理計画の策定が重要になる。→129頁

3. 誰がなぜするアセスメント？

NEPAとの違い

アセスメントの実施主体を誰にするかについては、2通りの対応がある。よく参照されるアメリカ合衆国の国家環境政策法（NEPA）では、事業を許可する行政が行う（実際には、外注される場合が多い）。日本の自治体環境アセスメント制度の場合は、基本的に、民間事業者である。公共事業の場合は、行政が、「事業者として」実施する。「行政処分権者として」の行政には、調査・予測・評価などのアセスメント実施に関し

て、直接的には、何の法的義務も課していないのである。

行政がする理由 民間がする理由

環境アセスメントをしなければならないのはなぜだろうか。もちろん、それを義務づける法律や条例があるからであるが、もう少し掘り下げて考えてみよう。

行政が事業主体、あるいは、許認可主体の場合は、法の一般原則である条理にもとづき環境アセスメントが求められる。環境に重大な影響をもたらす行為に行政が関与する場合には、影響の程度に応じてそれを緩和するような配慮が必要になるのである。

最高裁判所は、都市計画事業認可処分の前提となる都市計画決定について、個別法が明示的に求めていないにもかかわらず東京都環境影響評価条例にもとづくアセスメント結果の配慮を義務と解したが（最一小判平成18年11月２日判時1953号３頁）、環境条理法を意識しているのだろうか（岐阜地判平成６年７月20日判時1508号29頁、大阪地判平成18年３月30日判タ1230号115頁も参照）。そうであるとすれば、その趣旨は、環境基本法19条や環境基本条例に規定される行政の環境配慮条項においても確認されているといえる。

民間事業者の場合は、財産権の内在的制約（憲法12条、29条）、土地利用における公共の福祉の優先（土地基本法２条、９条）、ないし、環境基本法や環境基本条例の事業者の責務規定といったところに、義務づけを受忍させる法政策上の根拠を求めることができる。行政に関してもそうであるが、自らの事業活動に関する説明責任（アカウンタビリティ）のひとつの現われともいえよう。民事紛争や損害賠償責任という社会的コストの発生を事前に回避するための行政法的仕組みともいえる。

実際にアセスメントが求められるのは、あらゆる土地改変行為ではない。一定規模ないしカテゴリーの開発行為に限られているのは、それらの環境に対する影響の可能性が社会的にみてとくに重要な関心事であることと、アセスメントに要するコストが大きいこと（１年以上の期間と数千万円から数億円に及ぶ費用。総事業費の５％以下が多いといわれる。）を衡量した結果である。一種の比例原則が踏まえられている。環境アセスメントという制度によってそれなりのコストを払って環境への影響を真剣に考えるという義務が事業者に課されるのは、環境公益実現のために施策を講ずべき行政の責務と土地に関する前記の制約法理が結合して具体化したからと整理できる。

3　国レベルでの展開

1．法制化の動きと結末

閣議了解・個別法・通達

日本における環境アセスメントは、1972年6月に、中央政府の閣議了解「各種公共事業に係る環境保全対策について」に始まる。これは、事業実施主体に対して、必要に応じあらかじめその環境に及ぼす影響の内容および程度、環境破壊の防止策、代替案の比較検討を含む調査研究をさせ、その結果にもとづき所要の措置を講ずることを行政指導する制度であった。その直後、四日市ぜん息事件判決（津地四日市支判昭和47年7月24日判時672号30頁）があり、そのなかで立地の際に影響評価をしていなかった点が指摘されたこともあって、翌年には、港湾法、公有水面埋立法、工場立地法、瀬戸内海環境保全臨時措置法（現在は、瀬戸内海環境保全特別措置法）の一部改正により、行政決定に際して事前に環境アセスメントが行われるようになる。通産省、運輸省、建設省（すべて当時）も、通達などをもとにして、一定の所管事業についてアセスメントをするようになった。

妥協と譲歩の末の廃案

こうしたなか、環境庁（当時）は、統一的な手続による環境アセスメントの実施を目指して、法制化の検討に入った。1979年の中央公害対策審議会答申を踏まえつつ、妥協と譲歩を重ねに重ねた省庁折衝を経て、1981年に、ようやく「環境影響評価法案」が国会に上程されるに至った。それにもかかわらず、1983年に、審議未了廃案となったのである。

要綱による決着

その後も再提出が試みられたが果たせず、結局、1984年に、「環境影響評価の実施について」という閣議決定にもとづき、環境影響評価実施要綱が制定された。これは、廃案となった法案を基本にして作成されたものであるが、法律ではなく閣議決定であるがゆえに、直接拘束されるのは、国の行政機関だけであった。上記閣議決定は、「国の行う対象事業については所要の措置を、免許等を受けて行われる対象事業については、当該事業者に対する指導等の措置をできるだけ速やかに講ずる」としていた。1972年閣議了解と同じく、民間に対しては行政指導である。

以降、1997年の環境影響評価法制定まで、国レベルでは、この要綱にもとづいて、環境アセスメント制度が運用される。実施数は、2000年3月末までに、合計456件であった。対象としては、道路が67.5％と最も多い。

２．環境影響評価法の成立

環境基本法のもとでの再出発

1993年に制定された環境基本法は、「国は、土地の形状の変更、工作物の新設その他これらに類する事業を行う事業者が、その事業の実施に当たりあらかじめその事業に係る環境への影響について自ら適正に調査、予測又は評価を行い、その結果に基づき、その事業に係る環境の保全について適正に配慮することを推進するため、必要な措置を講ずるものとする」と規定した（20条）。事業の実施が前提とされている。環境アセスメント制度は、同法が規定する環境配慮義務（19条）の具体化の一例である（イコールではない）。

ここでは、法制化については触れられていなかった。ところが、1994年12月に閣議決定された『環境基本計画』（第１次）は、より踏み込んで、「法制化も含め所要の見直しを行う。」としたのである。方向は決定された。

当初の構想から後退する部分はかなりあったものの、環境影響評価法は、1997年６月に、ようやく成立した。環境庁（当時）が法制化を目指して作業を開始した1975年以来、実に22年という長い時間を要したのである。「先進諸国のなかで環境アセスメント法を持たない唯一の国」という汚名は、とりあえずは払拭された。

環境影響評価法の概要

環境影響評価法は、道路、ダム、鉄道、飛行場、発電所、埋立・干拓、土地区画整理事業など13の開発事業のうち、規模が大きく、環境影響が著しいものとなるおそれがあるとして施行令で定める第１種事業について、事業者に対して、環境影響評価手続の実施を義務づけている（港湾計画を含めると14事業）。環境影響評価法の対象は、国の直轄公共事業、国の許認可対象事業、補助金・交付金対象事業、特殊法人実施事業などである。この点で、環境影響の大きさという観点から対象を決める自治体環境アセスメント制度とは異なっている。手続フローについては、〔図表８・１〕→152頁を参照されたい。最初のプロセスとなる計画段階環境配慮制度、および、最後のプロセスとなる事後調査制度（報告書の作成・公表）は、2011年の法改正で導入された。

同法は、閣議決定要綱やそれまでの自治体制度に対する批判点、そして、環境アセスメント制度に関する研究の発展を踏まえた内容となっている。とりわけ、20年以上にわたる自治体制度の運用経験が法律に反映されているの

〔図表８・１〕 環境影響評価法のフローチャート

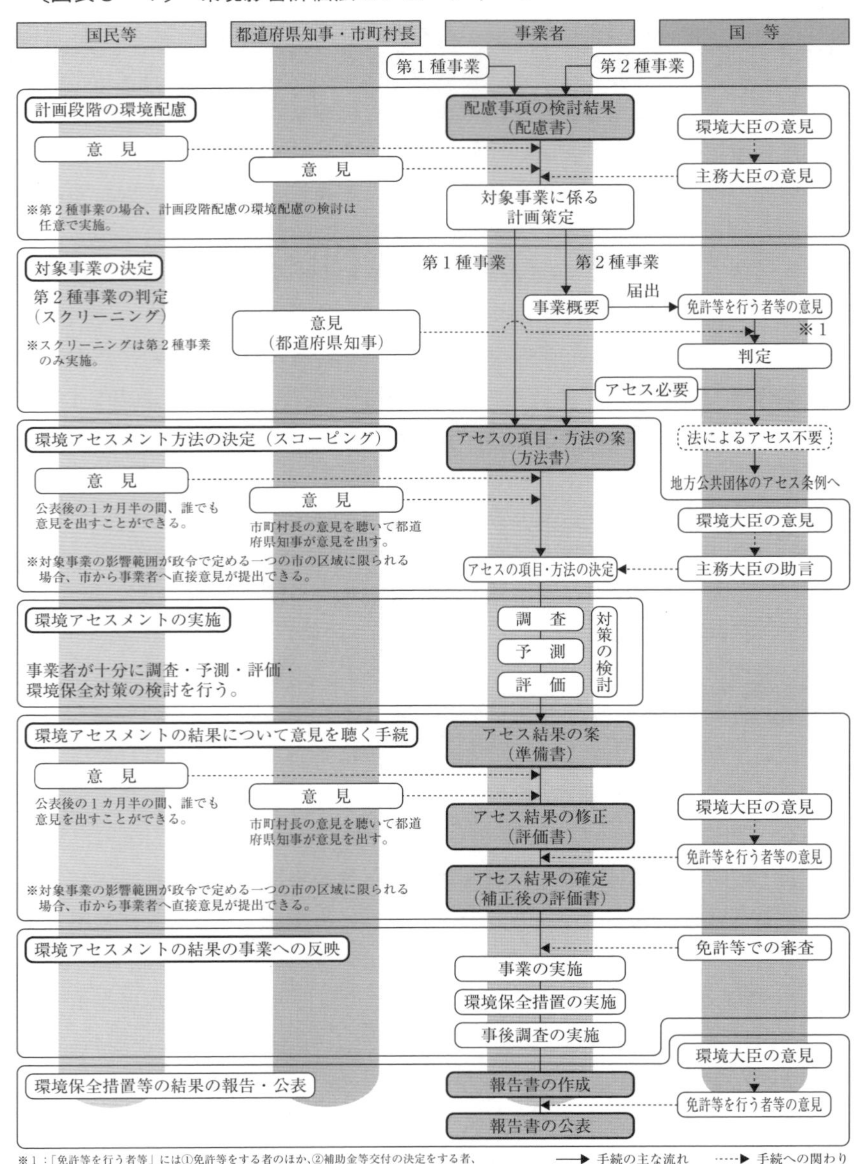

（出典）　環境省資料。

であって、ここにも、自治体環境行政が国の環境行政を先導する例がある。

計画段階環境配慮制度　環境影響評価法の第１の特徴は、2011年改正によって、計画段階環境配慮を制度化した点である（３条の２～３条の10）。これは、事業実施は前提としつつも、事業計画の立案の段階における環境配慮を確実にするためのものである。第１種事業者は、事業の位置や規模を決定するにあたって、代替案も踏まえて環境保全のために配慮すべき事項について検討をしたうえで、計画段階環境配慮書を作成することとされた。この作業は、原則として、既存資料を用いて行われる。

「事業アセス」という環境基本法20条にもとづく位置づけからは逃れられないが、その制約を踏まえつつも同法19条に近接すべく、早期段階での環境配慮を実現しようとしている。後にみるが→165頁、法律による制度化を受けて、条例においても導入されている。かねてより環境省は、『戦略的環境アセスメント導入ガイドライン』（2007年）を策定して自治体条例における導入をサポートしてきた。計画を対象とする戦略的環境アセスメント（Strategic Environmental Assessment, SEA）（環境基本法19条のもとでの施策とされる）ではないものの、それに近づく仕組みが、ようやく実現した。

スクリーニングとその実際　第２の特徴は、スクリーニングと称される手続である（４条）。第１種事業は、いわば「当選確定」であり、必ず環境影響評価を実施しなければならない。しかし、これだけであると、開発事業を第１種事業の規模より少し小さくする「アセス逃れ」のインセンティブが、かなり高くなる。そこで、それに準ずる規模（原則75％）の第２種事業については、個別ケースごとに、「環境影響の程度が著しいものとなるおそれ」があるかどうかを判定し、アセスの要否が判断される。このプロセスには住民参画はなく、行政だけで行われる。

2018年３月までの実績をみると、スクリーニング実績は11件であった。そのうち４件（①室蘭製鉄所中央発電所リプレース計画、②和歌山共同発電所１号機リプレース計画、③八戸港航路泊地（埋没）事業、④福井臨工地区における風力発電事業）が環境影響評価法４条３項２号にもとづき「アセス不要」と判定された。そうなると法対象事業でなくなるが、それを条例でどう受け止めるかは、条例次第である。

①については、「環境影響の程度が著しいものとなるおそれ」はないとし

て、条例アセスも不要とされた（北海道条例4条3項）。同内容の②については、条例にスクリーニング手続がないために対象事業となり（和歌山県条例2条2号）、1年半かけて条例アセスがされている。③については、法律のスクリーニング手続の対象となった事業は、そもそも条例対象事業となっていない（青森県条例2条2項）。この結果、青森県条例のもとでは、規模の大きい法スクリーニング対象事業に対して条例適用がないという逆転現象が生じている。④については、①と同様の結果となった（福井県条例5条2項）。このように、条例による受け止め方には、いくつかのパターンがある。

最近のスクリーニング対象事業としては、風力発電所が多い（第2種事業の規模は、3.75万kW以上・5万kW未満）。なかには④のほか、福島県内で予定された万葉の風風力発電事業、野馬追いの風風力発電事業のように、「アセス不要」と判定されたものもある。福島県条例のもとでは、いずれも本来は対象になるが（第一区分事業（2条2項））、東日本大震災復興に特に必要と認められたために、適用除外とされた（附則6項4号）。

スコーピング　アセス実施が確定すると、当該事業について、環境影響評価の項目や手法といった具体的内容（実施方法書）を決定するスコーピングというプロセスに入る（5条～10条）。これが、第3の特徴である。これにより、なされるべき調査の内容に関して、広く意見が聴取される。事業ごとに実施すべき環境影響評価の内容が決められる点で、従来から「定食型」と揶揄されていたアセスメント制度の硬直性が修正され、いわば、「カスタムメイド型」になった。

制約のない意見提出者　第4の特徴は、意見提出者の範囲と提出機会の拡大である。要綱アセスメントでは、「関係地域内に住所を有する者」が準備書に対してのみ意見提出できるとされていたが、環境影響評価法では、「環境保全の見地から意見を有する者」とされた。「何人も」と同義である。準備書のほか、計画段階環境配慮書やスコーピングの手続に際しても意見提出ができる（3条の7、8条、18条）。手続に対する住民のコミットメントは、よりよいアセスメントをするためのものであり、「情報提供参画」と整理された。

代替案検討　第5の特徴は、事業者に「環境への配慮を義務づける」手続が強化された点である。たとえば、準備書作成にあたっては、環境保全対策検討経過や必要に応じた代替案の比較検討の記載が（条文表現はわかりにくいが、）求められている。すなわち、準備書には、「環境の保全のための措置（当該措置を講ずることとするに至った検討の状況を含む。）」（14条１項７号ロ）が盛り込まれていなければならないが、これをもって、（必ずしも義務的とは考えられていないようであるが、）代替案を考えた場合にはその旨を記載することとされているのである。また、環境保全措置のなかには、いわゆるミティゲイション（mitigation）も含まれる。

環境価値の重視　第６の特徴としては、環境大臣の意見が必ず求められる点、そして、それにもとづき計画段階環境配慮書作成、方法書の確定、評価書の再検討・補正が義務づけられる点があげられる（３条の５、11条、23条）。さらに、施行令で定められる法律に関しては、環境影響評価の結果を許認可に反映できるようになった。「横断条項」と称される規定が設けられたことにより、対象事業の許認可に際して、根拠法規に明文規定がなくても、（そして、たとえば、根拠法規の許可基準を満たせば必ず許可しなければならないとされていても、）それが環境保全に適切に配慮されるものであるかどうかを、横出し的に許認可の相対要件として加えるのである（33条）。アセスメント結果を踏まえて環境保全への配慮がされるかどうかが、個別法の要件と対等に扱われている。開発法に環境価値の重視という政策を法的に注入したのは、環境影響評価法の大きな特徴である。もっとも、評価書に示された環境配慮が不十分と判断されるがゆえに不許可になった事例は確認できていない。

事後調査制度　第７の特徴としては、事後調査制度がある（38条の２～38条の５）。1997年法のもとでは、事業着手後の段階で、事業者は、評価書に記載された環境保全措置（14条１項７号ロ）や事後調査（同号ハ）を実施することにはなっていた（38条）。しかし、それが実際にどのように実施されているのかが報告・公表されるようにはなっていなかった。そこで、2011年改正により、事業者に対して、報告書作成と公表が義務づけられた。

4　自治体環境アセスメント制度の展開

1．環境影響評価法成立前における制度化の状況

福岡県要綱

環境影響評価法成立前において、自治体における環境アセスメントは、どのような状況にあったのだろうか。制度としては、1973年制定の「福岡県開発事業に対する環境保全対策要綱」が最初であろう。一定の開発行為について、環境に及ぼす影響の評価をさせるのであるが、その結果は、1972年制定の「福岡県環境保全に関する条例」にもとづく許可の審査に反映される。「生活環境の適正な保全に著しい影響を及ぼすおそれがある」場合には不許可とされるし、そうでないとしても、必要と認められる場合には影響評価を踏まえて許可に条件が付されることもある。このシステムは、自治体環境アセスメントのなかでもユニークなものであった。それは、環境に影響を与える一定の開発行為（3ha以上のゴルフ場造成など）の許可権限を条例にもとづいて知事が持ち、許可手続の一環としてアセスメントが組み込まれているからである。

要綱としては、その後、1975年に栃木県、1976年に山口県と宮城県が、環境影響評価指導要綱を制定している。

条例の制定動向

条例第1号は、1976年制定の「川崎市環境影響評価に関する条例」である。それ以降、都道府県レベルでは、北海道、東京都、神奈川県と続いた。その後、条例・要綱とも増加したのは、リゾート法の制定（1987年）などを契機とするバブル期の開発ラッシュが遠因となっていたのだろう。

都道府県・政令指定都市以外でも、制度を有しているところはある。たとえば、（兵庫県）尼崎市は、1979年に制定していた環境影響評価指導要綱を、2005年に、「環境影響評価等に関する条例」に発展させている。条例としては、2000年制定の（愛知県）岡崎市生活環境等影響調査条例、2003年制定の（大阪府）高槻市環境影響評価条例、1997年制定の条例を2011年に改正した（大阪府）吹田市環境まちづくり影響評価条例もある。いずれも、法対象事業や府県環境影響評価条例対象事業以外のものを対象としており、それらのスソ切り未満部分に対して、独自の法政策的観点から対応する。2020年制定の（栃木県）那須塩原市環境影響評価条例は、太陽光発電所と廃棄物最

終処分場のみを対象とする点で、地域特性をよく反映している。

なお、独立した制度ではないが、条例の一部として、事業実施にあたって環境配慮を求めるという環境アセスメント的内容が規定されている場合もある。例としては、「大津市生活環境の保全と増進に関する条例」(1998年) 24〜28条、(埼玉県) 越谷市環境条例 (2000年) 33〜44条、(大阪府)「豊中市環境の保全等の推進に関する条例」(2005年) 61〜83条がある。法対象外事業について、(北海道)「三笠市環境基本条例」(2001年) 11条は、環境に著しい影響を及ぼす事業をする者に対して、アセスメントの実施を行政指導できる旨を規定する。(兵庫県) 宝塚市環境基本条例 (1996年) 18条は、「環境に大きな影響を及ぼすおそれのある主要な施策又は方針の立案」に際して、環境配慮の程度や環境の視点からの望ましさを「環境調査」を通じて判断するとしている。一種の計画アセスメントである。事業実施を前提にしない戦略的環境アセスメント (SEA) であり、国より進んだ先駆的取組みである。後述のように→177頁、SEA については、条例や要綱による規定例がある。

２．これまでの自治体環境アセスメント制度の特徴

批判されていた点　国の制度がないなかで、自治体なりの工夫をして運用されていた環境アセスメント制度であったが、どのような点が問題にされていたのだろうか。多くは要綱であったから、まず、その法的拘束力のなさを指摘できるが、それ以外にも、以下のような点が指摘されていた。これらは、閣議決定アセスメントにも共通する点である。

第１は、実施時期の遅さである。日本の制度は、一般に、「公害事前調査型」と性格づけられたように、事業計画策定の際ではなく、事業の実施を前提とし、それが環境基準をクリアできるかという観点からされている。「安全確認型」ともいえる。

第２は、代替案考慮の義務づけの欠如である。合理的な環境配慮は、代替案との比較を経てはじめて可能になるため、致命的欠陥といえる。

第３は、スコーピングという発想がなかったため、調査・評価項目の決定者が、もっぱら行政ないし事業者になっていたことである。それゆえに、「自分で問題をつくって答案を書くようなもの」と批判されていた。

行政意思決定過程における機能　自治体が環境アセスメント制度を設けて独自の運用をしてきた背景には、開発事業を審査する開発法のなかに環境配慮をチェックする規定がないために、法令に従った対応だけをしていたのでは、自治体環境空間の適切な管理ができないという事情があった。そのため、自治体環境アセスメント制度は、制度が本来持つ以上の機能を果たしてきたのである。

カンと好み？　環境配慮が法的に義務づけられていないことが前提となっているために、環境アセスメント手続においては、公聴会で出された住民意見や審査会の意見を踏まえた知事・市町村長意見に応じるという形で、事業者に対して、環境配慮が求められる。ただ、その根拠は、必ずしも十分でないことが少なくない。担当者のカンや審査会委員の好みにもとづく要請といった実態になっている場合もある。

事業者は、一刻も早くアセスメント手続を終了したいから、余程の無理難題でないかぎりは、その指導に従う。住民にとっては、環境保全を図る方向での指導であるから、とりあえずは満足である。かくして、批判する者のないまま、環境保全という「錦の御旗」のもとで、根拠の不確かな行政指導がされる場合もある。

紛争処理機能と合意形成機能　現実の開発プロジェクトをめぐっては、事業者と事業に反対する住民という対立の構図があるケースが多い。アセスメント制度がないと、あくまで反対の立場をとる住民は、直接交渉をし、それでも不満が解消されないと、たとえば、事業に対して民事の行為差止訴訟を提起するだろう。しかし、そこには、基礎となる法的利益の問題（環境権を根拠とすることについては消極的なのが、裁判例の傾向である→113頁。）や因果関係の立証の問題など、多くの法技術的ハードルがある。そこで、対象となるかぎりにおいて、行政がいわば仲介者となり、説明会や意見書提出という形で事業者と住民の間に交渉の機会を与え、住民意見をも踏まえて事業者に対して行政指導を通じて紛争を処理するという機能ないし社会的合意形成機能があるとみることができる。相互が直接にコミュニケーションする場合の交渉コストを、アセスメント制度が代替的に負担しているともいえる。

もちろん、環境アセスメントを経た事業計画に、住民は必ず満足するというわけではない。その後に出される許認可に対して取消訴訟が提起されたり、工事に対して差止訴訟が提起されたりするかもしれない。その意味では、紛争処理という機能を見出すのは過大評価ともいえようが、アセスメントのワン・クッションを入れることによって、両者のコミュニケーションが図られるのは確かである。

ESG市場の影響　ESG市場において資金調達をしなければならない企業は、事業のための施設整備にあたってカーボンニュートラル（CN）、サーキュラーエコノミー（CE）ネイチャーポジティブ（NP）にどれだけ配慮しているのかが、問われるようになっている。地元自治体や地域社会からの要請に超然としていられなくなっている点で、環境アセスメントを取り巻く状況は、以前とは随分と変わってきている。

３．環境影響評価法成立後の自治体の対応

環境影響評価法と条例の関係　1984年の閣議決定要綱はあくまで要綱であるから、環境影響評価条例との関係では、条例の法的効力の方が優先していた。ところが、法律になると、憲法94条が規定するように、条例はそれに反することはできない。後から法律が制定されたとしても同様である。

この点、環境影響評価法は、条例との関係について、１か条の規定を設けた（61条）。環境省によれば、61条１号は、第２種事業のうちスクリーニング判定で法律の適用がないとされたものとそもそも法対象事業に該当しないものについて、条例で環境影響評価ができるとしている。現実の対応例は、次にみる通りである。また、61条２号は、第２種事業や対象事業の環境影響評価について、条例で手続に関する事項を規定できるとしている。別の角度から整理すれば、法対象事業については、環境影響評価法にいう「環境影響評価」以上の義務を条例によって課すのは認められないとなる。法律最大限規制論が基本とされている。

環境影響評価法が1997年に制定された後、要綱を条例化したり条例を改正する自治体が相次いだ。現在の環境影響評価条例は、20年以上にわたる自治体制度の運用経験や2011年に計画段階環境配慮手続を導入したり説明会の充実をしたりする改正を受けた環境影響評価法の内容を取り込んだものとなっている。〔図表８・２〕→160頁にみるように、2024年３月末現在、47都道府県のすべてと20政令指定都市のうち（熊本市以外の）19市が条例を制定している（熊

〔図表８・２〕　都道府県の環境影響評価条例の制定状況

団体名	名称	施行年月日	直近改正	①配慮書手続の新設	②方法書手続の改善	③電子縦覧	④事後調査の公表	⑤風力発電所事業の追加	備考（独自の取組み）
北海道	北海道環境影響評価条例	H11.6.12	H28.3.31	◎	◎	◎	◎	◎	環境配慮書案の手続の新設等
青森県	青森県環境影響評価条例	H12.6.23	H27.10.16	×	◎	◎	○	×	
岩手県	岩手県環境影響評価条例	H11.6.12	H26.3.28	×	◎	◎	◎	×	東日本大震災等の災害からの復興事業には適用除外
宮城県	宮城県環境影響評価条例	H11.6.12	R4.7.12	×	◎	◎	○	○	
秋田県	秋田県環境影響評価条例	H13.1.4	H27.3.20	×	◎	◎	○	×	風力発電は検討中
山形県	山形県環境影響評価条例	H11.7.23	H29.12.26	◎	◎	◎	○	◎	
福島県	福島県環境影響評価条例	H11.6.12	R4.3.25	×	◎	◎	○	○	東日本大震災及び原子力発電事故からの災害復興事業の手続として「特定環境影響評価実施要綱」を24年3月に制定
茨城県	茨城県環境影響評価条例	H11.6.12	R5.3.29	◎	◎	◎	◎	○	
栃木県	栃木県環境影響評価条例	H11.6.12	R2.3.25	×	◎	◎	○	×	
群馬県	群馬県環境影響評価条例	H11.6.12	H25.3.26	×	◎	◎	○	×	
埼玉県	埼玉県環境影響評価条例	H7.12.1	H27.10.16	○（要綱による運用）	◎	◎	◎	×	計画段階配慮書手続は「埼玉県戦略的環境影響評価実施要綱」により運用
	埼玉県戦略的環境影響評価実施要綱	H14.4.1	H25.3.29	—	—	—	—	—	
千葉県	千葉県環境影響評価条例	H11.6.12	H25.3.1	○（要綱による運用）	◎	◎	◎	◎	計画段階手続は「千葉県計画段階環境影響評価実施要

	千葉県計画段階環境影響評価実施要綱	H20. 4. 1	H26. 6. 10	—	—	—	—	—	綱」により運用
東京都	東京都環境影響評価条例	S56. 10. 1	R30. 12. 27	○	○	×	○	×	
神奈川県	神奈川県環境影響評価条例	H11. 6. 12	H26. 3. 28	×	◎	◎	◎	◎	
新潟県	新潟県環境影響評価条例	H12. 4. 22	R2. 12. 25	×	◎	◎	○	×	
富山県	富山県環境影響評価条例	H11. 12. 27	H20. 9. 29	×	○	×	×	×	
石川県	ふるさと石川の環境を守り育てる条例	H16. 4. 1	R3. 3. 25	×	○	×	×	×	環境影響評価条例も含めて10の旧条例を整理し統合された総合条例
福井県	福井県環境影響評価条例	H11. 6. 12	H24. 12. 20	◎	◎	◎	◎	◎	
山梨県	山梨県環境影響評価条例	H11. 6. 12	H26. 3. 28	×	◎	◎	◎	◎	
長野県	長野県環境影響評価条例	H11. 6. 12	R5. 3. 20	◎	○	◎	◎	○	風力発電所は出力５千kW以上
岐阜県	岐阜県環境影響評価条例	H8. 4. 1	H24. 12. 26	×	◎	◎	◎	◎	風力発電所は50m以上の高層工作物として実質的に条例の対象であったが、対象事業として明確化（対象規模：1,500kW 以上）
静岡県	静岡県環境影響評価条例	H11. 6. 12	H27. 12. 25	×	◎	◎	◎	◎	
愛知県	愛知県環境影響評価条例	H11. 6. 12	R5. 3. 22	◎	◎	◎	◎	◎	
三重県	三重県環境影響評価条例	H11. 6. 12	H28. 3. 22	×	○	◎	○	×	
滋賀県	滋賀県環境影響評価条例	H11. 6. 12	R6. 3. 26	◎	◎	◎	○	○	
京都府	京都府環境影響評価条例	H11. 6. 12	R5. 3. 17	◎	◎	◎	◎	◎	
大阪府	大阪府環境影響評価条例	H12. 4. 1	H25. 3. 27	×	○	×	×	×	

兵庫県	環境影響評価に関する条例	H10. 1. 12	H27. 6. 26	◎	◎	◎	◎	◎	
奈良県	奈良県環境影響評価条例	H11. 12. 21	R5. 3. 27	◎	○	×	×	×	審議会が奈良県の環境影響評価制度のあり方、配慮書手続きや電子縦覧等を報告
和歌山県	和歌山県環境影響評価条例	H12. 7. 1	H24. 12. 28	×	◎	◎	◎	○	
鳥取県	鳥取県環境影響評価条例	H11. 6. 12	R1. 7. 4	◎	◎	◎	◎	◎	
島根県	島根県環境影響評価条例	H12. 4. 1	H24. 10. 19	◎	◎	◎	◎	◎	
岡山県	岡山県環境影響評価等に関する条例	H11. 6. 12	R3. 3. 23	×	○	◎	○	○	
広島県	広島県環境影響評価に関する条例	H11. 6. 2	H24. 12. 25	○（要綱による運用）	◎	◎	○	○	広島県環境影響配慮推進要綱（H15. 3）では、県の実施事業を対象に計画段階手続を実施
山口県	山口県環境影響評価条例	H11. 6. 12	H25. 3. 19	◎	◎	◎	◎	◎	
徳島県	徳島県環境影響評価条例	H13. 1. 6	R4. 7. 12	◎	◎	◎	○	◎	
香川県	香川県環境影響評価条例	H11. 6. 12	H25. 3. 22	◎	◎	◎	◎	◎	風力発電所5, 000kW以上を新設
愛媛県	愛媛県環境影響評価条例	H11. 6. 12	H24. 10. 23	×	◎	◎	◎	×	環境配慮書手続の導入なし
高知県	高知県環境影響評価条例	H12. 4. 1	R2. 12. 25	×	◎	◎	○	◎	環境配慮書手続の導入なし
福岡県	福岡県環境影響評価条例	H11. 12. 23	R4. 12. 23	◎	◎	◎	◎	◎	方法書は調査計画書としている。風力発電所5, 000kW以上
佐賀県	佐賀県環境影響評価条例	H12. 8. 1	H28. 3. 25	◎	◎	◎	◎	◎	風力発電所3, 500kW以上
長崎県	長崎県環境影響評価条例	H12. 4. 18	H27. 10. 9	◎	◎	◎	◎	○	風力発電所7, 500kW以上又は風車10台以上

熊本県	熊本県環境影響評価条例	H13.4.1	H26.12.25	◎	◎	◎	○	◎	条例の対象とならない県事業に、計画段階から環境配慮を行う「公共事業等環境配慮システム」がある
大分県	大分県環境影響評価条例	H11.9.15	H29.3.30	◎	◎	◎	◎	◎	
宮崎県	宮崎県環境影響評価条例	H12.10.1	R4.3.14	×	◎	◎	×	◎	
鹿児島県	鹿児島県環境影響評価条例	H12.10.1	H25.3.29	×	◎	◎	◎	×	
沖縄県	沖縄県環境影響評価条例	H13.11.1	R1.10.31	◎	◎	◎	○	◎	環境配慮書説明会に努める。風力発電を追加（1,500kW以上、特別配慮地域750kW以上）

①配慮書手続の新設：　◎：条例に配慮書手続を新設
○：要綱による運用、または既に計画段階環境配慮制度を有している
×：制度化していない、又は部分的である（事業者との事前協議等）
②方法書手続の改善：　◎：条例に方法書説明会、要約書を新設
○：既に実施している
×：方法書説明会、要約書の規定はない
③電子縦覧：　◎：条例にアセス図書（方法書、準備書、評価書、事後調査の公告・閲覧）のインターネット利用を義務化
○：既に規定あり
×：規定がない、又は部分的な利用
④事後調査報告書（環境保全措置）の公表：　◎：条例に事後調査報告書の公表を新設、審査会の意見聴取の実施
○：既に公表、審査会の意見聴取の規定がある
×：規定がない、又は部分的である
⑤風力発電事業：　◎：対象事業に風力発電所事業を新設
○：既に対象としている
×：対象事業ではない

（出典）　田中充「環境影響評価法改正に伴う環境影響評価条例の動向と課題」環境法研究39号（2014年）50〜53頁〔表６〕をその後の動向を踏まえて著者修正。

本市は、2024年度制定予定）。そのほかの市に制定例があるのは、先にみた通りである→156頁。

４．法対象事業と条例

法律との適用関係の調整

環境影響評価法制定後の自治体制度に特徴的なのは、同法のシステムを大きく参考にしていること、法対象事業に対する

制度適用に関し何らかの配慮規定を設けていることである。法対象事業と条例独自の対象事業についてみておこう。

まずは、適用関係の調整である。先にみた環境省の解釈に従って、法対象事業への適用をしないのであるが、その処理方法には、２通りある。福岡市条例２条３項柱書、北九州市条例２条２号、大阪府条例２条２項、大阪市条例２条２項のように、条例の「対象事業」の定義規定のなかで、法対象事業の適用除外を明記するパターンがひとつである。

一方、宮城県条例62条２項のように、観念的には条例の対象事業に含めたうえで、「環境影響評価法との関係」という１か条を設け、そこで適用除外をするパターンもある。法律にもとづくスクリーニングによって法適用対象外とされたものについては、条例の対象とする規定が設けられる場合が多い。例外として、前述の青森県条例２条２項がある。

公聴会　環境省によれば、法対象事業に関して条例で公聴会規定を設けて、事業者の出席を義務づけるのは違法である（→159頁）。しかし、知事意見形成過程において、知事がいわば自分の負担で公聴会を開催して住民意見を聴取し、それを踏まえて事業者に意見提出することは妨げられない。山梨県条例35条３項（義務的）、長野県条例40条14項（義務的）、大阪府条例35条（義務的）、宮城県条例55条２項（裁量的）に例がある。

再見解書　法律以上の手続的義務づけを事業者に課すのは違法とされるため、事業者の見解書に対して再度の意見書手続を設け、それへの応答を再見解書として提出することを求めるのも違法とされている。自治体環境アセスメント制度においては、一種の「対話型手続」が採用されてきた面があるが、環境省解釈に従うかぎり、法対象事業については、そうした対応もできなくなった。

知事の負担による手続　知事意見形成過程における公聴会のほか、附属機関である環境影響評価審査会の意見聴取手続を規定する条例は多い。そのほか、大阪府条例35条は、事業者から提出を受けた方法書・評価書、方法書・準備書についての意見に対する事業者の見解書を、条例対象事業と同じく、公告・縦覧すると規定する。

法対象事業者に義務を課す条例は違法か　川崎市のように、法律制定以前から、条例にもとづいて環境アセスメントを実施してきた自治体にとっては、後から制定された法律によって大規模な対象が対象外となり、しかも、一種の合意形成的機能を有すると認識され、事業者の環境配慮推進に効果をあげていたと理解されている公聴会（行政が住民意見を聴くだけでなく事業者も参加して住民意見に対する見解を述べる対審型のもの）もできないのでは、「法律によって後退を余儀なくされた」という結果になる。法律は、それまでの自治体環境アセスメント制度の内容を「必要かつ十分」に吸収したとはいえないのであり、それにもかかわらず統一的運用に拘泥するのは、硬直的な法律専占論といわざるをえない。

住民参画は少ないより多い方がいいと、一応はいえる。一方で、事業者の負担を招くから、その程度や内容は、比例原則の観点から、当然に合理的な範囲に限定されなければならない。住民参画は無制限で認めるべきということにはならない。しかし、先にみたような機能が実証されている制度の適用を全面的に排除するには、「法律による統一的運用」という理由は、あまりにも内容の乏しい議論である。法対象事業は、自治体にとって、条例対象事業よりも、はるかに大きな環境影響を与えるものなのである。

法律制定当時はさておき、国と地方の役割分担を踏まえ、かつ、地域特性に応じた制度構築が立法・解釈の指針となった現在（地方自治法１条の２、２条11～13項参照）、地方分権適合的な解釈にもとづき、法対象事業に関し、事業者に上乗せ的な義務づけをする内容の条例の制定は可能である。自治体は、法令の自治的解釈権を踏まえて、環境省の見解を再検討すべきだろう。合理的な範囲で事業者に対応を義務づけることは、一般的には可能と解される。

５．条例対象事業に対する環境影響評価

条例対象事業に対する環境影響評価のポイントを整理する。法律との全体的な比較については〔図表８・３〕→166頁を参照されたい。

条例独自の対象と項目　環境影響評価法61条１項を踏まえ、自治体条例では、法対象事業以外の事業種・規模や、法対象事業種であっても法律が対象としていない調査・予測・評価項目が対象とされる場合がある。たとえば、神奈川県条例では、「研究所の建設」「高層建築物の建設」「土石の採取」等があげられている。法律においては、一般国道について第２種事業の規模が「４車線以上・7.5～10km」であるところ、大阪府条例では「４車線以

〔図表８・３〕 環境影響評価に関する法制度と自治体制度との比較

項　目	法　制　度	自　治　体
1　制度の射程（範囲）	「環境影響評価」および「事後調査」を規定	「環境影響評価」および「事後調査」、一部の自治体では「事前配慮」等を規定
2　環境基本計画との係わり	な　し	一部の自治体で導入 事前配慮等で基本計画と連携の仕組み
3　対象事業	大規模な開発事業等の道路、鉄道、埋立等の13種、再開発は原則100ha以上（第２種事業は75％以上）	法対象事業に比べ、工場・研究所、高層建築物、ごみ焼却施設、レクリエーション施設等の事業が加わり種類が多い
4　事前配慮手続	2011年改正により、計画段階環境配慮制度導入	一部の自治体で導入 対象事業について「事前配慮」「計画段階手続」を規定
5　対象事業の判定手続	導　入 必ず対象となる第１種事業の75％以上の規模の事業を判定の対象 判定主体は免許等の大臣	一部の自治体で導入 基本的手続は法と同じ（対象事業要件の75％以上の規模の事業を判定） 判定主体は自治体の長
6　方法書手続	導　入 方法書に対する住民意見や知事意見の聴取等、最終的な判断は事業者	すべての自治体で導入 方法書に対する住民意見の聴取、最終的な審査は自治体の長（審査会等の意見を聴く）
7　評価項目	大気・水・土壌等の環境の質、植物・動物等の生物の多様性 景観・人と触れ合いの場、廃棄物・温暖化ガス等の環境への負荷、放射性物質	法対象の評価項目により範囲が広い左記の評価項目に比べて範囲が拡大 （例）日照・電波障害、文化財・歴史的環境、地域コミュニティ、安全性等
8　準備書手続	準備書の縦覧⇨説明会⇨住民意見・知事意見の聴取⇨評価書の作成 公聴会の開催なし 第三者機関の審査なし	準備書の縦覧⇨説明会⇨住民意見の聴取⇨見解書作成⇨公聴会開催⇨審査会審査⇨首長の審査書⇨評価書作成 事業者による見解書の作成、公聴会の開催、審査会の審査等が規定
9　許認可等への反映	あ　り 大臣が許認可にあたって評価書の内容に基づき審査	あ　り 知事等が許認可にあたって評価書の内容に配慮、または許認可権者に評価書を送付し環境配慮を要請する
10　事後調査手続	2011年改正により、準備書に記載された環境保全措置などの実施報告制度を導入	すべての自治体で導入 調査計画書の提出、事後調査の実施、事後調査報告書の提出等を規定
11　手続の違反等への措置	許認可等にあたって反映	事業者に対する勧告、従わない場合の公表等の規定、一部の自治体では手続違反等に対し罰則の規定を置く

（出典）　田中充「自治体の環境影響評価制度づくりの論点」畠山武道＋井口博（編）『環境影響評価法実務』（信山社出版、2000年）126頁以下・139頁〔表１〕を一部著者修正。

上・３～10km」となっている。法律にもとづくスクリーニングの結果、7.5～10kmの規模の一般国道事業が法対象事業とされなくなった場合には、同条例の対象事業とされる。これは、法律との関係では、横出し（規模拡大）措置となる。

調査・予測・評価項目に関しては、神奈川県条例は、日照阻害、電波障害、文化財等を含めている。これらの横出し項目は、条例独自の横出し（規模拡大）対象規模のみならず、法対象事業に関しても適用される。

法令改正への対応　環境影響評価法の2011年改正によって計画段階環境配慮制度などの手続が導入されたことから、同様の仕組みがアセス条例の改正によって取り込まれている。たとえば、横浜市条例は、「事業の計画の立案に当たり、環境の保全の見地から、その計画に係る環境影響について、配慮すること」（2条6号）を「計画段階配慮」と定義し、次にみる「第1分類事業」「第2分類事業」を実施する事業者に対して、計画段階配慮を義務としている（8～13条）。

市長に提出された配慮書は縦覧に供され、配慮書に関して環境情報を有する者は、環境情報提供書を提出できる。市長は、それを踏まえて配慮市長意見書を事業者に提出し、事業者は、配慮市長意見見解書を作成する。

また、同法改正では、住民への情報提供を一層進める観点から、関係図書のインターネットでの公表が義務づけられた。また、事後調査報告書の公表も義務づけられた。横浜市条例においても、同様の措置が講じられている。

2011年の政令改正で風力発電所が、2020年の政令改正で太陽電池発電所が、法対象事業種に追加された。これを受けた条例改正が進んでいる。

スクリーニング　法律と同じ対象カテゴリーについては、法律対象となる規模未満の事業が条例の対象となる。ただ、その場合であっても、残りすべてをカバーするのではなく、スソ切りがされるのが通例である。

法対象事業規模未満とはいえ、それなりに大きな規模の事業が前提とされる。そこで、法律にならって、事業をいくつかに分類して、より小さい規模のものについてスクリーニング制度を設けている条例がある。

横浜市条例は「第1分類事業」「第2分類事業」、岩手県条例は「第1種事業」「第2種事業」というカテゴリーを設け、それぞれ、後者について、スクリーニング手続を規定する。スクリーニングにおいては、住民参画がないのが通例である。横浜市条例は、第2分類事業のアセス対象事業性判断にあたって、環境影響評価審査会に諮問するとしているが、それ以上に住民参画規定はない。

スコーピング　環境影響評価法制定以前は、個別事業について、どのようなアセスメントを実施するかを議論するプロセスを設けていた制度は、埼玉県条例や神戸市要綱など、少数にとどまっていた。これが、事業内容にかかわらず調査項目が決まっている「定食型アセスメント」という批判を招く一因であった。法律がスコーピング制度を導入したことにより、その後の条例は、おおむねこれにならっている。

すなわち、典型的には、「方法書提出→公告・縦覧→事業者への住民意見提出→知事へ意見書概要提出→知事意見」という流れである。住民意見提出先を事業者にかぎらないとする条例もある。たとえば、北九州市条例９条１項によれば、提出先は市長である。また、事業者に加えて、知事や市長とするものとして、大阪府条例９条１項、大阪市条例９条１項がある。環境影響評価法にはないが、住民意見に対する事業者の見解書提出義務を規定するものとして、山梨県条例10条２項、大阪市条例９条３項、大阪府条例９条２項、兵庫県条例11条１項、京都市条例12条がある。

スコーピングについては、どのタイミングで求めるかが決定的に重要である。神戸市条例９条２項や福岡市条例５条２項は、①事業内容がおおむね特定され、②アセスメント結果にもとづいてその計画を修正することが可能な時期にすべきとしているが、適切な対応である。

方法書内容の確定　スコーピング手続の結果、事業者がどのような内容のアセスメントをするかは、法律では、準備書に記載されるまでわからない。この点、2015年に改正される以前の静岡県条例15条は、評価項目の選定後に、事業者に調査実施計画書を作成させるとともに知事と市町村長に送付させ、知事がそれを公表するとしていた。こうした対応は、アセスメントの透明性向上の観点から評価できる。

自治体版横断条項　許認可権者として、「評価書の内容について配慮するものとする。」という規定が、多くの条例に規定されている。自治体版の横断条項である。環境影響評価法がこうした規定を設けたことが影響している。限定的ではあるものの、自治体行政意思決定においても、環境価値の重視が制度的に担保されるようになったのである。地方分権一括法の施行に伴う機関委任事務制度の廃止によって、その効果は、理論的に、より拡大した。この点は、後にみる通りである。→176頁

６．川崎市条例を例にして

川崎市環境影響評価条例

自治体制度の具体例として、1999年に制定された「川崎市環境影響評価に関する条例」を、主として条例対象事業に関して概観しよう。同条例は、1976年に日本で最初に制定された「川崎市環境影響評価に関する条例」を廃止して制定されたものである。

川崎市条例は、環境影響評価法の2011年改正を受けて、2012年に大きく改正された。全体の構成については、〔図表８・４〕→170頁を参照されたい。実施の状況については、同市のウェブサイトで確認できる。

代替案の検討

代替案の検討は、環境アセスメントの中心的作業であるといわれる。しかし、環境影響評価法では、先にみたように、「控えめ」にしか規定されていなかった→154頁。それにならう条例もあるが、川崎市条例は、そもそも「環境影響評価」を、「事業……の実施が大気、水、土、生物等の環境に及ぼす影響……について環境の構成要素に係る項目ごとに調査、予測及び評価を行うとともに、これらを行う過程においてその事業に係る環境の保全のための措置を検討し、この措置が講じられた場合における環境影響を総合的に評価することをいい、<u>事業についての代替案が存在する場合の当該代替案に係る環境影響と比較検討することを含む</u>。」（下線著者）と定義している（２条１号）。代替案の検討は、準備書の作成にあたっても必要とされる（18条１項４号）。「事後調査」は、「環境影響評価」とは別のものと整理されている（２条５号）。下線部は、重要な認識である。事業実施は既定であるものの、位置・規模・配置・構造についての比較検討が求められている。

実例

市の公共事業（一般廃棄物焼却施設）であるが、「堤根処理センター整備事業に係る条例環境影響評価準備書」（2024年１月）をみると、同一の敷地内において、施設配置と煙突高さについて２案ずつ（合計４案）が、「環境配慮に関する事項（６項目）」「利便性に関する事項（４項目）」「経済性に関する事項（１項目）」の観点から比較検討され、総合評価によってひとつに絞り込まれた様子がうかがえる。なお、ここでは、「代替案」ではなく、「複数案を絞り込んだ経緯等」として説明されている。

環境管理計画を踏まえたアセスメント

一般に、環境アセスメントと環境管理計画の関係は、制度上、必ずしも明らかではない場合が多い。

〔図表8・4〕 川崎市環境影響評価条例のフロー（法対象事業を除く）

第1種行為の手続

事業者　市長　審議会　住民等

①環境配慮計画書の作成 → ②公告・縦覧（30日間）
③説明会の開催
④意見書の提出（30日間）
写し送付
⑤環境配慮計画見解書の作成 → ②公告・縦覧（15日間）
諮問 → ⑥審議
4箇月以内 ※1
送付 ← ⑦環境配慮計画審査書の作成・公告 ← 答申
⑧条例方法書の作成 → ②公告・縦覧（45日間）
④意見書の提出（45日間）
写し送付
諮問 → ⑥審議 ※2
4箇月以内
送付 ← ⑦条例方法審査書の作成・公告 ← 答申
⑨条例準備書の作成 → ②公告・縦覧（45日間）
③説明会の開催
④意見書の提出（45日間）
写し送付
⑤条例見解書の作成 → ②公告・縦覧（15日間）
意見を述べたい旨の申出（15日間）
⑩公聴会の開催
6箇月以内 ＊1
諮問 → ⑥審議
送付 ← ⑦条例審査書の作成・公告 ← 答申
⑪条例評価書の作成 → ②公告・縦覧（30日間） → ⑫着手制限解除
⑬事後調査報告書の作成 → ②公告・縦覧（30日間）
④意見書の提出（30日間）
実態調査
勧告

第2種行為の手続

事業者　市長　審議会　住民等

⑨条例準備書の作成 → ②公告・縦覧（45日間）
③説明会の開催
④意見書の提出（45日間）
写し送付
⑤条例見解書の作成 → ②公告・縦覧（15日間）
意見を述べたい旨の申出（15日間）
⑩公聴会の開催
6箇月以内 ＊1
諮問 → ⑥審議
送付 ← ⑦条例審査書の作成・公告 ← 答申
⑪条例評価書の作成 → ②公告・縦覧（30日間） → ⑫着手制限解除
（技術指針による）
⑬事後調査報告書の作成 → ②公告・縦覧（30日間）
④意見書の提出（30日間）
実態調査
勧告

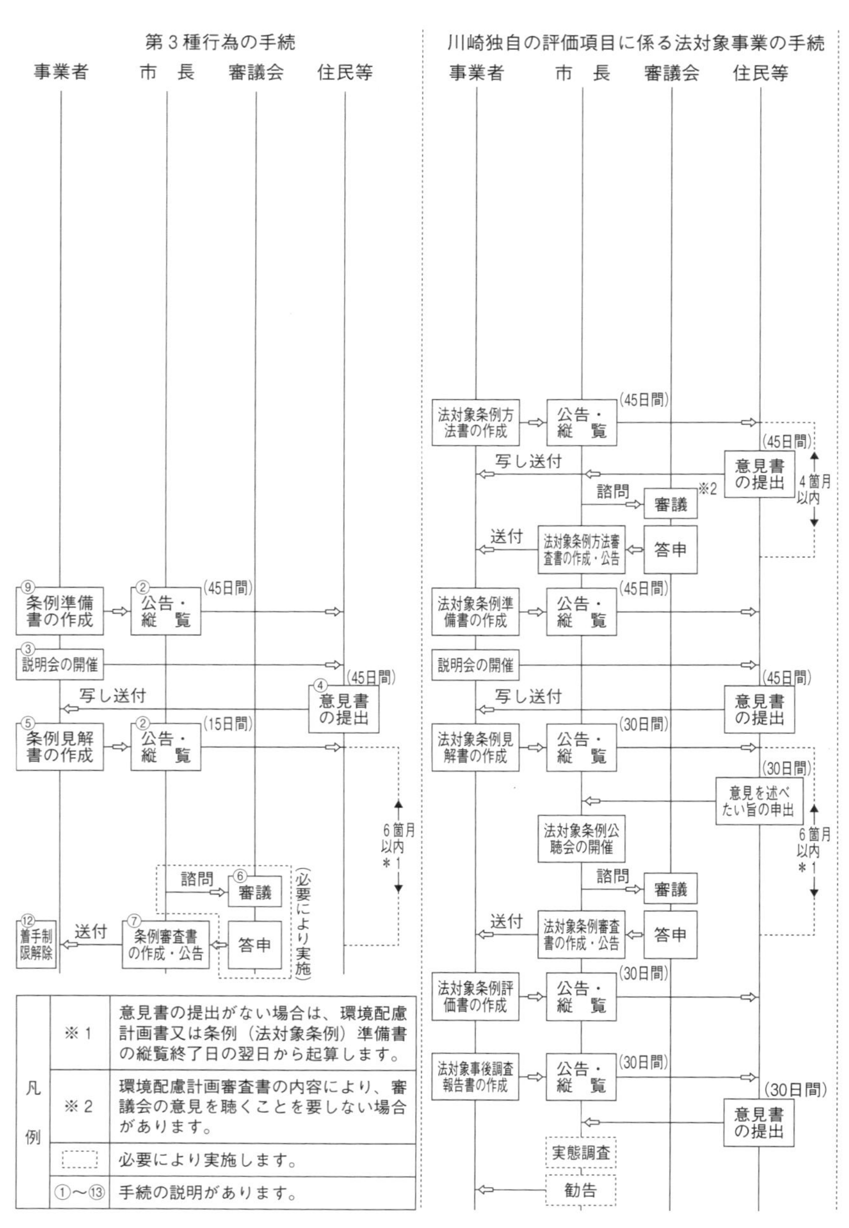
第３種行為の手続
事業者
市　長
審議会
住民等
⑨条例準備書の作成
②公告・縦　覧
(45日間)
③説明会の開催
④意見書の提出
(45日間)
写し送付
⑤条例見解書の作成
②公告・縦　覧
(15日間)
6箇月以内＊1
諮問
⑥審議
答申
(必要により実施)
⑫着手制限解除
送付
⑦条例審査書の作成・公告
川崎独自の評価項目に係る法対象事業の手続
事業者
市　長
審議会
住民等
法対象条例方法書の作成
公告・縦　覧
(45日間)
(45日間)
意見書の提出
写し送付
4箇月以内
諮問
審議
※2
送付
法対象条例方法書審査書の作成・公告
答申
法対象条例準備書の作成
公告・縦　覧
(45日間)
説明会の開催
(45日間)
写し送付
意見書の提出
法対象条例見解書の作成
公告・縦　覧
(30日間)
(30日間)
意見を述べたい旨の申出
6箇月以内＊1
法対象条例公聴会の開催
諮問
審議
送付
法対象条例審査書の作成・公告
答申
法対象条例評価書の作成
公告・縦　覧
(30日間)
法対象事後調査報告書の作成
公告・縦　覧
(30日間)
(30日間)
意見書の提出
実態調査
勧告
凡例
※１　意見書の提出がない場合は、環境配慮計画書又は条例（法対象条例）準備書の縦覧終了日の翌日から起算します。
※２　環境配慮計画審査書の内容により、審議会の意見を聴くことを要しない場合があります。
必要により実施します。
①～⑬　手続の説明があります。

（出典）　川崎市資料。

この点、川崎市条例は、丘陵部、平野部、臨海部の地域環境像や地区別環境保全水準を規定した地域環境管理計画（以下「管理計画」という。）を規定し、それを計画段階環境配慮やスコーピングの際に参照することを求めている点で特徴的である（6条、8条、10条）。そのほか、管理計画は、対象事業が環境に及ぼす影響を評価する指針として機能する。結果的に、対象事業は、環境管理水準に誘導されるという制度設計である。具体化のために環境影響評価等技術指針が定められている。

川崎市は、環境基本条例にもとづいて、環境基本計画を別に策定している。管理計画は、それをブレークダウンした詳細計画であり、それをアセスメント手続において活用するという発想は、環境管理の観点からも評価できる。これは、1976年に制定された旧条例のシステムを引き継ぐものであり、川崎市の環境法政策の先進性をうかがわせる。ところが、こうした発想は、なぜかその後の環境影響評価条例・要綱には採用されなかった。管理計画は、新条例の施行をにらんで、2000年９月に改訂された。現在の計画は、環境基本計画の改訂にあわせて2021年３月に改訂されたものである。CN が強調されている。

住民意見を踏まえて策定される管理計画は、「環境公益」の内実を表現している。策定への住民の参画は、いわば「純粋私人」としてのものである。策定過程においては、私益の権利防衛的観点からの議論がされるだろう。しかし、同時に、将来世代への配慮や私益を離れた公共的・共同的利益についても議論がされる。そうした主張が調整されて、ひとつの計画にまとめられるのである。環境管理計画とリンクする環境アセスメント制度は、環境公益の実現のための手法として位置づけることができる。→123頁

条例対象事業と計画段階環境配慮　川崎市条例は、環境影響評価法の対象となる事業以外の事業を対象とする。そのうえで、条例対象となる事業を「指定開発行為」とし、これを「第１種行為（10ha 以上）」「第２種行為（5～10ha）」「第３種行為（1～5 ha）」に３分別する。第１種行為を実施しようとする者および環境影響評価法のもとでのスクリーニングで法の適用対象外となった行為をしようとする者に対しては、事業計画に関する環境配慮手続が求められる（8条～8条の10）。条例においては、「計画段階における環境配慮計画書に関する手続き」と表示されているが、事業実施は前提となっ

ている。条例対象事業のうち環境影響が大きなものに関して、同法の2011年改正により導入された計画段階環境配慮制度を、独自条例を通じて適用しようとする措置である。

スコーピング　川崎市条例のもとでは、「方法書作成→公告・縦覧・周知→意見提出→方法審査書作成」といった手続から構成されるスコーピングは、第１種行為についてのみ適用される。第２種・第３種行為については、管理計画と技術指針にもとづいた項目・手法選定が実施者に義務づけられているだけである。

なお、先にみたように、川崎市条例の対象事業最低規模は、１ha ときわめて小さい。このため、スクリーニング手続は設けられていない。

準備書作成と公聴会　アセスメントの方法が確定すれば、次は、環境影響評価準備書の作成である。準備書は、市長に提出され、公告・縦覧に供されるとともに、説明会の開催が義務づけられる（18〜20条）。準備書に対して環境保全の見地から意見を有する者は、意見書を市長に提出する（21条）。市長はこれを開発行為者に送付する。開発行為者は、見解書を作成して市長に提出する（22条）。

第１種行為・第２種行為に関する準備書の関係地域の関係住民および事業者は、準備書に関する対審制の公聴会開催を市長に申し出ることができる。開催は市長の裁量であるが、第１種行為の開発行為者にかぎって、公聴会への出席と見解陳述が義務づけられている（23条）。

審査書と評価書　第１種から第３種までの行為について、市長は、意見書・見解書・公聴会意見を考慮して、審査書を作成する（24条）。開発行為者には、審査書の遵守義務が課されている（25条２項）。義務違反に対しては、「勧告→公表」という担保措置が規定されている（78条）。

審査書を踏まえて、開発行為者は、評価書を作成する（26条）。そこには、審査書に記された市長意見に対する行為者の見解が書かれる。

事後調査　第１種・第２種行為については、事後調査が義務的となっている（第３種行為は、市長の裁量）（34条）。報告は、公告・縦覧に供され、評価書内容と明らかに異なると考える者は、市長に対して、意見書を提出できる（35〜36条）。

市長は、乖離がある場合で事業者に帰責事由があると認める場合には、措置勧告ができる。勧告は行政指導であるが、履行は公表で担保される（37～38条）。何らかの法的義務が課されていれば、その不履行に対して不利益を与えるのは合理的である。しかし、事後調査の場合、公表という不利益を受忍させるための前提となる法的義務づけが何かは、必ずしも明らかではない。評価書内容と乖離しない工事をするのは、禁反言の原則あるいは信義誠実の原則から導かれる義務なのだろうか。

複合開発事業の扱い　条例の適用対象をある一線で区切らざるをえないために、適用を逃れようとする者は、事業規模をギリギリのところで抑えようとする。「アセス逃れ」として否定的に評価されるが、それはそれで、合理的な行動である（大阪地判平成21年６月24日判自327号27頁参照）。しかし、環境保全の観点からは、必ずしも妥当とはいえない。そこで、２つ以上の行為のそれぞれが対象規模未満であるけれども、場所と実施時期が近接しているなどの理由で、それらの複合的環境影響が条例対象行為と同等以上になるおそれがあると認められる場合には、「複合開発行為」として第３種行為に関する手続をとるように指導できるとされている（72条）。

複合した環境影響を考慮すれば第３種行為相当という前提に立って、所定の手続が求められるのであるが、規模未満である事業の複数の行為者に対して、どのようにして事前にアセスメント義務を確定するのかなどの法技術的問題がある。このために、条例レベルでの一般的義務づけでも実施命令という個別的義務づけでもなく、個別の行政指導という対応になったのである。なお、指導に従うことは不服従事実の公表により担保されているが（73条）、この場合も、前提となる法的義務違反が何かは、必ずしも明らかではない。現実には、指導は受け入れられている。「フル・アセスメント」は回避するとしても、環境配慮に積極的という外形を創出でき、地元の抵抗の緩和を期待してのことであろう。

複合開発事業への対応を規定する条例は多い。同事業の把握の仕方については、いくつかのパターンがある。川崎市条例は、定性的定義を与える「定性型」であるが、千葉県条例は、全体規模を規則で定める式にもとづいて決定する「算式型」である（２条３項２号、施行規則３条）。広島県条例は、単純に規模を足し合わせる「合算型」である（２条２号、別表15項、施行規則別表15項）。

法対象事業の扱い　川崎市条例には、「歴史的文化的遺産・地域交通・風害・電波障害」のように、環境影響評価法との関係で、追加的評価項目がある。法対象事業について、条例で追加的項目の環境影響評価を義務づけるのが可能なことは、法61条２号が認めている。

追加的項目について、条例は、基本的に法律と同様の義務を事業者に課している（47〜59条）。同じ事業に関して両方による義務づけがされるため、事業者としては、調査や手続対応などについては一緒に実施したうえで、「法律の分・条例の分」というように、別々の文書を用意することになる。形式的にはそうなるのであるが、実質的には、法律対応において条例の横出し項目に対する配慮もされるのであろう。条例の運用においては、事業者の負担に配慮して、法律手続をするタイミングにあわせて事業者の対応ができるようにしている。

環境影響評価法のもとで、法対象事業に関して、市長意見が求められることがある（10条２項・４項、20条２項・４項）。対審制の条例は、それを作成するにあたって、環境影響評価審議会の意見聴取や公聴会の手続を規定する（42〜46条）。事業者にとって不合理なまでの負担にならない程度の「自治体の内側の手続加重」も、法61条２号にいう「この法律の規定に反しない」内容のひとつである。

手続の履行確保手法　届出義務の懈怠や工事着手制限の違反は、罰金に処される（81〜83条）。罰則規定は旧条例にもあり、それを受け継いだものである。行政刑罰を規定するアセスメント条例はめずらしい。

７．都道府県条例と市町村

協働事務の発想　都道府県条例の適用対象規模未満や対象カテゴリー外の事業については、「市町村の自由」と整理されている。ただ、（先にみたような例外はあるが、）一般的にいえば、多くの評価項目について対応できるリソースを、市町村行政は持っているわけではない。

一方、市町村は、住民参画を踏まえて、都市マスタープランをはじめとして、環境配慮に関して、即地性の高い計画を策定する潜在的能力がある。こうした計画は、都道府県レベルでは策定するのが困難である。そこで、都道府県環境空間内での環境アセスメントを、両者の「役割の違いを踏まえた協働事務」と捉えて、合意のもとに、都道府県条例手続のなかに、市町村計画への適合性チェックや市町村長が主催する公聴会などを組み込むことが考えられてよいだろう。

「意地悪」をされないために？

市町村計画への配慮は、都道府県にとっても、現実的な問題となる。評価書の内容を許認可権者に配慮してもらうという規定が環境影響評価条例にある場合、権限者が知事であればよいが、分権改革の流れのなかで、権限が中核市や施行時特例市の市長に与えられている場合がある。そうなると、知事の要請といっても、当該市長との関係で、法的拘束力を有するわけではない。そこで、要請を無視されないためにも、都道府県手続のなかで、当該事業の市町村計画適合性を評価するような手続を整備する実際的必要性は高くなるのである。

8．行政手続法と地方分権の影響

審査開始義務の縛り

アセスメントは、国法にもとづく開発許可などの申請に先立って行われる事前手続である。したがって、もし条例対象事業の事業者が手続を無視して許可申請をしたとしても、許可の根拠法に条例アセスメントの結果への配慮を義務づける規定がない以上、条例アセスメントと許可の根拠法は当然にはリンクしない。横断条項を有する環境影響評価法との大きな違いである。→155頁

「自治体の事務」同士のリンク

この点については、地方分権によって、法環境に変化が生じている。許認可権限が機関委任事務であった当時は、その判断にあたって、アセスメント条例のもとでの評価書に配慮することはできなかった。条例のなかでも、「許認可等（知事が国の機関として行う許認可等を除く。）」と規定される場合があったのである。

しかし、分権改革によって機関委任事務制度が廃止され、法律にもとづく許認可事務が法定受託事務や法定自治事務に振り分けられた。これらは、「自治体の事務」である。したがって、条例アセスメントの結果を法律にリンクさせることは可能である。→36頁

具体的には、環境影響評価条例のなかで、「知事は、事業者が対象事業を実施するにつき許認可等を要することとされている場合において、当該許認可等の権限を有するときは、当該対象事業に係る許認可等を行うに当たり対

象事業に係る評価書の内容について配慮するものとする。」という規定を設けるのである。この規定は、個々の許認可根拠法との関係で、法律実施条例のように機能しうる→38頁（例：鳥取県条例49条１項）。配慮条項は、創設的というよりも、一定の環境影響につながる行政決定にあたっては環境配慮が求められるという条理を具体化したものと整理できるだろう。配慮規定だけで法律とのリンクを認めるようにみえる裁判例も現れている（横浜地判平成19年９月５日判自303号51頁）。また、法律のもとでの大臣の処分にあたって環境影響評価条例にもとづく評価書の配慮義務を認めた裁判例もあるが（大阪地判平成18年３月30日判タ1230号115頁）、配慮義務の条理法的性格によってしか、こうしたリンケージは説明できない。京都市条例は、「市長は、対象事業に係る免許等……の審査に際し、免許等に係る法律又は条例に違反しない限りにおいて、環境の保全に関する審査の結果を考慮することができる。」（39条２項）と慎重に規定する。裁量基準として読み込めるかぎりにおいて適法に考慮できるという趣旨であろう。

5　より早期での環境配慮の制度化

現行環境アセスメント制度の限界　自治体環境影響評価制度には、なお限界もある。第１は、事業計画案が固まって具体化する段階で実施される「事業アセスメント」であるために、計画内容の見直し・修正が柔軟にできないことである。第２は、ひとつの計画のなかに複数の事業が施工時期を異にして予定されている場合には、それらの複合的・累積的環境影響を把握できないことである。こうした課題に対応する制度が、模索されている。

東京都の挑戦　東京都環境影響評価条例の2002年改正によって導入された「計画段階環境影響評価」（計画アセスメント）は注目される。戦略的環境アセスメント（SEA）の発想が含まれているからである。

東京都条例は、計画アセスメントを、「個別計画又は広域複合開発計画……の策定に際し、環境影響評価を行うこと」と定義する（２条２号）。「政策」は含まれていない。対象となるのは、別表に規定される27カテゴリーのうち規則で定める要件に該当するもので、そのなかに実施場所や規模などの規則で定める基本的事項が含まれる計画である（２条６〜７号）。なお、対象計画は、当分の間、東京都が単独で策定するものに限定される（附則４項（平成14年条例127号追加））。

事業アセスメントに先行して実施される計画アセスメント手続においては、社会・経済的要素を勘案し、採用可能な複数の計画案を策定して、それぞれの環境影響調査と環境配慮をすることが原則とされる。それを踏まえて、説明会開催、都民意見書提出、市町村長意見聴取、公聴会開催、環境配慮書審査意見書交付などの手続が講じられる（11～39条）。条例ではないが、計画アセスメント制度は、広島市多元的環境アセスメント実施要綱（2004年）、埼玉県戦略的環境影響評価実施要綱（2002年）、京都市計画段階環境影響評価要綱（2013年）などでも具体化されている。

志木市の試み　志木市自然再生条例（2001年）は、自然への影響があると認められる公共事業に関して、調査をして影響緩和手法を講ずることを義務づけ、それがされないかぎりは、実施設計に移行させないようにしている。同条例によれば、影響緩和手法とは、「公共事業に伴い自然への影響が予想される場合に、回避、最小化又は代償の措置を講ずることにより影響を緩和する手法」（３条５号）のことである。公共事業に特化したミティゲイション的措置といえよう。

東京都条例とは異なった観点からのものであるが、志木市条例は、公共事業の計画段階での環境配慮の対応例として注目される。実施にあたって、志木市自然再生条例運営実施要領は、市役所の環境推進課に中心的な役割を与えている。すなわち、調査の指示、影響緩和手法の決定、工事結果評価のすべてを同課が行うのである。（少なくとも、制度的にみるかぎりでは、）ここまで環境担当のイニシアティブを明示的に規定する例は、きわめて稀である。

参考文献

■環境アセスメント学会（編）『環境アセスメント学入門』（恒星社厚生閣、2019年）
■環境アセスメント研究会（編）『わかりやすい戦略的環境アセスメント』（中央法規出版、2000年）
■環境影響評価研究会（編）『逐条解説 環境影響評価法〔改訂版〕』（ぎょうせい、2019年）
■北村喜宣『環境政策法務の実践』（ぎょうせい、1999年）第３部

■釼持麻衣「「アセス逃れ」への法制度的対応：複合開発アセスメント制度」自治実務セミナー51巻８～９号（2012年）
■島津康男『市民からの環境アセスメント：参加と実践のみち』（日本放送出版協会、1997年）
■勢一智子「戦略的環境アセスメントの意義と展望：環境配慮型行政システムの制度設計」環境管理41巻４号（2005年）68頁以下
■田中充「環境影響評価法の改正に伴う環境影響評価条例の動向と課題」環境法研究39号（2014年）29頁以下
■田中充（編）『環境条例の制度と運用』（信山社、2015年）
■畠山武道＋井口博（編）『環境影響評価法実務』（信山社出版、2000年）
■原科幸彦『環境アセスメントとは何か』（岩波書店、2010年）
■柳憲一郎『環境アセスメント法に関する総合的研究』（清文社、2011年）
■山村恒年『自然保護の法と戦略〔第２版〕』（有斐閣、1994年）

第9章　手続法制の整備と行政指導・事前手続のゆくえ

●公益的第3極を認識せよ！

1　行政手続法と自治体環境行政

手続のルール化

地域環境の保持や改善を図るために、自治体行政は、条例・要綱・計画などにもとづいて、事業者に対し、様々な形で働きかけている。その結果、事業者は、好むと好まざるとにかかわらず、法律により求められた手続を履践する以外に、自治体独自の事務として実施される種々の行政活動におつきあいをしなければならない場合もある。それが、程度の差はあれ、事業者に「負担」を課しているのは周知の通りである。

1993年に制定された行政手続法は、法律の適用にあたって、行政が事業者・住民に対してどのような手続を講じなければならないのかをルール化した。それ以前はきわめて不透明であった手続について、あるべきルールが明確に規定された意義はきわめて大きい。同法は、2005年と2014年に重要な改正を受けて現在に至っている。

2　行政手続法の制定とその概要

1．どのような発想にもとづくものか

透明・慎重・公正な行政過程

違法・不当な行政活動により不利益を受けた人に対する一般的な事後的救済措置は、行政不服審査法や行政事件訴訟法が規定している。しかし、違法・不当な行政活動を前もって排すべく、住民の権利を尊重し、恣意に流れない慎重で公正な意思決定を確保するための手続規定は、(個別法には散在していたものの、) 一般的な形では存在していなかった。不利益な行政処分が行われる際に名あて人に主張立証の機会を与えたり、自分に有利な証拠の提出を認めれば、慎重な行政判断が期待できる。審査基準や審査期間、そして、権限発動基準を明確にすれば、法律にもとづく住民・事業者の権利実現をサポートするとともに、行政運用に「外部の眼」を意識させることができる。行政指導や行政処分が法定されている場合

に、行政の的確な権限行使を求める申出ができれば、同様の効果が期待できる。結果的に、透明・慎重・公正・適法な行政過程が実現できるのである。

２．法律の概要

８章48か条

現在の行政手続法は、全８章48か条から構成されている。第１章総則は、目的、定義、適用除外などを定める。第２章は、申請に対する処分の規定である。審査基準、標準処理期間、申請に対する審査・応答、理由の提示、情報の提供、公聴会の開催、複数の行政機関が関与する処分を規定している。第３章は、不利益処分に関して詳細な手続を規定する。行政指導を規定する第４章は、指導に関する実体的規定と手続的規定からなる。第４章の２は、「行政指導の中止等の求め」や「処分等の求め」を規定する（2014年改正で追加）。第５章は、届出について、第６章は、命令等に関するパブリックコメント手続（2005年改正で追加）、第７章は、自治体の手続法制整備に関する努力義務規定である。

3　自治体に期待されること

１．行政手続法と自治体行政手続の関係

自治体の行政指導は適用除外

独自に制定された条例にもとづいてなされる行政処分と届出は、行政手続法３条３項によって、同法の適用から明示的に除外されている。また、自治体の機関が行う行政指導は、その根拠にかかわらず、すべて適用除外となっている。しかし、行政手続法の趣旨は自治体行政にも反映されるべきという考えから、同法は「地方公共団体は、……この法律の規定の趣旨にのっとり、行政運営における公正の確保と透明性の向上を図るため必要な措置を講ずるよう努めなければならない。」と規定した（46条）。

期待される条例化

これは、訓示規定であるから、何らかの措置が法的に求められるわけではない。とはいえ、行政手続法の内容は、自治体事務の実施においても実現されることが、事務の相手方たる住民の権利利益保護の観点からは適切であるから、必要な措置を講ずるのが適当である。1990年代に続々と制定された行政手続条例は、こうした期待に応えたものと評しう

る。行政手続規則として制定している自治体は、6つある（(北海道) 江差町、(福島県) 泉崎村、(山口県) 和木町、(山口県) 阿武町、(高知県) 須崎市、(高知県) 大豊町)。条例・規則のいずれも制定していないのは、(新潟県) 加茂市だけであろう。処分、行政指導、届出に関して、行政手続法と行政手続条例の適用関係を整理すると、〔図表９・１〕のようになる。

〔図表９・１〕自治体行政に関する行政手続法と行政手続条例の適用関係

	処分	行政指導	届出	処分等の求め
法律に根拠規定がある場合	行政手続法	行政手続条例	行政手続法	行政手続法
条例に根拠規定がある場合	行政手続条例	行政手続条例	行政手続条例	行政手続条例
根拠なき場合	――	行政手続条例	――	――

（出典）　著者作成。

２．行政手続法の実施と地方分権

不自由だった行政庁

自治体の長は、行政手続法のもとで、行政庁として、個別法に関する審査基準などを決定をする。ただ、機関委任事務時代には、中央政府の通達などが、その裁量に制約を加えていた。何を審査基準（5条）とすべきか、どのような場合に公聴会（10条）を開催できるのかといったことは、中央政府が実質的に決定していた面があった。

自由になった行政庁

地方分権一括法の施行により、旧機関委任事務のほとんどは、自治体の事務となった。法律に根拠はあれども、国の事務ではなく自分の事務であるがゆえに、自治体は、法令解釈権を中央政府と対等に持つようになったのである→6頁。そこで、たとえば、法令の自治的解釈により、法令規定を地域特性に適合するよう詳細化・具体化した審査基準や処分基準（12条）を制定することも可能である→291頁。審査基準とは、法律のもとで許可をする際の判断に必要な基準（2条8号ロ）である。処分基準とは、法律のもとで不利益処分をするか、するとしてどのような内容にするかの判断に必要な基準（2条8号ハ）である。いずれも法律および政省令の解釈として定めるものであって、法令そのものではない点に注意が必要である。議会が条例を制定してその解釈内容を条文にすることもできる→42頁、296頁。

行政手続法5条が「行政庁」に対して審査基準制定を命じているために、条例により同様の措置を講ずることはできないという考え方もある。しかし、法令による事務の義務づけは、長にではなく、第１次的には自治体という団体に対してされている。実際には、長提案条例となる場合が多いが、形式的にいえば、議会の法令解釈が条例のなかで表現され、それが自治体の解釈となって確定する。

自治体行政に関する手続をどうするかは、まさに、住民自治にとって大きな問題である。その拡充のために、今後、自治体独自の行政手続の工夫が一層期待される。

審査基準の実際　審査基準は、閲覧を要求されたときにみせればよいのであるが、最近の傾向として、これを自治体のウェブサイトにおいて開示する例が目立っている。申請者に配慮した積極的な情報提供であり、好ましい傾向である。

ところが、その内容は、ほとんどが不適切である。典型例は、法令のコピペである。審査基準とは、いわば法令を解釈運用する際に行政が依拠する「手持ち基準」である。法令は誰にでも入手できるのであるから、行政手続法５条３項があえて「公にしておかなければならない。」と規定する必要はない。ウェブサイトで開示されている審査基準をみれば明らかであるが、行政現場には、この点に関する誤解がきわめて根強くある。法令の該当部分が、堂々と「審査基準」として示されているのである。

法令の自主的解釈により独自に作成するのが理想である。中央政府の作成にかかるガイドラインを利用する場合には、それを審査基準と位置づければよい。ピン止めである。そうであっても、地域特性を踏まえてのカスタマイズが望まれる。

4　行政指導の法的統制

1．行政指導の扱い

1985年最高裁判決　行政手続法中の行政指導に関する規定（32～36条の２）は、国の行政庁がそれを行う場合に適用されるのであり、自治体の行政指導は、同法の対象ではない（３条３項）。したがって、自治体はどんな行政指導をしてもかまわないということにもなりそうである。

ところが、この部分の規定（とくに33条）は、行政指導の限界に関するリーディングケースである1985年の品川区マンション事件最高裁判決（最三小判昭和60年７月16日 判時1168号45頁）を踏まえているとされる。このため、実質的には、その内容が、国だけでなく自治体の行政指導をも規律する（実際、本件は、要綱にもとづいて東京都の行った行政指導が問題にされた事件であった）。

行政指導は禁止されない

行政手続法は、行政指導に関しては、一定のルールと限界を規定しているにとどまり、これを禁止するとはいっていない。前記判決に違反しないような形で適法に行政指導ができる余地は、十分に残されている。それをどのように条例に規定するかが、自らのする行政指導に関する規律を期待された自治体の工夫のしどころであろう。

２．行政手続法の前提状況と自治体環境行政の現場

２極関係が前提

行政手続法が前提としているのは、たとえば、許可申請者や不利益処分の名あて人となる者の権利利益の保護である。すなわち、同法は、基本的に、行政と相手方との２極関係を問題にしている。

自治体レベルでの３極関係への修正

しかし、自治体の現場では、それ以外にも開発予定地周辺住民の利益や環境利益が問題になる３極関係的紛争状況がある。その解決のために、あるいは、２極関係を前提としている縦割り的法律を横断的に調整するために条例や要綱を制定し、行政指導をしている場合が多い（ひとつのイメージとして、〔図表９・２〕参照）。

〔図表９・２〕　２極関係と３極関係

(1)　２極関係

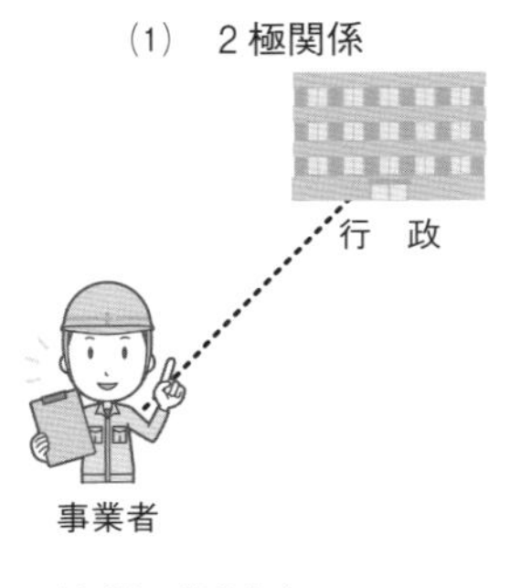

(2)　３極関係

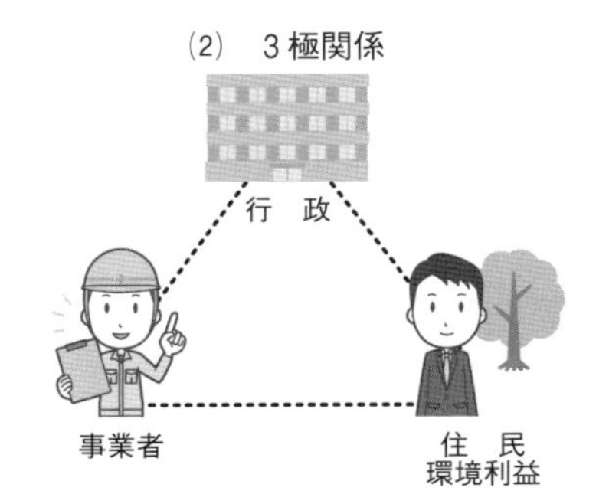

（出典）　著者作成。

３．行政手続条例と行政指導

適法開発がもたらす濫開発？

そもそも環境行政や開発行政において行政指導が多用されてきた背景には、機関委任事務を規定する国の法律が環境利益・住民参画・地元自治体の状況に対して十分に配慮しておらず、法律通りの実施をしていたのでは「濫開発」が起こるという実態があった。しかし、条例を制定してそれに対応するのは、地方分権前には、条例制定権の限界との関係で、実務的には難しいと考えられていた。→19頁

そうした事情を前提としているので、行政手続条例中の行政指導の規定ぶりには、各自治体ともかなり苦心しているようにみえる。前記最高裁判決と行政手続法の両方を踏まえつつも、現在行っている指導を後退させないようにするにはどうすればよいかが、1995年に行政手続法が制定された後の行政手続条例制定にあたっての論点のひとつであった。

原則の硬直的適用は避けるべき

相手方の任意協力を前提とすることの確認と不服従を理由とする不利益取扱いの禁止（行政手続法32条）、そして、不服従の明確な意思表示の以後に指導の継続により申請者の権利行使を妨害することの禁止（同法33条）は、およそ行政指導に対しては当然に適用される法治主義のもとでのルールであり、国であろうが自治体であろうが変わりはない。しかし、地方分権といっても、必ずしも合理的でない国法制度を地域適合的にするための条例制定が直ちにされるわけではないことを考えれば、これらの規定や判例の射程距離を拡大的に解するのは、おそらく妥当ではない。公益上必要な合理的行政指導まで抑制されると解するのは、行政手続法制の意図するところではない。

とはいえ、地方分権による条例制定権の拡大によって、国法との牴触をおそれて行政指導でしか対応できなかったという事情が大きく変化した。基本的には、周到な自治的法令解釈のもとに、条例を制定して、行政指導ではなくて、法的に義務づける方向で検討すべきである。

４．行政指導と法治主義

行政手続法2014年改正の影響

行政手続法は、2014年に改正された。この改正は、行政不服審査法の2014年改正と歩調をあわせたものである。行政運営における公正の確保と透明性の向上を図り、国民の権利利益の保護

に資するという行政手続法の目的を一層実現させる趣旨である。

この改正は、行政指導に関して、３つの重要な規定を設けた。第１は、行政指導の方式である。同法34条は、処分権限がないにもかかわらずそれができるかのようにみせかけて行政指導に服従させようとする行政実務を違法とするが、その趣旨が徹底されるようにしたものである。すなわち、同法35条２項によれば、行政指導の相手方に権限を行使しうると示す場合には、その法的根拠や要件に適合している旨を示さなければならない。第２は、行政指導の中止の求めである。同法36条の２によれば、法律違反の是正を求める行政指導について、その相手方が要件に適合していないとして中止を申し出た場合には、必要な調査をし、なされている行政指導が要件に適合しないと認める場合には中止などの措置を講じなければならない。第３は、行政指導の求めである（「処分等の求め」の「等」が行政指導である）。同法36条の３によれば、法律にもとづく行政指導をする権限を有する行政機関がそれをしていない場合において、法律違反の事実を知る者からの申出を受けて調査を行い、必要があると認めるときは行政指導をしなければならない。この申出は、「何人」にも可能となっている。

自治体は、こうした改正内容を自らの行政手続条例に反映させるべく、行政手続条例の改正が期待されている。実際、その方向で動いた。

自治体独自の苦情・異議申立制度

滋賀県行政手続条例（1995年）は、行政指導に対する独自の苦情申立制度を設けている（34条）。廃棄物処理法にもとづき産業廃棄物処理施設の設置申請を予定していた産業廃棄物処理業者に対して、県知事が地元住民の同意を取得するように行政指導をしていたところ、これ以上従うことはできないと判断した当該業者が、同制度を通じて苦情申立てをした。しかし、行政指導は、その後も継続された。そこで、当該業者が、行政指導による事業遅延に伴う損害の補填を求めて国家賠償訴訟を提起した。裁判所は、申立てによって不服従の明確な意思表示がされたと評価して、その後の行政指導継続を違法としてそれに起因する損害の賠償を命じている（大阪高判平成16年５月28日判時1901号28頁）。

すぐ後にみる白石市事件判決と同じく、行政手続法制定の背景となったのは、ひとつには、行政指導によって法律上の申請権が侵害されるこうした行政運用であった。

5　自治体事前手続の今後

１．「機関委任事務＝諸悪の根源」説？

正面からは手が出せない

地方分権一括法制定前の自治体の議論に特徴的だったのは、「機関委任事務制度があるから、地域特性に応じた対応ができない」という主張である。「機関委任事務＝諸悪の根源」説である。

法律にもとづく申請に関しては、法令基準および通達などを踏まえた審査基準のみにより審査をしなければならなかったが、それでは、自治体で対応が迫られている問題の解決には、必ずしもつながらなかったというわけである。まちづくりや住環境保全を目的とする法律の構造は、行政庁と処分などの相手方との２極関係を基本としている。先にみたように、自治体独自の対応には、それを３極関係に修正する機能があった。→184頁

２．事前手続による対応

事前指導手続

自治体は、建築基準法の建築確認申請や都市計画法の開発許可申請に先立って、主として要綱にもとづき、行政指導により、事業者に対して、周辺住民に対する説明会を開催させたり同意書をとらせたりしてきた。また、関係課相互の調整を一挙に行うために計画を提出させて、それを全庁的に検討してきた。地元が、そして、行政が一応満足できる内容となってはじめて、法律にもとづく申請を受けとるという対応をしてきたのである。それにより、個別法にもとづく審査では得ることのできない「公益」が実現できると考えられた。

白石市産廃処理場事件判決

しかし、行政手続法７条によれば、法律にもとづく許可処分を求める申請に関して、法令の求める文書を添付してなされた適式な申請書類が行政庁に届けば、遅滞なく審査を開始する義務が発生する。審査開始のボタンを押すのは、行政ではなく申請者である。従来の行政実務は、たとえ要綱や独立条例の根拠があろうとも、このルールに違反するおそれがある。

それが具体的に争われたのが、宮城県白石市に建設予定であった産業廃棄物最終処分場に関する訴訟である。宮城県は、廃棄物処理法15条にもとづく許可申請に先立って、「産業廃棄物処理施設の設置及び維持管理に関する指

導要綱」にもとづく手続の履行を処理業者に求めていた。具体的には、地元市町村の内諾と付近住民の同意の取得であるが（現行要綱では改正されている）、それがないまま提出された廃棄物処理法のもとでの許可申請書を、宮城県は返戻したのである。裁判所は、適式な申請書が到達している以上、結果がどうなるかはさておき、知事には直ちに審査を開始する義務があるとして、到達後相当の期間を経ているにもかかわらず何らの処分をしない不作為を違法と評価した（仙台地判平成10年１月27日判時1676号43頁、仙台高判平成11年３月24日判自193号104頁）。

釧路市産廃処理場事件判決　それでは、申請を受け取って審査したうえで不許可にすることができるかとなると、それにも限界がある。法律にもとづく申請は、法令にのみ照らして審査されなければならない。それ以外の基準で審査することは、許されていないのである。法治行政の当然の帰結といえる。地元の同意書を取得することを求める行政指導に従っていないという理由で、許可申請に対して不許可処分ができるのだろうか。

この点が争点となったのが、北海道釧路市に計画された産業廃棄物最終処分場に関する訴訟である。北海道は、「産業廃棄物処理に係る指導指針」を制定して、廃棄物処理法15条にもとづく許可申請者に対して、一定範囲の周辺住民の同意書と地元市町村長との協定締結を求めていたが、白石市事件と同様、地元が「絶対反対」であったために、業者はこれらを得ることができなかった。そこで、それらを添付せずに許可申請をしたところ、北海道知事は、同意書や協定書が出されていないことを理由に不許可処分をしたのである。業者は、その取消しを求めて争った。裁判所は、申請が法令基準を満たしている以上、廃棄物処理法のもとでは、知事には不許可とする裁量はないし、指導に従わずに申請することが権利濫用とまではいえないと判示した（札幌地判平成９年２月13日判タ936号257頁、札幌高判平成９年10月７日判時1659号45頁）。

両事件の教訓　白石市事件の教訓は、以下のように整理できる。すなわち、要綱にもとづいて事業者に求めうるのは、行政指導にかぎられる。そうすることにいかに理由があっても、行政手続法７条との関係では無力である。そうなると、その手続に条例の根拠を与えることが考えられる。法的義務づけゆえに、手続違反に対しては、刑罰も規定できる。

ただ、そのなかで、同意書の取得を義務づけることはできない。同意は、自由な意思表示の結果としてなされるものであるが、同意を求められる側に、「正当な理由なく同意を拒否してはならない」というようなルールはないだろう。したがって、同意取得の義務づけは、原理的には、「不可能」を強いる結果になる。立地による環境影響のいかんにかかわらずこれを求めるのは、比例原則に違反して違法である。財産権の使用収益を他人の（無制約な）拒否権にかからしめるという点で、憲法違反であるともいえる。この点は、後にもみるところである。→220頁

釧路市事件はどうだろうか。同事件の前提となった道知事の不許可処分書には、「周辺住民の同意がなく、また、地元釧路市との公害防止協定等の締結が行われていない」ことが理由として記されていたが、それらは、法令基準でも行政手続法５条にもとづく審査基準でもなく、行政指導基準にすぎない。法令解釈から導かれるものではない。したがって、行政指導基準に適合しないことをもって不許可にするのは、法治主義に反して違法である。

３．ひとつのモデル

必要な事前手続の再整理　機関委任事務制度の廃止によって、法定受託事務にせよ法定自治事務にせよ、多くの事務が「自治体の事務」となった。そこで、当該法律の趣旨目的に反しないかぎりで、自治体は、法令の自治的解釈を踏まえて、地域の特性に応じた対応をする独自の基準を設定することも可能になったのである。これには、議会が条例を制定して行う場合と、行政庁が審査基準などを通じて行う場合とがある。→42頁

条例によるにせよ要綱によるにせよ、行政にとって使い勝手のよい事前手続は、漫然と存置できなくなっている。法律にもとづく審査では地域特性適合的な解が出せなかったからこそ、事前手続を設けていたのであるが、その原因が取り払われたのである。このため、たとえば、開発指導要綱にもとづいて行政指導によって求めていた内容のうち適当なものを精査して、それぞれの法律のもとでの審査基準などに「格上げ」するという対応も可能になる。

必要な事前手続　そうすると、事前手続はまったく不要になるのだろうか。おそらくは、そうではない。これまでとは別の機能を与えたうえで存続させるのが適当な場合がある。その機能とは何だろうか。まちづくりを

例にして、考えてみよう。ひとつのイメージとしては、〔図表9・3〕を参照されたい。

まちづくりにおいては、合意形成の重要性が指摘されている。良好な生活環境を創造するために、そこに居住する住民が、将来世代のことも考慮して議論を重ね、あるべき「まち像」を、たとえば、都市マスタープランの形で表現している。これには、それなりの即地性が必要であろう。

計画適合性評価過程

そうした場合に、合理的な手続で策定された計画の実現の観点から、構想されている事業の妥当性をチェックする過程を、計画適合性評価過程ということにしよう。

数値的基準への適合性チェックは、後続の基準適合性審査過程においてなされる。計画適合性評価過程は、それとは異なる機能を持たなければ意味のない二重規制ゆえに比例原則に反して違法となる。また、後続過程において適合がチェックされる基準の上乗せ・横出しを行政指導を通じて求めるような機会であってはならない。

条例にもとづく申請（A_1）の後に展開される計画適合性評価過程においては、行政・事業者・住民の間で、次のようなことが議論される。適合が求められる計画には、それほどの即地性はないのが通例である。そこで、具体的に立地をする場所について、「計画に適合する開発とはどのようなものか」

〔図表9・3〕　総合的条例対応のイメージ

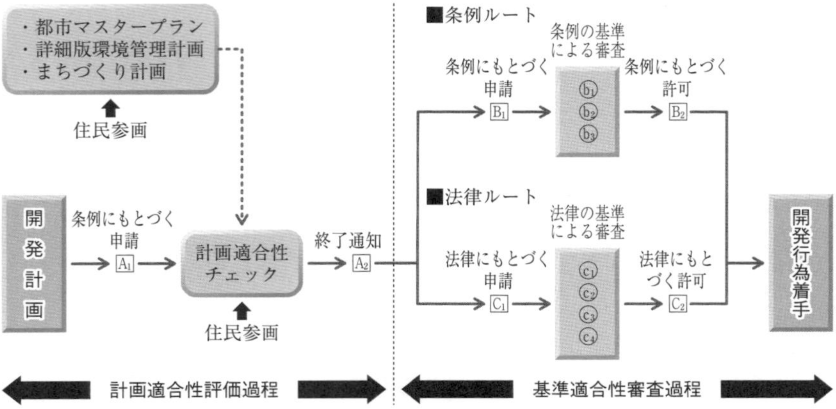

・都市マスタープラン
・詳細版環境管理計画
・まちづくり計画
住民参画
開発計画
条例にもとづく申請 A_1
計画適合性チェック
住民参画
終了通知 A_2
■条例ルート
条例にもとづく申請 B_1
条例の基準による審査 b_1 b_2 b_3
条例にもとづく許可 B_2
■法律ルート
法律にもとづく申請 C_1
法律の基準による審査 c_1 c_2 c_3 c_4
法律にもとづく許可 C_2
開発行為着手
計画適合性評価過程
基準適合性審査過程

（出典）　著者作成。

についてのイメージを共有するのである。計画に定性的に書き込まれている事項についても、具体的な立地場所においてそれをどのように実現するのかについて意見が交わされる。地域環境を一緒につくり一緒に楽しむメンバーとして、計画の枠のなかで個別の開発計画をより良質のものにするのである。この段階では、詳細設計がされているわけではない。事業者は、基本設計程度のプランを示して手続に臨み、対話を通じて計画適合的に内容を修正する。手続の終了をどのような基準で行政が認定するのかは難しい問題であるが、行政は終了通知（$\boxed{A_2}$）を交付する。

適合が求められる計画は、都市計画法上の地区計画や景観法上の景観計画のように強力な法的拘束力を持つものではない。計画適合性評価過程を経ても、行政・事業者・住民の間に「見解の相違」はありうえ、それについて公権的決定がされる仕組みにはなっていない。

環境配慮の確保　事業活動において環境配慮を義務づけるシステムとしては、環境アセスメントがあった。しかし、これは相当にコストがかかる作業であり、自治体条例のもとでも、対象規模は大きいものに限定されるのが一般的である。ところが、計画適合の場合には、事業者側においても、それほどのコストを要さない。個別法にはない計画適合性評価手続の履行を比較的小規模の開発行為にまで求めることには、合理性があるといえよう。

基準適合性審査過程　計画適合性評価の手続を経た後で、固まった事業計画の審査がされる。基準適合性審査過程である。

この過程には、「条例ルート」と「法律ルート」の２つがある。前者は、フル装備の独立条例にもとづいて、自治体独自の法政策を実現するプロセスである。条例にもとづく申請（$\boxed{B_1}$）がされ、法律とは別角度からの独自の基準（ⓑ$_1$〜ⓑ$_3$）による審査がされて許可（$\boxed{B_2}$）に至る。

後者は、法律に規定される許可基準を適用して審査をするプロセスである。ただ、当該事務が法定自治体事務である以上、根拠法の趣旨・目的の範囲内で、地域特性に応じた対応をすることは可能である。そこで、法律の許可基準をそのまま用いる（ⓒ$_1$）ほかに、法律の許可基準に上乗せしたり（ⓒ$_2$）、法律には明記されていない横出し基準を追加したり（ⓒ$_3$）することになる。これらは、法律実施条例を制定して対応されるが、法定許可基準の詳細化・具体化（ⓒ$_4$）は、審査基準に書き込むことによっても、対応できる。

すべての基準を充たしてはじめて、法律にもとづく許可（C2）がされる。

こうした条例対応については、〔図表２・３〕→40頁を用いて説明したところである。予定されている開発計画は、「条例ルート」と「法律ルート」の両者をクリアして、はじめて可能になる。

法律にもとづく審査とのリンク　事前手続を条例で義務づけても、それを無視して法律にもとづく申請がされればどうなるだろうか。条例違反でサンクションを受けたとしても、審査それ自体は開始される。

事前手続は実体的規制をするものではないが、まちづくりに関する計画の実現のためのひとつのプロセスを構成している。そこで、このプロセスが不可欠であるという認識に立てば、基準適合性審査過程における法律・条例にもとづく申請にあたって、終了通知書を添付書類のひとつとして求めるのも可能であろう。景観法の事前手続を規定する（神奈川県）横須賀市景観条例（2008年）は、同法施行規則１条２項４号にもとづき条例で定める図書として協議終了通知書を指定している（10条１項１号）。この論点については、鳥取県条例を素材にして、改めて第16章で検討する→292頁。

参考文献

■磯部力＋小早川光郎（編著）『自治体行政手続法〔改訂版〕』（学陽書房、1995年）
■阿部泰隆『行政法再入門（下）〔第２版〕』（信山社、2016年）３頁以下
■板垣勝彦『行政手続と自治体法務：法律、条例、判例をおさえて公正・透明な行政手続を実現する』（第一法規、2024年）
■北村喜宣『分権改革と条例』（弘文堂、2004年）
■北村喜宣『分権政策法務と環境・景観行政』（日本評論社、2008年）
■北村喜宣「地域空間管理と協議調整：景観法の７年と第２期景観法の構想」同『分権政策法務の実践』（有斐閣、2018年）
■行政相談事例研究会（編）『行政手続法の現場：行政相談事例に見る運用の実際』（ぎょうせい、1998年）
■小泉祐一郎「分権改革に伴う規制行政における自治体の裁量権の拡大と比例原則」関哲夫先生古稀記念『自治行政と争訟』（ぎょうせい、2003年）25頁以下
■小林重敬（編著）『条例による総合的まちづくり』（学芸出版社、2002年）
■佐藤英善（編著）『行政手続法 自治体行政実務』（三省堂、1994年）
■筑紫圭一『自治体環境行政の基礎』（有斐閣、2020年）85頁以下
■地方自治研究機構『自治体における行政手続の適法・適正な運用に係る自己診断に関

する調査研究』（2021年）
■日本建築学会（編）『成熟社会における開発・建築規制のあり方：協議調整型ルールの提案』（技報堂出版、2013年）

第10章　情報を用いた環境管理と環境行政の管理

●より民主的な行政過程の可能性

1　情報という行政手法

潜在力を秘める行政手法

「情報化社会」といわれるように、現代社会の多くの分野において、一定内容を言語を通じて表示するという機能を持つ情報は、きわめて多様な機能を果たしている。行政活動もその例外ではない。ところが、情報を人間活動のコントロール手法として利用するという発想は、かつては、あまりなかった。

情報は、適切に利用すれば、行政リソース（予算・人員・法的権限）の不足を補充し、また、民主的・効率的な行政過程を可能にでき、より公共性にかなう環境管理を実現する潜在力を有している。

環境基本条例時代の自治体環境行政において、情報はどのように活用しうるのだろうか。行政からみた場合、情報収集と情報提供・公開が考えられるが、実際には、どうなっているのだろうか。将来的には、どのような政策的方向が考えられるだろうか。本章では、情報を用いた環境管理と環境行政の管理について検討してみよう。DX 時代において、自治体行政が利用できる情報の質と量は、驚くべき速さで変容している。環境行政における情報の活用可能性は、今後大きく変わるだろう。

2　「環境情報」の認識

1．環境情報の分類

様々な機能

一口に「環境情報」といっても、いくつかの側面から分類できる。相互排他的ではないが、以下では、５つに整理する。

第１は、環境状態情報である。これは、水質や大気質に関する行政測定データに代表される。不法投棄地の土壌汚染状況の調査データも、これに含まれる。

第２は、環境予測情報である。環境アセスメントのなかで作成される評価書の影響予測部分が典型例である。

第３は、環境の状態に関する「好み」を表現した環境選好情報である。公聴会の場で行政に寄せられる住民の要望もそうであるし、環境基本計画のなかで特定環境に関する管理の方針が記述されれば、それは、社会の「好み」のあらわれであり「環境公益」の内容となる。

第４は、環境行政情報である。環境管理のための行政活動に関する情報のことであり、具体的には、行政指導・行政処分の件数や個々の内容、許可内容など企業に関する情報、立入検査件数やその際の指導状況を記した業務日誌などがある。補助金の支給実績についての情報もある。環境に影響を与える計画や事業に関する情報もある。

第５は、環境企業情報である。企業が所有する環境管理に関する情報のことであり、自主測定データ、リサイクル率などの環境パフォーマンス情報、SDGsやESGの枠組みのもとで作成した非財務情報、使用している化学物質や廃棄物として排出される物質の性質や量などがある。

2004年に制定された環境配慮促進法は、「環境情報」を「事業活動に係る環境配慮等の状況に関する情報及び製品その他の物又は役務……に係る環境への負荷の低減に関する情報」と定義している（２条２項）。これは、上記のいくつかの側面を併有する。

２．環境基本法の認識

国のイニシアティブによる提供

公害対策基本法は、情報について特段の規定を設けていなかった。これに対して、環境基本法27条は、環境教育や民間団体の環境保全活動を促進するため、国が「必要な情報を適切に提供するように努める」と規定している。環境法において情報が正面から問題にされるようになったのは、環境基本法がはじめてである。

しかし、これは、実質的には、行政が持つ情報のうち行政が適切と判断するものを行政が適切と判断する相手方に提供できる旨の規定であり、全面的に行政のイニシアティブによっている点に限界がある。情報提供というより広報に近い。「行政による行政のための行政の情報開示」である。

多様な環境情報

環境情報の内容としては、たとえば、地域の環境基準達成状況（水質汚濁防止法17条、大気汚染防止法24条参照）や各地の自然環境の状況（自然環境保全法４条参照）、リサイクル等に関する各種事業の事例紹介、自然公園等の利用に関する情報があげられている。環境状態情報・環境行政情報である。たしかに、正確な情報伝達は重要であるが、わざわざ１条をとるほどの内容なのか、対国民の観点からは疑問に思われる規定である。

環境企業情報も、場合によっては、環境保全やより根本的に生命・健康の安全にとって重要である。しかし、その提供の義務づけは、規制措置（環境基本法21条）の一種と認識されており、必要があれば個別法において対応することが期待されている。水質汚濁防止法14条の２に規定されている事故時の通報義務は、その一例と整理できよう。これは、関係する条例でも導入するのが望ましい規定である。ただ、ここでも、必要と認めた場合に行政が情報を出させることが前提になっており、収集した情報を欲しい人の請求に応じて行政が提供するといったスタンスではない。行政の情報収集とその開示は、リンクしていない。廃棄物処理法８条の４、15条の２の４は、利害関係者に対して廃棄物処理施設の維持管理記録の閲覧請求権を認めたものであり、注目される。後述のように、自己の権利防衛者としての役割を期待している。→214頁

リオ宣言とオーフス条約の認識　情報に関して規定する「環境と開発に関するリオ宣言」第10原則は、「有害物質や地域社会における活動の情報」「公共機関が有している環境関連情報」に関して、行政意思決定への参加の観点から市民にアクセスさせるべきとしている。情報の範囲が広く提供の目的が多様で、かつ、アクセスを重視している点が注目される。

リオ宣言を受けてヨーロッパ経済委員会閣僚会議で1998年に採択され2001年に発効したオーフス条約は、公衆に対して、「情報アクセス権」「意思決定への参加」「司法アクセス権」を保障するための最低基準を規定する国際環境条約である。日本は批准していないが、その内容は、環境法政策のグローバルスタンダードともいうべきものであり、国内法にも影響を与えよう。

３．環境基本条例の認識

右にならえ！　環境基本条例における環境情報の認識も、環境基本法と大して変わらない。傾向として、環境基本法以前の環境基本条例には情報に関する規定がなく（例：熊本市条例、熊本県条例、川崎市条例、（福岡県）太

宰府市条例）、それ以降のものには同じような規定の仕方の条文があるにとどまる（例：大阪府条例16条、神戸市条例32条、東京都条例17条、（神奈川県）鎌倉市条例14条）。環境情報の内実を広く認識したうえで、その運用に特別法的指針を与えるような内容を基本条例に書き込むことは可能である。

4.「アブナイ」情報は出さない？

キジも鳴かずば撃たれまい？

「情報の提供」と銘打ってはいるが、行政が妥当と判断する情報のみを、目的・方法・タイミングを全面的に行政の裁量に委ねて提供するのが実情である。制度設計にあたる行政の消極的完璧主義のあらわれといえよう。「キジも鳴かずば撃たれまい」である。プライバシーなどに配慮する必要があるのはもちろんであるが、一般的原則を規定する基本法制において、もう少し踏み込んだ内容を明示的に盛り込めないものだろうか。

情報の再認識の必要

今後は、「行政と住民との生産的なコミュニケーションや対話のための手段」「民主的な行政過程の実現のための手段」として情報を積極的に位置づけ、以下に述べるような具体的な方法に活用することが望まれる。その際に、決定的に重要なのは、住民の意識である。全体としてみれば、この国においては、主権者たる住民が確固たる要求をしていない。情報を利用した環境管理と環境行政の管理には、高い住民意識が前提になる点を確認しておきたい。

3　事業者行動のコントロールと情報：公表制度

損得勘定？

社会的な評判を気にする事業場に対しては、当該事業場に関する情報の行政による提供が、事業者行動のコントロールのために有用である。直接金銭を用いるのではないが、最終的には、「損得感情（勘定？）」に訴えて、一定の方向に誘導するのである。情報の内容としては、当該事業場に関する肯定的な情報（ポジティブ情報）と否定的な情報（ネガティブ情報）がある。これらの情報提供は、当人との関係では、それぞれ表彰的機能と制裁的機能を持ちうる。消費者ないし投資家との関係では、意思決定に際しての資料提供という意味がある。

１．ポジティブ情報

行政がほめる！

肯定的情報の提供の代表例は、優良産廃処理業者の公表である。廃棄物処理法にもとづく産業廃棄物処理業許可は、一定の許可基準を充たせば与えられる。処理業者と契約しようとする排出事業者には、許可業者が「最低ラインをクリアしている」ことはわかるが、「どれくらい大きくクリアしている」かはわからない。そこで、同法の2010年改正により（14条２項、施行令６条の９第２号、施行規則９条の３）、より高い基準を充たす処理業者を認定する制度がつくられた（優良産廃処理業者認定制度）。

この認定（認定されれば、許可有効期間が５年から７年に延長）は、都道府県知事・政令市長が行うが、認定を受けた処理業者の情報（事業者名やURL）を、行政はウェブサイトで公表している。優良認定を受ける方向に誘導したいという意思の表れである。公表された業者については、「行政のおすすめ業者」という印象を市場に与えるだろう。

２．ネガティブ情報

公表が制度化される理由

否定的情報の提供の代表例は、環境行政情報である違反事実の公表である。国法では、国土利用計画法26条が有名である。コロナ対応においては、新型インフルエンザ等対策特別措置法31条の６が規定する感染防止協力要請および措置命令をした旨の公表が注目されたが、これは履行・不履行を問題にするものではない。

公表の形式は、記者会見、リーク、広報紙やウェブサイトへの掲載など多様である。その事実が公表されれば社会的イメージが悪くなり、それによって事業に影響が及ぶと考える企業にとっては、規制遵守へのインセンティブが確実に発生する。これは、①効果的である、②手続上の制約が少ない、③簡易・迅速・安価にできる、④行政処分のように行政の強権発動というイメージがない、などの理由で、条例や要綱のなかで広く制度化されている。

たとえば、東京都環境確保条例156条は、（法的義務づけに違反した場合になされる）勧告不服従の場合と（不利益処分を前提とするが）改善命令などの違反の場合について、意見陳述と証拠提示機会を与えたうえで、違反者の公表を規定する。しかし、多く見られるのは、国土利用計画法型であり、個別具体的な行政指導に従わない場合の氏名の公表である。

行政指導不服従になぜ不利益を課しうるか？

ただ、（とくに要綱にもとづく）行政指導に従わない者の公表を一般的に用いることの適法性には疑問がある。行政手続法32条や自治体行政手続条例の同条相当規定にも明らかなように、行政指導は、あくまでも相手方の任意性が基本であり、従わなかったからといって不利益が課される筋合いのものではない。にもかかわらず、住民の権利・義務に法的変動を生じさせないと一方的に解釈して、何の限定もなしに利用すべきではない。行政手続条例のなかには、「行政指導不服従事実の公表について、他の条例に別の定めがある場合には、行政手続条例の行政指導規定を適用しない。」という内容の規定を持つものがあるが、適切ではない。

個別の行政処分の不履行でなくても、条例により一般的に課せられた法的義務づけに違反したがゆえになされる勧告に従わないような場合においてはじめて不遵守の公表ができると解するのが妥当だろう。この場合の公表は、行政指導である勧告に従わなかったからされるのではなく、条例による直接的な法的義務づけに違反したからされるものである。たんなる行政の指導に従わないというだけで公表の対象にしうると考えるのは、きわめて権威主義的であり、法治主義に反する理解である。「公表することができる。」と規定されていたとしても、適法になしうる場合は相当限定的に解すべきである。

3．公表の手続と実際

公表と手続

公表という形での情報提供は、まさにその簡便性ゆえに用いられているが、その半面、手続的な措置は、必ずしも十分に整備されていなかった。行政手続条例のなかには、勧告などの不履行者の公表を規定する際に、あわせて意見聴取のような手続を踏む必要があると規定するものが出てきている（例：神奈川県条例30条２項、広島県条例30条３項）。静岡県地球温暖化防止条例31条のように、勧告不遵守内容の公表にあたって行政手続条例にもとづく手続をとるべきことを規定するものもある。これらは、公表措置の有する不利益性を自認しているといえる。一方、ポジティブ情報であっても、一定要件の充足があればそれを撤回することもありうる。したがって、その場合には、撤回の根拠と手続を条例で規定するのが望ましい。

違法な公表により損害をこうむれば、国家賠償請求が可能である（違反事実に関してではないが、公表を違法として請求を認容したものとして、名古屋地判平成15年９月12日判時1840号71頁、東京高判平成15年５月21日判時1835号77頁参照）。公表の持つ不利益な効果に着目すれば、これを処分と解したうえでその差止訴訟が考えられる。違法な公表により不利益を受けないことの確認訴訟の可能性も検討に値しよう。→258頁

公表の実例が少ない理由　廃棄物処理法のもとでの産業廃棄物処理業許可取消しの例外はあるが、環境行政における公表の実例は、それほど多くない。行政の側に使うつもりがないのが大きな理由であるが、実際の使用を逡巡させる理由もある。それは、公表による不利益な影響が当事者に対してどこまで及ぶかについて、行政自身が予測できないことである。公表が、行政の予想に反して、致命的打撃を相手に与える場合もある。それが、原因行為との関係で比例原則に反しないようにすることを、公表にあたって、行政はコントロールできない。事実認定などにも慎重になるだろう。一般にいわれるように、公表は、「簡易・迅速・安価」というわけでは必ずしもない。

公表の実例と効果　実際に公表された事案をいくつかみておこう。「ふるさと島根の景観づくり条例」（1991年）のもとで、５メートルのセットバックを拒否したマンション業者に関して、1997年に、勧告不服従事実が公表された例がある。2000年には、（東京都）国立市都市景観形成条例（1998年）のもとで、大規模行為景観形成基準に従うよう求めた勧告を拒否したマンション業者に関して、勧告不服従事実が公表されている。2002年には、（愛知県）岡崎市公害防止条例（1974年）のもとで、市長との協議義務に違反した産業廃棄物処理業者について、違反事実が公表されている（同条例は、2006年に生活環境保全条例に改称）。2023年には、（沖縄県）「東村自然環境等と再生可能エネルギー発電施設設置事業との調和に関する条例」のもとでの協議義務違反に対してなされた勧告の不服従事実が公表された。

公表の影響は定かではない。ただ、公表にまで至る事件は、地元でも大きな問題となっているはずである。したがって、公表される時点では、すでにそれなりの報道がされていて住民は事業者名を含めて紛争内容を知っているから、公表それ自体の効果は、それほどないようにも思われる。また、法的義務づけを前提としない行政指導への不服従に対する公表措置が違法とされないような限界的状況があるとしても、そこまでの事態の原因となる事業者

に対しては、公表の効果は少ないだろう。もっとも、世間体を気にする事業者であれば、公表すると通知すれば態度を考える可能性は十分にある。(埼玉県)「所沢市空き家等の適正管理に関する条例」(2010年) のもとで発出された老朽危険空き家に対する除却命令が履行された背景には、名あて人となった不動産業者が命令不履行事実の公表をおそれたからといわれる。

違反対象物公表制度　環境行政ではないが、注目すべき例がある。一定の消防法令違反の執行手法として東京消防庁が東京都火災予防条例64条の3を踏まえ導入している違反対象物公表制度である。違反事実通知後一定期間経過しても違反が継続していれば、「建物名称、所在、違反内容」を東京消防庁のウェブサイトで公表するのである。「不適マーク」のようなものである。違反状態の是正が確認されないかぎり公表は継続されるから、事業者には、改善のインセンティブが必然的に発生する。運用の効果は上々で、違反の早期是正が実現されている。2010年に導入されたこの制度は、現在では、全国の多くの消防本部に拡大している。違反事業者のウェブサイト上で取引先金融機関名が紹介されているような場合には、公表するほかに、当該情報をそこに伝えるのも効果的かと思われるが、そうした運用はされていないようである。

個人の場合　公表されるのが事業者であれば、社会に対する一般的影響や取引先金融機関との関係への影響を考えて、これを回避するような行動をとることは十分に考えられる。ところが、個人の場合、本人が「失うものは何もない」と思ってしまえば、当該者に対しては、それほどの効果は期待できない。

「仙台市客引き行為等の禁止に関する条例」(2018年) は、禁止区域における客引き行為等・これを用いた営業を禁止し (7～8条)、違反に対しては勧告・命令を規定する (10～11条)。命令違反に対しては、5万円以下の過料 (17条1項) のほか、氏名公表が規定される (13条)。仙台市のウェブサイト上では、過去1年分ほどの公表案件 (個人名、住所、公表原因事実) がアップされている。2度3度と公表されている猛者もいる。「仕事熱心さの勲章」のようなものであろうか。もっとも、2度目の公表はされない場合が大半であるから、制度の効果はあるとみてよいのだろう。なお、本人が正直に本名を伝えているのかは気にかかる。

4　環境行政の実施管理と情報

1．環境基本法制の認識

行政無謬論

環境行政の執行活動が適切に行われているかどうかは、環境公益の実現にとって重大な点である。情報は、こうした場合にも重要である。しかし、環境基本法や環境基本条例は、執行活動と情報を結びつけて考えていない。こうした発想は、「行政が誤りを犯す」ことをある程度前提としているので、法律・条例案を実質的に準備する行政の念頭にないのは当然といえる。行政無謬論は、日本の環境法の大前提となっている。

2．情報公開条例を通じての公開可能性

「自分の目でみたい」

住民としては、どの事業場が環境法令に違反しているのか、それに行政はどのように対処しているのか、生ぬるいところはないかといった点を、文書指導や行政処分などの違反処理文書を入手して、自分の目で確かめたいところである。適切にしているというならば、行政は、根拠を明らかにして説明すればよい。

しかし、現実には、そうした対応はないといってよい。そこで、情報公開制度を利用することになる。その場合に、情報公開条例・公文書公開条例は、執行関係情報の入手に活用できるのだろうか。請求が出れば、どのように判断されるのだろうか。

非開示情報の要件

情報公開条例には、「法人その他の団体……に関する情報又は事業を営む個人の当該事業に関する情報」のうち「公にすることにより、当該法人等又は当該個人の権利、競争上の地位その他正当な利益を害するおそれがあるもの」（川崎市情報公開条例８条２号柱書・ア）を非開示とする規定を持つものが多い。違反情報や違反を理由とする行政指導や行政処分文書が公開されれば、たしかに「競争上の地位」に影響を与えることが予想される。そうであれば、非開示となるのだろうか。

「例外の例外」

行政情報の公開を原則とする情報公開条例において、非開示は例外であるが、ほとんどの条例は、「例外の例外」ともいうべき規定を設けている。すなわち、上述の非開示要件に該当する場合でも、「人の生命、健康、生活又は財産を保護するため、公にすることが必要

であると認められる情報」（川崎市情報公開条例８条２号柱書）を、非開示情報から除外しているのである。情報公開条例の解釈論としては、環境行政活動に関する情報がこれに該当するかどうかが、問題になる。もちろん、環境関係の情報を非開示情報から一括して除外すると規定されれば問題はない。

環境情報を正面から規定

この点、非開示の例外として、環境情報を規定するケースがある。（福岡県）古賀市条例（1999年）は、生命・健康・財産保護のほか、「自然環境を保全するため、公にすることが必要であると認められる情報」を開示情報としている（７条２号柱書）。かつて、（長野県）高森町条例（1999年）は、「事業活動によって自然環境を壊す、又は壊すおそれから自然環境を保全するために、公開することが必要であると認められる情報」を義務的開示情報としていた（旧８条２項３号）。

具体的にどのような情報がこれに該当するかは不明であるが、生命・健康などとならんで、自然保護が保護法益と認められているのは興味深い。旧条例を全面改正して制定された福岡市情報公開条例（2002年）においても、同様の整理にもとづいた規定がされている。こうした規定を持つ条例は、増えてきている。その運用にあたって、生命・健康と自然環境のいわば中間にある「生活環境」については、原則開示が当然と考えるのだろうか。

個人的実害と情報公開

情報公開制度の趣旨は、公正・透明で民主的な行政運営の確立であるから、「人の生命、健康、生活又は財産」といっても、情報公開請求者個人との関係が問題にされているのでないのは明らかである。この点で、行政訴訟における原告適格とは、次元を異にする。

とはいえ、環境行政情報のすべてが、一般的抽象的意味において、「人の生命、健康、生活又は財産を保護するため、公にすることが必要であると認められる情報」であるとは必ずしもいえない。上述のように、自然環境について特別に規定する情報公開条例があればよいが、そうでない多くの場合には、そもそも要件に該当しないということになるようにも思われる。どのように考えるべきだろうか。

「正当な利益」

非開示情報として一般に規定されているのは、「公にすることにより、当該法人等又は当該個人の権利、競争上の地位その他正当な利益を害するおそれがあるもの」である。そこで、環境法の実施に関して行政が保持している企業情報を開示することにより害される「正当な利益」とは何かが問題になる。

たとえば、法律違反を前提にしてなされた行政指導や行政処分の文書は、それが開示されれば、たしかに、営業活動に影響する可能性がある。しかし、そもそも法律違反をしているのであるから、保護されるべき「正当な利益」はない。とりわけ行政処分にまで至る法律違反は、悪質性や危険性がかなり高いものである。そうであるとすれば、「例外の例外」要件は議論する必要がないことになろう。先にみたように、廃棄物処理法のもとでは、情報提供として、産業廃棄物処理業許可の取消処分の公表がされているが、同法にその根拠があるわけではない。

滋賀県環境基本条例３条２項は、「県民が環境に関する情報を知ること……を通じ、健全で質の高い環境の下で生活を営む権利が実現される」と規定し、ニセコ町環境基本条例３条１項は、「環境保全等は、町民が環境に関する情報の共有とまちづくりへの参加を通じ、安全で健康かつ快適な環境を享受する権利の実現を図るとともに、良好な環境を将来の世代へ引き継ぐことを目的として展開しなければならない。」と規定する。行政の透明性の確保や信頼性の向上といった情報公開制度の目的とあわせ考えれば、企業秘密への配慮は必要であるものの、環境行政の目的の実現のため、環境情報の開示は積極的にされるべきである。

３．告発との関係

証拠排除　「何人でも、犯罪があると思料するときは、告発をすることができる」（刑事訴訟法239条１項）。そこで、情報公開条例で違反記録を入手した場合に、住民が告発状にそれを添付して告発することが考えられる。違反記録は、立入検査で入手したサンプルにもとづくことが多いが、その場合、立入検査は犯罪捜査のために認められたと解釈してはならないという確認規定（例：水質汚濁防止法22条５項）との関係が問題になる。

ただ、実際には、それのみをもとにして検察が起訴することはないであろうし、したとしても、公判において証拠排除されるだろう。いずれにしても、開示の可否の判断とは別の次元の問題であり、公開を拒否する理由にはならない。

4．環境行政の管理と情報

「市民の理解と批判のもとでの行政」

旧「横浜市公文書の公開等に関する条例」（1987年）は、「市民と市政との信頼関係の増進」を目的規定に置いていた。さらに、同条例を廃止して制定された「横浜市の保有する情報の公開に関する条例」（2000年）１条は、1999年制定の情報公開法１条にならって、より踏み込み、「市政に関し市民に説明する責務を全うするようにし、市民の的確な理解と批判の下にある公正で民主的な市政の推進に資する」ことを目的としている。

これは、きわめて重要かつ正当な認識である。執行についていうならば、それは、住民の理解を得られなければならない。そのために、環境公益の実現のために活動する行政が法律違反にどのように対応してどのような成果をあげたかという行政過程をオープンにして、住民の評価を受けるシステムが必要である。対話を重ねることによって、信頼関係が深まるというものであろう。行政に都合のよい情報のみを住民に選択的に与えて得られる信頼関係は、虚像でしかない。横浜市条例が認識するように、これは、行政活動を住民に説明し批判を仰ぐ責務（アカウンタビリティ）の問題でもある。

諸外国では？

プライバシー保護の先進国であるアメリカ合衆国では、違反関係情報の公開は、何ら問題ないとされている。行政不信の伝統があるために、行政活動に関する情報は基本的に公開すべきものと考えられている。それどころか、行政に提出が義務づけられる排出基準遵守データは、企業秘密もとくに問題にならず、公開が法的に保障され（例：連邦清浄水法（CWA）308条(b)）、環境NPOがそれを利用して訴訟を提起したり反公害企業のキャンペーンをするほどである。イギリスやオーストラリアでも、行政処分文書は公開される行政運用が一般的である。

5．行政職員の意識

「オレに任せろ！」

規制執行にあたる行政職員には、執行過程における被規制者と行政の関係に他者を介入させたくないという意識が強くある。違反の是正は行政の仕事というわけである。また、現在における規制の遵守こそが大切なのであって、それが達成された以上、過去の違反事実はあまり問題にされない傾向がある。

このため、住民が環境行政の適切な執行を確認しようと改善命令書の公開を求めても、全面開示となると気まずい関係になるため後々当該事業場に対応しにくくなること、あるいは、違反が是正されている以上制裁効果を持つ公開は必要がないという理由で、ネガティブ情報の開示にはきわめて消極的である（行政処分の公表を規定する珍しい立法例として、輸出入取引法4条3項参照）。本来、情報公開制度に制裁的機能はないが、自治体職員は、この点を気にするようである。

自発的開示はない？　環境情報の開示がどれほど進んでいるのかを測定するのは困難である。とりわけ環境行政情報のうち執行情報については、職員の意識は非開示に向きがちではないだろうか。

上記横浜市旧条例のもとで、水質汚濁防止法13条にもとづく改善命令の開示請求を筆者がしたところ、事業者名・住所が非開示となった決定を受けたことがあった。理由は、競争上の地位その他正当な利益を害するおそれだった。数年経過して同じ文書の請求をしたのであるが、今度は全面開示となった。同様の事案において情報公開審査会から全面開示相当の答申がされたために、その後の同種事案では全面開示するようになったからとのことであった。慣性による非開示判断の連続が、外力によって修正された例である。

6．重要なのは法目的の実現

失うのは住民との信頼関係　違反情報や違反処理情報が公開されると、おそらく、当該事業者と担当行政組織との関係は、さしあたりは、かなりギスギスしたものになるだろう。そうなると、今までは行政指導でやってもらっていたことを、してもらえなくなるおそれがある。水質汚濁防止法の規制対象物質以外の汚濁物質の自主監視がその例である。

しかし、そうしたことは、必要ならば条例に盛り込んで法的に対応すべきものである。従来通りのことができなくなるからといって、当事者間の信頼関係が損なわれるとか行政の円滑な執行に支障が生ずると考えるのはおかしい。及び腰的対応をしていて損なわれるのは、住民と行政との信頼関係であることに留意すべきである。

変容する産廃行政　執行情報に消極的な行政対応が一般的であるなか、最近、産業廃棄物行政においては、業の許可取消情報や改善命令情報などを積極的に公開する自治体が増えている。そうするようにとの環境省のアドバイスもあるが、より根本的には、産業廃棄物行政に対する信頼感を高めるとともに、排出事業者に正確な情報を提供しようという方針がある。

許可理由の開示　環境に影響を与える事業に対する許可は、申請者との関係では不利益な措置ではないから、行政手続法のもとでも、処分理由を明らかにする必要はない。不許可処分とは扱いが異なっている（8条）。しかし、許可処分は、それにより影響を受ける環境から何らかの便益を受けている者にとっては、不利益な措置となる。

このような3極関係がある場合には、たとえその便益が事実上のものであるとしても、行政庁の裁量で許可理由を開示するのが、信頼される行政実施の観点からは望ましい。公益的な処分であるからか、土地収用法は、事業認定をした際には、理由の告示を義務づけている（26条1項）。

5　双方向的コミュニケーションを

情報を通した対話が必要　リソースの制約を前提にすると、ますます複雑化する環境問題に対して、行政は十分な予防的対応ができないだろう。住民の選択に委ねざるをえない場合やマーケット・メカニズムを利用してより効率的な規制をすべき場合も多い。また、現有のリソースをもってしてはこれが限界という場合には、それを納得してもらうか、それなりのコスト負担をお願いしてリソースの強化をせざるをえないこともあろう。

従来、行政は、どちらかといえば、一方通行的に、都合のいい情報を伝達してきた。しかし、今後は、行政と事業者と住民の間で、相互に双方向的な情報の発信・受信、ないしは、ある主体から出された情報がほかの主体に受けとめられそこで処理・加工されたうえで内容が変容して戻ってくるといったブーメラン的な情報交流が必要になる。「対話型行政」である。

最近の情報公開条例は、総合的情報公開制度という認識のもとに、請求にもとづく公開のみならず、情報の提供や公表についても触れている。それにあたっては、情報の持つ多様な機能を十分に踏まえる必要がある。

「大人の住民」をつくる「大人の行政」　行政から出されるべき情報は、行政にとっては「アブナイ」ものであるかもしれない。しかし、それを通じて、行政・事業者・住民の間に適度な緊張感のある健全な協力関係と信頼関係が構築され、より公共性にかなう環境行政に向けての役割・責任分担がそれぞれに認識されるといえよう。環境法は、そろそろ「大人の住民」「大人の行政」をつくるような法政策を考えるべき時期に入っている。

参考文献

■阿部泰隆『行政法解釈学Ⅰ』（有斐閣、2008年）475頁以下
■天本哲史『行政による制裁的公表の法理論』（日本評論社、2019年）
■奥真美「環境規制と情報的手法」大塚直先生還暦記念論文集『環境規制の現代的展開』（法律文化社、2019年）204頁以下
■環境省総合環境政策局総務課（編著）『環境基本法の解説〔改訂版〕』（ぎょうせい、2002年）264頁以下
■北村喜宣「環境法における公共性」同『環境政策法務の実践』（ぎょうせい、1999年）３頁以下
■黒川哲志「情報的手法・自主的手法」髙橋信隆＋亘理格＋北村喜宣（編著）『環境保全の法と理論』（北海道大学出版会、2014年）165頁以下
■釼持麻衣「実効性確保手段としての公表に関する法的検討」都市とガバナンス33号（2020年）120頁以下
■釼持麻衣「違反対象物公表制度と執行過程の「見える化」」自治総研513号（2021年）27頁以下
■中桐伸五（編）『環境をまもる　情報をつかむ：情報公開制度で暮らしと環境をまもる』（第一書林、1990年）
■藤島光雄「政策手法としての公表」鈴木庸夫先生古稀記念『自治体政策法務の理論と課題別実践』（第一法規、2017年）323頁以下

第11章 環境管理と住民参画

●行政だけでは荷が重い？

1 住民参画の検討の視点

認知される住民参画 環境行政やまちづくり行政の実施における住民参画の必要性は、かねてより主張されていたが、行政過程における位置づけという点では、はっきりしないことが多かった。ところが、環境基本条例のなかで、住民参画が自治体環境行政の基本的理念のひとつと認識されてきた。具体的制度化に向けての法的根拠が明確になってきたのである。「少なすぎる、遅すぎる（too little, too late）」と批判される住民参画制度の拡充と発展が期待される。

自治体環境行政において、住民参画はなぜ必要なのだろうか。社会にとって、どのようなメリットがあるのだろうか。住民参画には、どのような形態や機能があるのだろうか。それらは、行政過程の諸段階で、どのような意義を有しているのだろうか。本章では、住民参画について、概括的検討をする。

自治基本条例とその影響 分権改革後に、自治のかたちを自ら決定するという思想から、自治体運営の基本的事項を規定する自治基本条例の制定が多くみられるようになった。その嚆矢は、2000年制定の（北海道）ニセコ町まちづくり基本条例とされる。同条例は、情報共有原則とならび、「町は、町の仕事の企画立案、実施及び評価のそれぞれの過程において、町民の参加を保障する。」（5条）という住民参加原則を規定する。「自らが考え行動するという自治の理念」（2条）という規定は、示唆的である。その後に多く制定されている自治基本条例の構成や内容に影響を与えたのは、宝塚市まちづくり基本条例（2001年）のようである。令和の時代になっても、自治基本条例は制定され続けている。NPO法人公共政策研究所によれば、2024年3月29日現在で、409の自治基本条例がある。

住民参画に関する個別条例も制定されている（東京都）小金井市市民参加条例（2003年）、（埼玉県）和光市市民参加条例（2003年）、（愛知県）岩倉市市民参加条例（2016年）、（千葉県）館山市市民協働条例（2018年）などがある。

ベクトルの方向

ところで、「住民」参画というと、そのベクトルの先は「行政」と考えるのが通例である。「行政決定への参画」というわけである。実際、そうなのであるが、住民自治という観点からは、原理的には「自治体」と考えるべきである。

すなわち、行政も事業者も住民も、「自治体決定」をするためにそれぞれの役割を踏まえて参画する。ベクトルの先は「自治体」なのである。現実には、行政がその役割にもとづき種々の段取りをして住民参画を実現する場合が多いが、行政それ自身も、参画主体のひとつにすぎない。住民活動に行政が参画することもあるだろう。住民が行政に参画する住民参画ではなく、住民に行政が参画する住民参画である。

2　環境行政過程において住民参画はなぜ必要か

1．政策形成過程における住民参画

住民参画の２つの場面

まず、環境行政過程を、政策形成過程、計画策定過程、政策（法律）実施過程に分けて、それぞれにおける住民参画を考えてみよう。政策は、法律や条例によって具体化されるから、住民は、立法者である議員に働きかけて、あるいは、議会の公聴会に出席して陳述をし、自分の意見を反映した法案を作成してもらうのがモデル的な参画といえる。しかし、これは、例外的である。行政が法案を作成し議会の議決を求めるというのが、現実の多くの立法過程である。そこで、とりあえず、それを前提にする。

住民意見の把握

環境公益の形成と実現という自治体環境行政の使命に鑑みれば、最終的決定責任は行政にあるとしても、環境政策の立案や計画の策定に際して住民の意見を踏まえるのは当然である。もちろん、事業者とそうでない者とは異なったニーズを持っているし、事業者間でも、環境に対する利害は一致しない。法律・条例により示された枠組みのもとで、多様な利害を調整して一定の方向にまとめていくのが行政の役割である。

とくに、最近、「合意形成をもとに政策・計画を策定すること」に、行政も関心を寄せているようにみえる。そうした流れのなかで、行政は、コーディネイター的機能をより強く持つようになっている。地域の環境に関する

決定における住民自治の重視ということだろうか。

総合性確保に不可欠

住民参画は、環境基本条例のなかで規定される総合性確保の観点からも必要である。行政は、あらゆる情報を踏まえた総合的判断ができるとはいえないからである。行政としてできる対応とできない対応がある。長期的に考えるべき課題もある。それを、「住民の言いっぱなし、行政の聞きっぱなし」で終わらせるのではなく、政策分野やその熟度ごとに「対話」ができるようにするのが望ましい。一般的に「何でも言え」といってみても、時間と行政コストの無駄遣いになる可能性が高い。

また、政策形成過程における住民参画は、先にみたように、行政意思決定や自治体意思決定の前提としての住民の利害のマクロ・レベルの総合調整、あるいは、合意形成という観点からも重要である。

2．計画策定過程における住民参画

策定過程の重要性

先にも述べたように、環境基本計画や環境管理計画は、環境アセスメントや土地利用の総合調整の際の行政指導において、その運用の指針として重要な役割を持つ→169頁。行政指導に対してそれなりの敬意が払われるようにするためには、その根拠となっている計画が行政のみでつくられたものではなくて、民主的過程を経て策定されたことがポイントになってくる。住民の議論と調整を重ねた結果としての計画ならば、対世的にも、かなり強い事実上の拘束的効果が生じるだろう。

法的拘束力を持つ計画

個別の開発計画を、まちづくり計画や土地利用計画に照らして評価し、不適切と判断されれば、計画変更命令までできることができる旨を規定する条例が制定されている。このように、結果的に法的拘束力を持つ計画には、条例の根拠が必要である。そして、その策定過程においては、計画に記述される環境公益の内容に正統性を持たせるためにも、十分な住民参画を踏まえるべきである。

3．政策（法律・条例）実施過程における住民参画

改めて聴く必要はない？

住民の代表で構成される議会が制定した法律や条例は、社会の多数意見を反映したものであるから、それが忠実に実施される個別的決定の場面においては、改めて個々の住民の意見を聴いたりコ

ミットをさせたりする必要はないというのが伝統的理解であり、現場職員の多くに今なお共有されている考え方であろう。しかし、立法の実態や行政実施過程の実態に鑑みれば、このような理解は適切ではない。その理由は、以下のように説明できる。

抽象的調整の具体的再調整の必要

第１に、法律や条例は、特定の政策実現の観点から、相対立する利害を、全国的ないし地域的レベルにおいて抽象的に調整した結果であり、現場レベルにおける具体的利害調整までを完結的に行ったものではない。そこで、行政処分のような形で環境に影響を与える決定をする場合には、法令の枠組みの範囲内で、関係する諸利害を具体的かつ即地的に再調整・微調整する必要がある。これこそが、行政の役割である。

環境に関する利益は、住民の重大な関心事であるし、（財産権にもとづき開発行為を申請する者と同じ程度かは別にして、）改変を受ける環境について利害を持つ住民は、決定にあたって何らかのコミットをする必要がある。それなく決定されたならば、とりわけ、環境に関する計画が策定されているような場合には、手続的に問題がある。環境公益を積極的に実現する責務を負っている行政は、住民のコミットを可能にする制度を整備すべきである。

「モザイク的公共性」の総合化の必要

第２に、とくに法律は、分担管理原則にもとづく省庁の組織法的管轄の観点や個別目的の観点から制定されているのが通例である。環境政策は環境大臣が担当し、産業政策は経済産業大臣が担当する。しかし、自治体においては、すべてを長が担当する（地方自治法148条）。自治体現場において必要なのは、法律により行政に与えられた権限を、住民のニーズと自治体自身の環境管理政策の視点から行使することである。問題に的確に対応できない時代おくれの個別法規によって与えられた権限を忠実に行使しているために、環境紛争が発生しているという現象は少なくない。住民は、当該自治体における生活者として、縦割り行政法の枠を超えた提案なり意見表明ができるのである。

個別法は、それぞれの観点からの公共性実現を志向するものであるが、それをまとめた「モザイク的公共性」は、自治体現場において、必ずしも合理的解決をもたらさない。この点で、自治体が独自に手続を設けて住民の意見を参考に利害を調整しつつ権限を行使するのは、１人の長のもとで総合的視野に立つことができる自治体環境管理にとって重要である。こうした対応は、自治体を「地域における総合的政策立案・実施主体」と位置づける地方自治法１条の２第１項が求めるところでもある。

情報補完の必要

第３は、情報の不完全性である。具体的な行政処分の直接の相手方からは、許可申請などを通して、(その者に有利な) 情報が行政に寄せられるが、環境利益の方は、行政が十分に考慮できるという根拠のない暗黙の前提がある。これは、環境利益をどう考慮するかは行政に任せればよいという発想である。

すべての場面に適用があるわけではないが、環境アセスメント制度は、こうした状況を是正する機能を持っている。一般に、住民参画は、行政決定の前提となる情報の充実に寄与する。こうした参画の機会をどのように考えるかは、制度設計の問題である。たとえば、個々の決定ごとに設けるのか、それとも環境管理計画や行政指導基準策定の際に、パブリックコメント制度などを通して、住民参画の機会を設けるにとどめるのかという選択がある。

「外部の眼」の必要

第４は、「外部の眼」としての住民の存在が必要なことである。公益実現のために行政は実施されるというのがタテマエであるが、それが必ずしも真実でないのは、経験的に明らかである。的確な情報公開が前提になるが、被規制者との間に癒着的関係が発生していないか、規制権限の発動が不合理なまでに抑制的になっていないかなどを、行政とは異なる観点から評価するシステムの担い手として、住民参画を考えることができる。これは、環境行政の３極関係的性格からも正当化しうる。

法律・条例の実施部隊

第５は、法律や条例の実施の一翼を担う存在としての必要性である。執行活動を行政が独占するように法制度設計がされているのは、日本行政法の特徴であるが、行政リソースの不足により執行が十分にできない状況が常態化している。環境保全・創造活動のたんなる受益者としてではなく、可能な範囲内で法律や条例の実施の一部を分担するという制度設計も考えられる。

「住民代表」としての長

公選による長は、議会とならんで、住民の代表である (憲法93条２項、地方自治法147条)。そこで、行政への住民参画は、自分たちが選んだ長およびその補助機関の活動へのコミットメントという整理も可能である。「住民代表」は、議員だけではない。

3　住民参画の機能と役割

さまざまな立場の住民　以上のような認識に立つと、環境行政過程における住民参画の機能ないし役割は、さしあたり次のように整理できよう。①問題発見・提起者としての参画、②情報提供者としての参画、③政策提案者としての参画、④自己の権利利益防衛者としての参画、⑤公益防衛・形成者としての参画、⑥不当・違法な行政決定の是正者としての参画、⑦事実上の拒否権保持者としての参画、⑧行政活動の監視者としての参画、⑨行政活動の補助者としての参画、⑩合意形成主体としての参画。

①の典型例は反対運動であるが、④⑤⑦と重なる場合がある。行政訴訟の提起となると、⑥である。自然公園法の普通地域から特別地域への格上げに反対する土地所有者の場合は、④ともいえるし⑦ともいえる。このように、これらの整理は相互排他的ではない。

自治体環境ガバナンスのなかでの認識　分権改革のなかで、「住民自治」のあり方に対する関心が、改めて高まってきている。自治体をどのように運営していくべきなのか。これは、環境政策についても、大きな課題である。これを、「自治体環境ガバナンス」というならば、そのなかで、自治体の主権者である住民の役割をどのように考えるかは、意識的に議論されるべきであろう。この点は、環境基本法制定前後の環境基本条例制定過程においては、必ずしも十分な認識がなかったように思われる。

4　環境基本法や環境基本条例における扱い

住民参画への不安感　環境行政過程への住民参画を明確に規定することに対して、行政職員は、かなりの不安感を持っている。環境基本法の制定過程においては、「環境権」と同じく「住民参画」を規定せよという声が高かったが、結局は、明示されなかった。しかし、その後に制定された環境基本条例には、住民参画に何らかの配慮をした規定ぶりになっているものが多いように思われる。

「規定しなくても十分考慮する」という説明を聞くこともあるが、それならば規定しても別段支障はないはずである。規定すると、それを根拠にあれこれ要求され、これまでのように、行政のイニシアティブで参画をコントロールできにくくなるから消極的になりたいところであろう。しかし、規定例の増加は、住民参画とつきあってきた行政の学習成果ともいえる。

2つのカテゴリー　住民参画を具体的に規定している環境基本条例はいくつかあるが、どの場面に取り入れるかについては、2つの立場がある。第1は、政策の立案と実施全般にわたっての参画機会の提供を規定するもので、川崎市条例7条2項、東京都条例16条、岐阜県条例11条、新潟県条例24条が、その例である。神戸市条例27条や滋賀県条例3条2項、11条も、このカテゴリーに含めてよいだろう。第2は、環境基本計画の策定と変更の場面に限定して参画機会の提供を規定するもので、横浜市条例18条3項、(神奈川県) 鎌倉市条例9条3項、福井県条例11条4項、宮城県条例9条3項、(三重県) 四日市市条例8条3項、千葉市条例10条3項がその例である。なお、第1のカテゴリーの条例は、第2のカテゴリーのような規定も持っていることが通例である。

第1の場合には、情報提供者・政策提案者・公益防衛形成者・行政活動監視者としての役割が期待されるし、第2の場合においては、前3者的役割が期待されている。

規定の具体例　基本条例であるから、それほど詳細な規定はできないであろうが、せめて、「都は、環境の保全に関する施策に、都民の意見を反映することができるよう必要な措置を講ずるものとする。」(東京都条例16条) とか、「市は、……施策を実施するに当たっては、……適切な市民参加の方策を講ずるよう努めるものとする。」(川崎市条例7条2項) といった規定は欲しい。滋賀県条例11条の規定は、「県は、……施策の策定および実施に当たっては、当該施策の概要を県民に提示し、それに対する環境の保全上の意見を聴くとともに、必要に応じ、当該施策にその意見を反映しなければならない。」となっている。東京都条例や滋賀県条例のように、義務的に規定する方がよいだろうし、「意見反映」ではなく、より広い含意を持つ「住民参画」という用語を用いる方が妥当であろう。

なお、「意見の反映」というのは、必ずしも適切な用語法とはいえないように思われる。大切なのは意見を表明する機会を効果的に与えることなのであって、それが実際に反映されるかどうかは、別の問題である。住民の意見といっても賛成から反対まできわめて多様であり、それを反映させるというのはどういう意味なのだろうか。いささか無責任に感じられる。「十分に考慮される」「適切に配慮される」という程度が妥当だろう。

5　住民参画の手段

ところで、住民参画といっても、その具体的手段は多様であり、目的に応じて使い分けられる。いくつかを具体的にみておこう。

1．意見書

徐々にひろがる制度例

住民の意見表明の方法としては、意見書がある。たとえば、都市計画法の都市計画案に対する意見書提出は、２週間の縦覧期間満了日までである（17条２項）。保安林の指定と解除に関して、森林法も、公示日から30日間にかぎり、意見書提出を規定する（32条）。２週間なら短いような気もするが、１カ月なら妥当だろう。

自然環境保全法は、保全計画策定にあたっては特段の住民参画措置を講じないものの、自然環境保全地域指定にあたっては、「当該区域に係る住民及び利害関係人」に対して意見書提出権を与えている（22条５項）。種の保存法にもとづく国内希少野生動植物種選定にあたっての義務的提案募集制度（６条５項）や生息地等保護区指定に際しての意見書提出手続（36条６項）が規定され、自然公園法にもとづく風景地保護協定締結にあたっても同様の措置が講じられている（44条２項）。意見書の機能の理解次第では、行政訴訟における原告適格判断にも影響を与えよう。

アセス条例のなかでの扱い

環境影響評価条例では、計画段階環境配慮書・方法書・準備書に対する意見書提出が規定されている。期間は、２週間とするものが多い。岐阜県環境影響評価条例や東京都環境影響評価条例は、45日以内とする。意見書は、公聴会などよりも行政コストがかからない制度である。インターネットを利用しての意見提出と行政の回答も可能であるから、政策立案や実施の節目節目で、もっと活用されてよいだろう。「千葉県里山の保全、整備及び活用の促進に関する条例」（2003年）のように、「インターネットの利用」による意見提出を明記するものも現れるに至っている

(10条)。環境影響評価法は、2011年改正によって、アセスメントの各段階におけるインターネット利用を明確に規定した(7条、16条、27条)。

2．説明会・公聴会

裁量的か義務的か

説明会は、事業者が住民に一定事項を説明して意見を聴取する場である。公聴会は、行政が同様のことをする場である。住民参画との関係でいえば、これらは、広く住民から口頭による意見を聴く方法である。住民と事業者に参加を求めて、「対話形式」で運用する場合もある。例は少ないが、前記森林法32条は、意見書提出があった場合に、公聴会開催を義務的としている。都市緑地法4条4項は、市町村が「緑地の保全及び緑化の推進に関する基本計画」を策定するにあたって、公聴会開催を義務的とする。種の保存法の場合は、裁量的である。意見書提出に関する規定はないが、鳥獣保護法のもとでの鳥獣保護区設定にあたっては、公聴会開催が義務づけられている(28条6項)。河川法にもとづく河川整備計画策定(16条の2第4項)やダイオキシン法にもとづく土壌汚染対策計画策定(31条3項)にあたっても同様である。

都市計画法16条の公聴会は、「必要があると認めるとき」と規定されているように、裁量的である。資料が不十分なままでの公聴会開催は違法として公聴会開催通知の取消しが求められた訴訟において、ある判決は、裁量性を認めたうえで、すべての住民に公聴会で意見を述べる権利が当然に保障されているわけではない、公聴会は権利義務に直接的に何らの影響も及ぼさないとして、通知の処分性を否定している(名古屋地判平成11年6月5日判自176号118頁)。公聴会を義務的とする神奈川県環境影響評価条例19条をめぐっては、対象となる住民と事業者の関係は公法上の法律関係であって、公法上の当事者訴訟の要件(行政事件訴訟法4条)を満たすとする裁判例もある(横浜地判平成19年9月5日判自303号51頁)。「川崎市環境影響評価に関する条例」23条は、関係住民の申出があった場合に、市長は条例準備書に関する公聴会を開催するものとすると規定する。

行政手続法制のもとでの展開

行政手続法10条は、申請に対する処分(例：許可)の根拠法規が申請者以外の利害の考慮を処分要件としている場合には、行政庁は公聴会などを開催して意見聴取をするよう努めると規定する。しかし、これは根拠法の解釈に委ねられる。

そこで、条例によって、公聴会などの手続を追加的に規定することは可能である（例：福岡県行政手続条例（1996年）10条）。これは、法律実施条例的なものになる。また、独自政策条例のなかに行政計画策定や協定締結が規定されていれば、それらに関する行政手続を規定することも考えられる。そうなると、これからの行政手続条例は、法定自治体事務についての独自の行政手続と法律にもとづかない事務（および、行政指導）についての行政手続を包含する制度として構想できる。広義の行政手続条例といえようか。イメージとしては、〔図表11・1〕のようになる。

〔図表11・1〕　新たな行政手続条例のイメージ

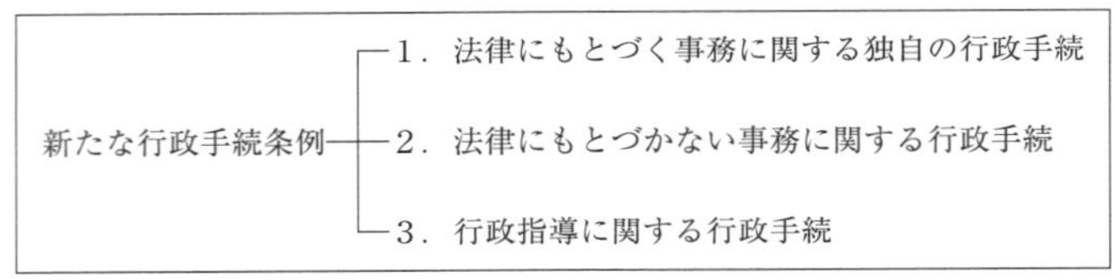

（出典）　著者作成。

対話を重ねる重要性　公聴会については、適切に運用されれば合理的意思決定に大いに資するという評価が多い。それは、口頭でのやりとりを重ねるうちに住民・事業者・行政が理解を深め、批判を通じて主張を再検討する機会を持つことができるという前提があるためであろう。

しかし、現実には、参加者は虚心坦懐というわけではない。このため、反対派の意見をいわせるだけいわせるという「ガス抜き」的運用がされ、免罪符的機能しか有さないことにもなりかねない。行政が政治的にも行政的にも固まった案を持って臨んでいる場合が多いことも、住民の不信感を募らせる原因であるし、「一発で決めよう」とする姿勢にも問題がある。公開討論会的な公聴会を含め、案の熟度に応じて何回か用意するのが適切だろう。

とくに行政処分については、古典的理解によれば、行政庁の一方的決定なのであるから名あて人やそれ以外の者との「対話」などはありえない、「行政庁がしっかりしていればよい」というのかもしれない。それはそれとして重要であるが、法律にもとづきつつも、地域特性に適合した制度設計や権限行使のあり方を考えるにあたっては、名あて人や利害関係者との対話が重要というべきである。

なお、公聴会は、行政が主宰するものである。したがって、開催にあたっては、たんに反対派だけではなく、賛成派の議論も提供されるような工夫をすべきである。

根回し　「ハレの場でのトラブル」を極度に嫌う行政は、根回しに奔走する。前記鳥獣保護法の場合は、公聴会主宰者が一方的に決定する公述人の意見を事前に聴いて回り「行けそう」という感触を得てはじめて公聴会開催となる。住民参画といっても、意見を聴かれる人とそうでない人（傍聴人にならざるをえない）とでは、大きな違いになるのである。同法の公聴会規定は、戦後占領期の法改正で、GHQの指示のもと、アメリカ法の強い影響を受けて設けられたものである。しばらくは、利害関係人の自由な議論を受けて行政が決定するというタテマエ通りの運用がされていたのかもしれないが、現在では、そうなっていない。もちろん、利害調整の場を公式化することがよりよい決定につながるとはかぎらない。ただ、非公式であったとしても、行政過程の民主性と信頼性をいかに確保するかには、より多くの関心が払われるべきである。

土地所有権に対する「神聖不可侵意識」が強い日本では、公用制限が課されるゾーニングをするにあたって、地主の承諾や同意を求める運用がされるのが実情である。岐阜県希少野生生物保護条例（2003年）は、指定希少野生生物保護区内に立入制限地区を設ける際に、土地所有者の同意を要件とする（21条2項）。この場合、土地所有者は、拒否権保持者→214頁として、行政過程に参画している。OECDは、こうした状況について、「強い私的土地利用権と開発による圧力のため、公共の福祉を実現するためのゾーニングや規制といった施策がとりづらくなっている」と指摘している（OECD（編）『OECDレポート日本の環境政策：成果と課題』（中央法規出版、1994年）135頁）。

廃棄物処理施設の立地と説明会　説明会で注目されるのは、廃棄物処理施設の立地をめぐる紛争処理に関する条例のなかで、説明会が効果的に用いられている例である。たとえば、「福岡県産業廃棄物処理施設の設置に係る紛争の予防及び調整に関する条例」（1990年）は、廃棄物処理法にもとづく許可申請に先立って事前手続を設け、事業計画説明会の開催や意見書に対する見解書説明会の開催などを規定している。同法のもとでの施設に関する基準が不十分で地下水汚染のおそれが否定できないが基準をクリアする申請は許可せざるをえなかったという問題があり、それに対応するために制定された面がある。説明会をする事業者は、たんに法律により要求されている基準を満たしていると主張するだけでは十分ではなく、住民の提起する種々の問題に回答することが求められている。説明会における住民からの質問に事業者が答えられず、後日再度説明するという実態もある。そうした過程を経て、（両者の合意（納得・諦め？）によって、）基準を超えた安全性のより高い施設が可能になる。法令にもとづいて行政が一方的に決定するシステムを硬直的に運用することにより発生する不合理を、住民参画によって是正している例である。後にみる鳥取県条例も、説明会を有効に活用している→292頁。

３．同意制

拒否権つき参画？

住民参画の一形態と整理できるかには疑問もあるが、現実の行政において多用されているのが「同意」である。取得対象とされる住民にとっては、行政過程において、拒否権を持った参画が認められているといえる。第９章でみたように→188頁、同意書提出という形での同意取得を法的に強制するのは違法であるが、ここでは、それが求められる理由や機能に即して整理しよう。

産業廃棄物行政と同意制

同意書取得が問題になることが多かったのは、産業廃棄物処理施設設置手続においてである。環境省大臣官房廃棄物・リサイクル対策部産業廃棄物課『都道府県・政令市における産業廃棄物の処理施設設置等に係る行政指導等の実態調査』（2002年２月）によれば、調査対象とした98団体の約58％において、要綱にもとづいて、同意（および住民説明）が求められていた。これは、廃棄物処理法の事前手続である。

自治体側の理由

環境省調査は、同意制を採用している自治体側の理由を紹介している。それによれば、①「住民と設置者との間の設置前後の紛争防止・回避」、②「地域調和型施設の実現」、③「不十分な許可制への対応」、④「悪徳業者のふるいわけ」、⑤「早期の情報提供」といった理由があげられている。

同意が調達されないかぎりは紛争は延々と継続するから、①は、制度化の理由としてはよくわからない。②と③に関しては、法律が不十分であれば、上乗せ条例を制定したり協定を締結したりして、いずれにせよ行政が積極的に出るべきものであり、設置者と住民との交渉に委ねる問題ではない。④もそうである。⑤については、それなりの理由はあるが、行政手続の整備によりされるべきものである。根拠を要綱とすることから推測されるように、条例対応の適法性に疑問が持たれている点に原因があるのだろう。

同意の意義について、ある判決（福島地判平成28年5月24日判時2342号66頁）は、「産業廃棄物処理施設が周辺の環境に影響を及ぼす可能性があることから、周辺住民との間で紛争が生じることがあり得るため、事業者に対し、産業廃棄物処理業を円滑に実施し得るよう、周辺住民の理解と協力を得ることにより、事業者と周辺住民との間の利害を調整し、もって紛争を未然に防止すること等」と整理する。①のみに注目した認識である。

瞬間最大満足？ 同意が得られれば、たしかに、外見的には、紛争は回避される。上乗せ的な構造が実現されれば地域調和型でより安全な施設は期待できる。しかし、それは、極端にいえば、「同意調達の瞬間」だけのことである。同意書が添付されているから、知事は「安心して」許可ができるが、同意の前提になっている施設の状態が現実に確保され、それが将来的にも維持されるかは、保障のかぎりではない。そう考えれば、行政が同意を求めるというのは、責任回避の面がないとはいえない。協定ならば、継続的に義務履行がされなければならない点で、より確実性がある。

事業者側の理由 ところで、事業者側がこの行政指導に応じる理由は何だろうか。第1には、「従っておいた方が許可取得がスムーズに進むと考えるから」である。行政指導に従わないことを理由に許可申請を受けとらないのは違法であるが→187頁、事業者は、行政とトラブルを起こしてトクなことは何ひとつないと考えるのが通例であり、たいていは従ってしまう。

第2は、「地元に受け入れられることが重要だから」である。それなりの迷惑をかけることは事業者も認識しているから、この点は理解ができる。地元市町村は、都道府県と住民との間にはさまって辛い立場にある場合が多い。同意取得をしたある事業者の心情について、「同意がとれれば役場にも迷惑を掛けずに計画を進めることができると考え」という認定をする判決もある（名古屋地判平成14年3月20日判自240号102頁）。

第3は、「行政手続法制についての知識がないから」である。明らかに違法な行政対応もあるが、それを評価できる法的リテラシーがないのである。

同意書義務づけ条例　同意書は、要綱にもとづく行政指導によって求められる場合が多かった。ところが、最近では、その取得を条例にもとづく許可の基準とするものが散見される。

たとえば、（新潟県）「柏崎市ペット葬祭施設の設置等に関する条例」（2003年）は、ペット葬祭施設の設置を許可制にするが、許可基準のひとつとして、「ペット葬祭施設の設置に係る土地の隣接土地所有者及び地元町内会の同意を得ていること。」（６条２号）を規定する。無許可設置者に対しては使用禁止命令が出され、その違反は、50万円以下の罰金となっている。同じく、命令違反を50万円以下の罰金に処するとする（滋賀県）「彦根市ペット葬祭施設の設置等に関する条例」（2007年）は、同意の範囲を「隣接する土地の所有者および当該土地に居住する世帯の代表者」（６条１項２号）とする。（長野県）富士見町環境保全条例（1988年）は、「関係地域の同意が得られること。」（18条１項５号）という曖昧な対象範囲の同意を許可基準とし、無許可行為に停止等命令（40条）、命令違反を10万円以下の罰金とする（43条１項）。なるほど構成要件は一見明確であり、それゆえに検察協議もパスしたのであろう。（長野県）「安曇野市太陽光発電設備の設置等に関する条例」（2023年）は、事業区域の境界からおおむね30メートル以内の区域の土地・建築物所有者、居住者、事業区域が所在する区の長などの書面による同意を事業許可要件とし（13条１項２～３号）、無許可工事に対して中止命令（23条２項）、命令違反に対して過料を規定する（30条１号）。いずれにおいても、住民同意の取得が法的義務となっている。

違法の疑い　しかし、私有財産の使用収益を他人の拒否権にかからしめる制度の適法性は疑わしい。先にもみたが、「正当の理由なく同意を拒否してはならない。」というような法規範（適法に観念できるか疑問であるが、）がない以上、設置者に対して不可能を強いる結果になるからである。また、共有地の場合には全共有者が土地所有者になるが、多数共有者事案においてその全員の同意を取得するのは、不明者や海外在住者などもいるため、きわめて困難な場合が少なからずある。「同意を取得すべき対象者のリストを示せ」と求められても、行政は個人情報を提供できないはずである。このように、規制規準を充たすことに加えて同意書取得を法的義務とする条例は、比例原則に反して違法である。

廃棄物処理法の法律実施条例と位置づけられる「三重県産業廃棄物の適正な処理の推進に関する条例」（2008年）のもとでは、かつて、三重県産業廃棄物処理指導要綱とあいまって、施設許可の要件として、隣接地土地所有者全員および指定範囲の世帯主・事業所責任者の５分の４以上の同意書取得が義務的とされていた。違法性が高い仕組みであったが、2020年改正によって、「関係住民との合意形成が図られているか」（28条１項）というように手続的観点からの審査に変更され、現在、同意書取得は不要となっている。合理的な対応である。

現在も要綱にもとづき同意制を運用している自治体は多い。しかし、法律申請の事前手続としてこれを位置づけている場合、同意が調達されなくても法定手続を進めないわけにはいかないという限界に鑑みて、これを廃止し、手続を明確にする条例化対応が目立つようになってきた。さいたま市は、「産業廃棄物処理業に関する許可の手続等を定める要領」にもとづき同意制を実施していたが、「周辺住民への情報提供や住民意見を反映する機会が十分とは言えず、手続としても不透明な部分が多い」という認識のもとに、2015年に「産業廃棄物処理施設の設置等の手続に関する条例」を制定した。

４．審議会

住民委員と「御用住民」

自治体には、地方自治法138条の４第３項にいう附属機関たる審議会に公募の住民委員を積極的に登用し、政策を一緒につくっていこうという雰囲気が、少しずつではあるが出てきている。（東京都）小金井市市民参加条例（2003年）は、「附属機関等への市民参加」という独立の章を設け、公募委員設置の原則と例外事例における市の説明義務、原則30％以上の比率、男女対等構成の原則、選考基準と選考理由の公表など、画期的な方針を規定している。

期数の制限は必要である。小金井市条例は、原則３期までとしている。市民委員についていえば、就任希望者が少ないためか、同じ人が長期にわたって委員となっている場合もある。「もっと住民にわかりやすい言葉で……」などという意見しか述べることができない（それにもかかわらず、住民意見も聴いたことにされてしまう）のでは、まさに「御用住民」であり、行政は、より広く人材をさがすべきである。

（埼玉県）和光市市民参加条例（2003年）も審議会委員の原則公募制を規定するが、応募者不足や固定化が問題になっていた。そこで、新たな参加方策が検討され、いわば委員のストックとして公募委員候補者登録制度を発足させた。登録は、①住民基本台帳から無作為抽出した18歳以上の市民（議員と職員を除く。）に意向確認をして同意を得られた人、②それ以外の希望者について、これを行う。

公募行政委員　「公募」といえば、住民委員だけではなく、最近では、行政職員委員の公募制を採用する自治体も出てきている。もちろん、これは、事務局の傀儡委員というわけではない。「純粋住民委員」の信頼が得られるか微妙であるが、行政のエキスパートであり課題に対する関心も高いとなると、会議を活性化し、合意形成に大きな役割を果たしうるだろう。

プロセスの大切さ　事務局に求められるのは、よりよい方向を粘り強く探る努力をすることである。大量の資料を配布され一方的に説明を受けて「ご意見を」といわれれば困ってしまうのは、立場を代えて考えてみればすぐわかる。また、審議会の審議を公開するかどうかは別にして、審議内容を住民一般に広く周知し、状況に応じて意見を求めるという運用も検討されるべきである。的確にボールを投げかければ、住民の側に環境行政に関する責任意識を持たせることも可能になるのである。自治体住民参画においては、こうした「プロセスの大切さ」が重視されるべきであろう。

学識経験者の「学識」　審議および決定の妥当性を担保するためにも、学識経験者のうち、とりわけ研究者に関しては、それぞれの専門の環境分野についての見識がどれほどあるか、当該分野に関する業績目録を公開すべきである。大型野生動物の専門家が一人もいないような審議会の答申にかかる特定鳥獣保護管理計画（鳥獣保護法７条、７条の２）の内容を適切なものと信じよといっても無理である。なお、二元代表制に鑑みれば、審議会委員からは、議員は除外すべきである。

会議の公開　川崎市は、1999年に、全国初の「川崎市審議会等の会議の公開に関する条例」を制定した。同旨の条例は、増加している。これらは、住民や学識経験者などを構成員として設置される附属機関としての会議の公開に関するものであり、行政職員のみによるいわゆる庁内会議に関するものではない。

介護や個人情報といった行政分野とは異なり、環境に関しては、個人や法人のプライバシーが問題とされることは比較的少ない。また、自治体にとって重要な環境問題であるからこそ審議会の場で審議されるのであるから、住民の傍聴権を明確にしたうえで、会議は公開にされるべきである。非公開としても、発言者明記の会議録の作成・公開は当然である。

なお、環境に関する会議といっても、苦情処理的なものもある。たとえば、滋賀県環境基本条例にもとづいて設置されている環境自治委員会は、そうした性格も持っている→101頁。この制度の場合、申立人の陳述は公開であるが、委員のみの会議は、委員会規則にもとづき非公開となっている。

アウトリーチ活動　事務局が提供する資料によりつつ審議をするというのが、審議会の通常の活動である。しかし、それだけでは、提供資料にバイアスがあるという疑いを持たれるかもしれない。審議会自身が、より積極的に情報収集をしてよい。

たとえば、審議会が住民やNPOのところに出向いていってヒアリングをするとか、公聴会・討論会を実施して、地域住民などの意向を直接把握するのである。こうした対応は、「アウトリーチ活動」と呼ばれている。

5．市町村（民）の意見聴取

都道府県の政策形成における市町村の重要性　とくに都道府県の政策形成にあっては、市町村の意見聴取が重要である。環境基本条例のなかにも、「国及び他の地方公共団体との協力」という一般的な規定を持っているものが多い。個別条例に規定するかどうかは別にして、広域的環境管理という観点から、市町村の意見を踏まえることは、都道府県にとっても市町村にとっても意味がある。

たとえば、環境管理計画策定に際して、両者が全く連携を持たずにいたならば、計画は「絵に描いた餅」になる可能性が高いし、それ以前に、計画の内容は、きわめて貧弱なものになってしまうだろう。県民ということで直接意見書提出を認めてもよいが、町長が県に意見を述べる段階で、町民の資格で町長に意見を伝えるという方法もある。

県条例における市町村民の扱い　県の環境管理行政といっても、あらゆる事項が、全県的重要性を持っているわけではない。環境管理の基本方針は県民全体の利害にかかわるが、県内の特定市町村に関する決定については、県の行政システムを総動員してするほどではない場合もある。そこで、県条例に住民参画を規定するとしても、一定の場合には、市町村条例に委ね、その結果を県条例のシステムのなかに吸収するという制度設計も考えられる。

市町村長の意見申立制度　住民参画からは若干ずれるが、都道府県知事の行政実施に対する市町村長の意見申立制度を設けるという制度設計もある。たとえば、法律ないし条例の執行権限を県知事が有している場合において、執行リソースの制約などの理由で、適切な執行がされていないことが少なくない。住民は、県民として困っているというよりも、町民として困っている。そうした場合に、県の環境基本条例で、一般的に、市町村長なり市町村民の意見申立制度を規定するという制度設計が可能である（国法における制度化の例として、騒音規制法21条３項、振動規制法16条１項参照）。市町村に一方的に何かを義務づけるものではないから、こうした措置は、都道府県と市町村の対等性の原則に反するものではなく、役割分担を踏まえた対応といえる。

また、たとえば、町のまちづくり条例などのなかで、県が権限を持つ法律や県条例の違反者に対して、とりあえず町が行政指導で対応してそれが功を奏しなかった場合には、「関係機関へ協力を要請するものとする」と規定することが考えられる。要請した旨を公表してもよいだろう。これは、上乗せ条例でも横出し条例でもなく、いわば「後押し条例」である。

６．行政権限の発動促進請求

環境権の手続的側面　法律や条例の執行にあたり、行政が適切な権限行使を怠っている場合、住民がその発動を請求する制度が考えられる。これは、住民参画の一形態、あるいは、環境権の手続的側面としても整理できる。

調査請求権　すなわち、住民の方から行政に対して、権限を積極的に発動してもらうように請求する制度を条例化するのである。典型７公害により人身被害を受けていると思う住民が行政に対して汚染実態を調査するように求めることができる規定を持つ埼玉県生活環境保全条例（2001年）４条、三重県生活環境の保全に関する条例（2001年）102条、名古屋市「市民の健康と安全を確保する環境の保全に関する条例」(2003年) 123条1項 (同旨の制度は、名古屋市公害防止条例 (1972年) 39条に設けられていた。これは、議員修正により挿入されたようである) がその例である。いずれも、請求者に対する調査結果通知を義務づける。こうした打返しは重要である。

行政措置発動請求権　環境法規の3極関係的理解、環境公益の実現、そして、環境行政の透明性と説明責任の観点からは、たんなる調査請求に加えて、(大阪府) 枚方市公害防止条例 (2013年) のように、一定の場合における個別的措置発動請求の制度化も検討されてよい。同条例34条は、「市民は、公害が発生し、又は発生するおそれがあるときは、市長に対し、その事態を除去するために必要な措置を講ずべきことを求めることができる。」と規定する。また、前記名古屋市条例124条は、「現に公害に係る被害を受け、又は受けるおそれがある者」についてではあるが、同条例にもとづく規制措置 (行政処分に限定) 申立てを認め、原則として、必要な規制措置を講じるとともに、申立人に通知をすると規定している。講ずる必要がないと判断する場合でも、30日以内に、理由つきで通知をするとしている。応答義務と通知に関して規定しているのは適切である。これらがないと、せっかくの申立ても「市長への手紙」としていい加減に処理されかねない。(東京都)「国立市次世代に引き継ぐ環境基本条例」(2010年) 26条は、より一般的に、「市民は、環境の保全のために必要な措置を講ずるよう市長に申し出ることができる。」と規定し、市長に対して、適切な措置義務を課すとともに、申出内容および措置経過を明らかにする努力義務を課している点で注目される。中野区環境基本条例 (1998年) 7条は、環境保全に関する区民・事業者の区長に対する意見申出権を規定するとともに、区長に対して適切な措置義務を課している。行政手続法や行政手続条例で規定される「処分等の求め」は、一般法として機能するだろう→186頁。国についてみれば、2015年度には145件の求めがなされ、26件 (17.9%) について求められた処分等がされている (最近の統計はない)。

消費者保護行政の分野であるが、(滋賀県) 野洲市くらし支えあい条例 (2016年) 22条は、消費者安全法等の違反事実がある場合に、権限を有する行政庁等に対して「処分等の求め」をすることを市長に義務づけている。公務員の刑事告発義務を想起させる (刑事訴訟法239条2項)。

法律では、独占禁止法45条が、何人も公正取引委員会への措置請求ができる旨を規定し、同委員会に、請求者に対する検討結果通知を義務づける。また、消費生活用製品安全法52条が、主務大臣に対する措置請求権を規定し、申出内容が事実ならば、措置を義務づける（家庭用品品質表示法10条も参照）。

行政措置請求権の実体

たとえば、「県民は、知事に対し、行政処分等を行うべき旨の請求をすることができる。」「知事は、行政処分等の必要の有無を決定し、理由とともに請求者に通知しなければならない。」と規定した場合、その実体は何だろうか。

おそらく、それは、「行政回答請求権」である。「何もしない」という内容であったとしても、とにかく回答を請求することができる権利を条例で創設したということになる。

回答請求権ではないが、措置請求権と措置検討義務を創設する「神奈川県資源の循環的な利用等の推進、廃棄物の不適正処理の防止等に関する条例」（2022年）は注目される。同条例13条は、「何人も、県の区域内において廃棄物の不適正処理が行われ、又は行われるおそれがあると思料するときは、知事に対し、その旨を申し出て、当該廃棄物の不適正処理に関する調査その他適切な措置をとるべきことを求めることができる。」（１項）、「知事は、前項の規定による申出があったときは、速やかに必要な調査を行い、その結果に基づき必要があると認めるときは、当該廃棄物の不適正処理に関する適切な措置をとらなければならない。」（２項）と規定している。産業廃棄物行政に対する信頼の確保と県民のより積極的な不適正処理防止に対する関与を明確にしたのである。早期通報が違反拡大防止につながった実例もある。

「京都府絶滅のおそれのある野生生物の保全に関する条例」（2007年）10条、「徳島県稀少野生生物の保護及び継承に関する条例」（2006年）10条は、保護の対象となる指定稀少野生生物の指定等を知事に提案できる権利を住民に与えている。提案を受けた知事は、検討の結果を理由とともに提案者に通知する。こうした仕組みは、種の保存法2017年改正による種選定提案募集制度につながっている→216頁。

多治見市是正請求手続条例

行政権限の行使を促すための一般的な制度化をしたのが、（岐阜県）多治見市是正請求手続条例（2009年）である。３条１項は、「何人も、市の機関の行為等が適正でないと考えるときは、当該行為等の是正を請求することができる。」と規定する。多治見市条例は、行政手続法の2014年改正に影響を与えた。先にもみたように、この改正により、法律違反状態の是正のための処分がされていないと考える場合、「何人も……当該処分……をすることを求めることができ」(36条の3第1項)、「……行政庁（又は行政機関）は、……必要があると認めるときは、当該処分……をしなければならない」(同条3項)のである。

継続的関心を制度的につくる　法律や条例の実施が、自己の生命・健康にかかわるならば話は別であるが、そうでないような場合には、行政の実施活動に対して継続的な関心を持つ住民やNPOは少ないのが実情である。そこで、適度の緊張感を持って環境行政を進めるためには、「外部の眼」として、「環境行政モニター」を制度化するという方法が考えられる。

これを環境行政の下部組織として位置づけるのは、妥当ではない。附属機関として、環境オンブズマンのような組織を持っている自治体ならば、そのもとに位置づければよい。環境行政モニターは、自己の利害関係とは、とくに関係なく、環境公益の実現の観点から、環境行政全般をみる存在となる。その意見は、オンブズマンによって検討され、必要がある場合には、長に対して意見具申がされることになろう。住民を環境モニターに委嘱している例は多いが、行政の調査の協力や講演会への参加が、主たる活動内容である。それに加えて、「行政ウォッチャー」としての任務を与えるのである。

7．パブリックコメント制度

自治体の標準装備　情報公開条例と行政手続条例は、公正・透明で民主的な行政運営のための自治体標準装備といわれている。それらに加えて、注目されているのが、パブリックコメント制度である。

行政決定に対する参画に関しては、そのタイミングが遅いことが指摘されていた。ほとんど最終決定に近い状態で情報提供をして意見を求める（ふりをする）という運用が多かった。行政内部的には、実質的に決まっている内容を正統化するための免罪符にされてきた面がなかったとはいえない。

しかし、住民自治の拡充が求められる地方分権時代にあっては、自治体の重要決定に際して、行政が、住民に対して、修正可能な案を示して意見を求め、それを踏まえて最終的決定に至るようなシステムが必要になってくる。

提案内容を「自分の言葉」で説明し、住民の意見に謙虚に対応する。パブリックコメント制度は、そうした機能を持ちうる「自治体の標準装備」なのである。説明のための情報提供をして住民のチェックを受け、それを踏まえて再検討をして再度説明をするという点では、アカウンタビリティを果たすという意味を持つ制度でもある。また、「過去形情報」を提供する情報公開制度との対比では、「現在進行形情報」を提供するのがパブリックコメント制度である。

（神奈川県）横須賀市は、2001年に、「市民パブリック・コメント手続条例」を制定し、条例案をはじめとする多種の行政施策案に対して、市民意見を募集し、それを踏まえて、案のバージョンアップをしている。施行前期間を含めて、426件の実績がある（2024年４月１日現在）。意見ゼロの183件を除く243件については、修正された案が136件あり、修正率56.0％である。2005年改正により導入された行政手続法39条にもとづき実施されている中央政府の意見公募手続の状況は、ウェブサイトで確認できるかぎりでは〔図表11・2〕の通りであるが、これと比べると、かなりの高率である。

〔図表11・2〕　中央政府のパブリックコメント結果

	意見公募手続（件）	意見あり（件）	意見なし（件）	反映（件）	反映率（％）
2017年度	999	798（3）*	195	169	21.3
2016年度	939	723（9）*	207	123	17.2
2015年度	1,030	735	265	153	20.8
2013年度	449	322	127	123	38.4
2009年度	765	418	347	136	32.5
2008年度	930	485	445	122	25.2
2007年度	839	455	383	131	28.8

*カッコ内の数字は、最終的に命令等が定められた事案数。統計処理の関係で、合計数が合致していないところがある。

（出典）　総務省「行政手続法の施行状況に関する調査結果」の各年度版より著者作成。なお、本調査は、現在実施されていない。

多様な規定方式　パブリックコメント制度については、横須賀市のような単独条例方式以外にも選択肢がある。第１は、情報公開条例の１か条で規定するものである（例：群馬県条例（2000年）５条、埼玉県条例（2000年）５条、滋賀県条例（2000年）27条）。第２は、自治基本条例の１か条で規定するものである

（例：（神奈川県）平塚市条例（2006年）22条１項）。この場合、具体的内容は、規則や要綱などで別途規定されることになる。（神奈川県）愛川町条例（2004年）は、自治基本条例ながら17～19条に具体的規定を持つ点で特徴的である。第３は、行政手続条例の数か条で規定するものである（例：千葉県条例（1995年）38～44条、高知県条例（1995年）38～44条、福岡県条例（1996年）37～43条）。第４は、市民参画条例の数か条で規定するものである（例：（千葉県）流山市条例10～12条、「奈良市市民参画及び協働によるまちづくり条例」（2009年）14条）。

実施が義務的になる　案の段階で住民の意見を聴取するという試みは、これまでになかったわけではない。環境基本条例や環境基本計画の案策定段階では、かなり充実した住民参画を実施してきた自治体がある。パブリックコメント類似のこともされていただろう。ただ、それは、「行政が必要と考えるケースについて行政が必要と考える参画をさせる」にすぎなかった。パブリックコメントは、それを一般的な形で制度化する。対象に含まれれば、やらないという選択は、原則としてなくなるのである。

自治体意思決定への影響　こうした制度が定着すると、どのような効果が期待されるのだろうか。第１は、職員の政策法務能力の向上である。条例案の場合には、それを適法というための解釈論や適切というための法政策論が必要になる。立法事実も明確に示さなければならない。

第２は、住民の政策法務能力の向上である。制度がタテマエ通り機能すれば、説得力あるコメントは採用されるから、住民には、行政に対案を提示したりする能力を開発するインセンティブが生まれる。

「議会軽視」？　なお、条例案をパブリックコメントにかけるとなると、議会よりも先に審議されるようにみえるために、特権階級意識からか、議会により「議会軽視」という批判がされることがある。しかし、これは誤解である。

条例案に関するパブリックコメント制度は、あくまで条例案をよいものにするための措置であり、上程された案をじっくりと審議して議決する権限は、議会のみに留保されているからである。「規則に定めるところにより」とか「市長が特に必要と認める場合には」というフレーズが多用される条例案を提案される方が、（議会自身は気づいていないだろうが、）余程「議会軽視」である。議員のご機嫌を損なわないため、パブリックコメントにかける直前に議会の全員協議会の場などで案件の説明をする行政も少なくない。

８．条例案比較検討会方式

住民も条例案をつくる

最近では、議員が条例を提案するケースも増えてきたが、圧倒的多数は、長提案である。その場合、行政の条例案作成過程に住民参画を取り入れる例がみられるようになってきた。これは、望ましい傾向であるが、一歩進んで、住民自身に条例案をつくってもらい、行政の案と比較するという「条例案比較検討会方式」も考えられる。

大磯町の試み

（神奈川県）大磯町では、2001年にまちづくり条例を制定するにあたって、住民に条例作成を呼びかけたところ、（内容は多様であるが、）７つの案が提案された。それらと行政の案をつきあわせて、公開の場で議論をしたのである。

ともすれば、住民は、行政の案に対して文句をいうだけで、対案を提示することは少なかった。しかし、自分で条例案を考えるとなると、「こうなればよい」と思っていることがやはり難しいとわかったり、行政の用意する案に対する理解も深まったりする。行政も、住民が具体的に提案してきているのであるから、それが採用できない場合には、「なぜダメか」を説明しなければならない。こうした過程を経ることによって、まちづくり行政に対する住民の理解も深まり、また、行政職員の政策法務能力も向上するのである。

９．そのほかの態様

いろいろな実例

住民参画に関するより枠組的な把握としては、パブリックインボルブメント（public involvement）がある。行政の案が固まっていない時点から住民を巻き込んで計画立案をするというものである。

そのほかの具体的手法としては、たとえば、環境基本計画などで最近活用されているワークショップ、いわゆる迷惑施設立地に際して利用されることがある法的拘束力のない諮問型の住民投票、地方自治法74条にもとづく条例案の直接請求がある。COVID－19対応のなかで図らずも一般化したオンライン会議は、住民参画の新たな可能性を拡げている。

行政活動の補助者としての参画に関しては、不法投棄者特定につながる情報提供者に１万円の報償金を支給する（群馬県）桐生市不法投棄防止条例

(2001年)(具体的には、施行規則5条2項)が注目される。現在では問題は収束したが、いわゆるピンクちらしの撤去に住民の参画を期待する「宮城県ピンクちらし根絶活動促進条例」(2001年)、「宮崎市ピンクちらし等の配布行為等の防止に関する条例」(2004年)も興味深い。

行政を介さずに、住民に対して、事業者の作業監視をする権限を直接に認めるものもある(安全確保は必要である)。(愛知県)「犬山市埋め立て等による地下水の汚染の防止に関する条例」(2001年)20条は、「市民及び利害関係人は、作業の監視のために、随時作業区域に立ち入ることができる。」(1項)、「前項の立ち入りにあたっては、作業主等は正当な理由なくこれを拒むことはできない。」(2項)(罰則はなし)と規定している。

6　住民参画を支えるもの

1．住民参画を支援する制度づくり

「インフラ整備」の必要

行政や民間の専門業者は、専門性・資金力・活動できる時間的余裕の点で、住民よりもはるかに優位に立っている。そのような状況を放置して、「参加できます」といっても、効果的ではない。そこで、行政過程における住民参画の意義を踏まえた場合には、効果的な活動が可能になるような「インフラ整備」が必要である。現実的には、個々の住民というよりも、組織であるNPOに対する種々の支援が問題となる。住民参画に関して種々のシステムを持つアメリカ合衆国でも、その制度を利用しているのは、団体が多いのである。

増加するNPO関係条例

この点に関して、NPO活動を促進・支援する目的の条例制定が目立つようになってきた。1998年に、特定非営利法人活動促進法が制定され、認証を得た団体は、活動上、少しは有利になったようである。しかし、NPOは多様であり、認証されない団体も少なくない。また、法律が与えるベネフィット以外にも、自治体独自の措置もありうる。そうした対応をする例としては、(愛知県)大口町NPO活動促進条例(2000年)、(愛知県)豊田市市民活動促進条例(2006年)がある。

環境基本法は、NPO活動への資金・情報提供を規定しており(26～27条)、環境基本条例にも、同様の規定を持つものがある。NPO関係条例は、環境管理に関するかぎりで、基本条例の具体化と整理することができよう。

活動資金支援と専門性支援　第１の具体策は、活動資金支援である。国レベルでは、環境事業団に設けられた地球環境基金があるが、それから漏れるような活動を、自治体レベルで支援することが考えられる。横浜市市民協働条例（2012年）は、市民公益活動に対して、活動場所の提供や財政的支援を規定する。前出の奈良市条例は、「市民参画及び協働によるまちづくり基金」を設置する。また、環境NPOにとっては、活動場所の確保も重要な課題である。「仙台市協働によるまちづくりの推進に関する条例」（2015年）は、「仙台市市民活動サポートセンター」の設置を規定している。

第２は、専門性支援である。政策形成や法令実施の場面で、住民は行政や事業者と交渉することになるが、技術論や法律論を駆使されると、対等な議論ができない場合がある。相手方と「共通語」で議論できないと、交渉は難しいのが現実であろう。弁護士会の協力を得て一定限度で弁護士を派遣してもらう仕組みや都市計画エンジニアを公費で派遣できるような仕組みが検討されてよい。（神奈川県）「大和市みんなの街づくり条例」（1998年）は、登録制の地区街づくり準備会および認定制の地区街づくり協議会に対して、街づくりの専門家の派遣などの技術的支援をすることなどの支援策を規定している。広く利用できるわけではないが、自前の「シンクタンク」を持っている自治体では、住民を研究員に任命することも考えられてよい。

行政意思決定手続情報の公開　そのほか、情報公開条例を活用した情報公開が、NPO活動の支援に大いに資するのはいうまでもない。また、効果的な住民参画を実現するためには、行政の意思決定手続がどのようになっているのかに関する情報も提供される必要がある。この情報がないと、参画といっても、タイミングを逸してしまう。予算が決定してからや決裁の後では、どうしようもないのである。実効的な周知が不可欠である。パブリックコメント制度においても、対象行為がどれくらいの熟度のときにいつ頃コメントを求めるかに関する情報をあらかじめ提供しておかなければ、NPOは十分な準備ができない。この点で、「予告制度」を持つ横須賀市条例は注目される。→230頁

決め方の決め方？　住民参画のあり方は、住民自治のあり方の問題でもある。分権時代においては、それぞれの自治体なりの住民参画制度の工夫

が求められている。自治体におけるものごとの決め方をどのようにして決めるのかという問題にも通ずる。

これまでの住民参画は、行政が仕切っていたといってもよい。行政決定のどの段階でどの程度のコミットメントをしてもらうのかは、行政の裁量であった。しかし、行政が住民と協働して自治体運営を進めようと思うならば、住民参画のあり方それ自体も議論して決めるべきことになる。

「決め方の決め方」を協働で行うという立場に立つならば、たとえば、環境管理計画策定にあたってコンサルタントを雇うとした場合、複数に企画書を出させて、住民参画も踏まえて最終的に契約相手を決定するという対応もありうる。「行政による行政のための住民参画」を「住民による自治体のための住民参画」に変えることは、自治体環境行政の大きな課題である。→210頁

どのような住民参画とするかは、自治体の総意として、議会が自治基本条例なり住民参画条例のなかで決めるべきであろう。これは、環境にはかぎられない。参画に関して、たんに一般的な理念規定を置くだけではなく、たとえば、（北海道）「富良野市情報共有と市民参加のルール条例」（2005年）のように、さらに踏み込んで、参画の対象、時期、方法を明記するものもある。

2．誰が監視者を監視するか

住民は「いい人」？

住民参画には、行政が独善的決定をすることを防止したり、被規制者と癒着的関係に陥ることを予防したりするという機能があった。いわば行政活動の監視者の役目を、住民に期待したといえる。これは、参画する住民が常に「良識があり無私である」ことを前提としているようにみえる。しかし、それは経験的事実に反するだろう。

競争相手を陥れようと参画したり、きわめてエゴイスティックな動機にもとづいて参画したりすることはある。「住民参画」という美名のもとに、結局は、現住民の既得利益のみが保護されることもある。自分の都合がよいときだけの「つまみ食い」的参画ということもある。

特定住民参画？

現実には、すべての住民が同じように環境法政策過程に参画するわけではない。会議などが平日の昼間に開催されるとなれば、退職したシルバー層のように、参画が可能な住民の属性は決まってしまう。そのなかでも活動的な人は限定されるから、結局、「特定住民参

画」となる。そうなってしまえば、そのほかの住民は入りにくくなる。悩ましい問題である。

住民参画は、比較的楽観的に語られるきらいがあるが、「誰が監視者を監視するか」「どのような住民参画が合理的なのか」という問題は、住民参画制度を考える際に、忘れてはならない。この点について、制度運営のコストとして目をつぶるか、何らかの対策（著者に妙案はないが、）を考えるかは、意識的に議論すべき課題である。

サイレント・マジョリティの扱い

また、行政には、「（多くの場合、反対の）意見を表明する住民は少数派であり、多数は賛成している」という意識が強い。その真偽はともかく、住民投票のような非日常型の方法によるのではなく、積極的に表明されない「サイレント・マジョリティ」の意見をどのように把握するかも、あわせて検討されるべき課題である。

参考文献

- ■阿部昌樹『自治基本条例：法による集合的アイデンティティの構築』（木鐸社、2019年）
- ■宇都宮深志＋田中充（編著）『事例に学ぶ自治体環境行政の最前線：持続可能な地域社会の実現をめざして』（ぎょうせい、2008年）80頁以下
- ■大久保規子「環境規制と参加」大塚直先生還暦記念論文集『環境規制の現代的課題』（法律文化社、2019年）35頁以下
- ■大田直史「まちづくりと住民参加」芝池義一＋見上崇洋＋曽和俊文（編）『まちづくり・環境行政の法的課題』（日本評論社、2008年）154頁以下
- ■大橋洋一「市民参加と行政手続：地方公共団体の行政手続の実態分析」同『現代行政の行為形式論』（弘文堂、1993年）69頁以下
- ■大森彌『自治行政と住民の「元気」：続・自治体行政学入門』（良書普及会、1990年）189頁以下
- ■川崎健次＋中口毅弘＋植田和弘（編著）『環境マネジメントとまちづくり：参加とコミュニティガバナンス』（学芸出版社、2004年）
- ■北村喜宣「地方分権時代の自治体行政と市民参画」同『分権改革と条例』（弘文堂、2004年）258頁以下
- ■北村喜宣「同意制条例」同『行政法の実効性確保』（有斐閣、2008年）35頁以下
- ■田中充＋中口毅博＋川崎健次（編著）『環境自治体づくりの戦略：環境マネジメントの理論と実践』（ぎょうせい、2002年）

■常岡孝好『パブリック・コメントと参加権』(弘文堂、2006年)
■原科幸彦（編著）『市民参加と合意形成：都市と環境の計画づくり』(学芸出版社、2005年)
■人見剛＋辻山幸宣（編著）『協働型の制度づくりと政策形成』(ぎょうせい、2000年)
■山口道昭（編著）『協働と市民活動の実務』(ぎょうせい、2006年)
■山下竜一「市民参画」髙橋信隆＋亘理格＋北村喜宣（編著）『環境保全の法と理論』(北海道大学出版会、2014年) 180頁以下

第12章　規制執行過程と自治体環境行政

●天下御免のマイ・ペース？

1　執行権限行使の実態

規制執行最前線　環境法はどのように実施されているのだろうか。違反に対しては、不利益処分などの監督措置や罰則を規定する法律が多いが、実際にどのように使われているのだろうか。行政の対応に一定の傾向が観察されるとすれば、それはどのような要因によって説明されるのだろうか。適切な執行とはどのようなものだろうか。より公共性にかなう規制執行過程を実現するには、法政策的にみて、どのような対応が可能だろうか。

本章では、著者の実態調査を踏まえた研究、さらには、最近の研究をもとにして、第一線の行政現場における執行権限行使の実情に迫ってみよう。

2　規制システムと法律違反への対応

実施体制　以下では、水質汚濁防止法のもとでの排水基準違反と、廃棄物処理法のもとでの産業廃棄物不法投棄に対する自治体環境行政組織の対応を取りあげる。両法の実施事務は、調査当時は機関委任事務であって、都道府県知事・政令市長に権限が与えられていた。実際には、行使される権限の内容によって、専決規程などを根拠に、保健所長や行政センター所長に決裁権限・執行権限が委任されている場合が多い。なお、本章の記述の前提となる調査は、機関委任事務時代のものである。

水質汚濁防止法　関係する範囲で水質汚濁防止法の法システムをみると、大要次の通りである。所定のカテゴリーに属する特定施設が設置される特定事業場のうち公共用水域に排出水を排水するものには、届出義務が課され（５条）、排水基準の遵守が義務づけられている（12条）。違反やそのおそれのある事業場に対しては、改善命令が出される（13条）。改善命令違反には刑罰が科される（30条）ほか、排水基準違反それ自体も刑罰の対象になる（31条１項１号）。いわゆる直罰制である。

廃棄物処理法　廃棄物処理法は、「何人も、みだりに廃棄物を捨ててはならない。」と規定する（16条）。その違反は、刑罰の対象になる（25条1項14号）ほか、違法委託のような場合には、投棄者のほか、処理を委託した者に対して、当該投棄物件の適正処理や原状回復を求める措置命令が出される（19条の5）。廃棄物処理法も、不法投棄禁止義務違反に対しては直罰制を採用しているほか、命令違反には刑罰で対応している（25条1項5号）。

警察の関与　刑罰を科すにあたっての捜査は、警察（都道府県警察、海上保安庁）によってなされる。したがって、違反に対しては、改善命令や措置命令といった行政的対応をするほか、行政は、違反者を警察に告発すればよい。また、直罰制であるから、警察は、行政とは独立して違反に対応できる。

3　違反の発見

自主測定と抜打ち検査　水質汚濁防止法の場合、行政による違反の発見は、ほとんどが事業場への原則として抜打ちの立入検査による。排水基準が数値表示されているために、違反かどうかの認定が容易なのが、水質汚濁防止法の特徴である。

排水の測定は、事業場によっても行われているが、立入検査の際にチェックしても、そこに違反が記録されていることは皆無である。立入検査による違反発見がそれなりにあることに鑑みれば、自主測定の信憑性には疑問が持たれるが、何しろすでに「水に流されている」ため、行政としても、対応のしようがないのが実態である。実際には、違反摘発は、警察や海上保安庁の粘り強い内偵捜査にもとづく検挙に頼らざるをえない。捜査の端緒としては、内部通報もそれなりにある。

権限発動要件認定の困難な廃棄物処理法　一方、廃棄物処理法の場合、不法投棄の発見は、ほとんど住民などからの通報となっている。水質汚濁防止法のように、事業場で違反が発生するのではないから、当然といえる。ただ、それが「生活環境の保全上支障が生じ、又は生ずるおそれがあると認められるとき」という措置命令要件に適合しているかどうかの判断は、水質汚濁防止法の排水基準違反のように一見明白とはいかない。

4　違反への対応

少ない監督処分

水質汚濁防止法違反に対しては、必ず何らかの措置が講じられている。そのほとんどすべては、行政指導である。投棄者などが判明している不法投棄の場合も同様である。勧告権限は法律には明記されていないが、両法がこれを排除する趣旨でないのは明らかである。廃棄物処理法の場合、権限発動要件が不明確であると現場では認識されているために、指導に流れる面がないではない。これに対し、水質汚濁防止法違反ははっきりとわかり、また、排水基準違反（のおそれ）が処分要件である。それにもかかわらず、改善命令が出されることは、全体としてみればきわめて稀である。

水質汚濁防止法の場合

水質汚濁防止法のもとで改善命令が出されるパターンは、概ね２通りある。第１は、何度かの行政指導が功を奏さなかった場合である。第２は、人体や環境への影響が大きい健康項目（例：シアン、カドミウム、六価クロム）に関する排水基準違反の場合である。第２の場合には、指導を経ずして直接処分となることが多いようである。また、警察の摘発が先行した場合にも、いきなり命令になる傾向が観察される。

廃棄物処理法の場合

警察（海上保安庁は含まず。）が検挙する環境事犯の圧倒的多数は、〔図表12・１〕にみる通り、廃棄物処理法違反である。この傾向は、20年前より継続している。ところが、行政処分である廃棄物処理法にもとづく措置命令件数は、水質汚濁防止法のもとでの改善命令数より

〔図表12・１〕　環境犯罪の法令別検挙件数の推移（2014～2022年）

（単位：件）

区分＼年次	2014	2015	2016	2017	2018	2019	2020	2021	2022
総数	5,628	5,741	5,832	5,889	6,308	6,189	6,649	6,627	6,111
廃棄物処理法	4,909	4,979	5,075	5,109	5,493	5,375	5,759	5,772	5,275
水質汚濁防止法	2	0	0	0	2	3	1	0	0
その他*	717	762	757	780	813	811	889	855	836

*その他は、種の保存法、鳥獣保護法、自然公園法等である。
（出典）　警察庁および環境省資料から著者作成。

もかなり少なかった。

とりわけ産業廃棄物不法投棄に対する社会的関心の高まりを受けて、環境省は、一定の判断基準を示したうえで、命令を積極的に発動するようにとの技術的助言（地方自治法245条の4）を2001年に出した（『行政処分の指針』（最新は2021年改訂版））。それ以降、命令件数は増加傾向にある。

5　行政指導志向とその理由

是正の完了　水質汚濁防止法にせよ廃棄物処理法にせよ、行政指導による処理が圧倒的に多い理由のひとつは、それによって、少なくとも行政の満足する程度に違反が是正されている事案が多いからである。行政職員に「とりあえず行政指導」という傾向があること、また、行政リソースに制約があるために、行政手続などに手間がかかる行政処分を回避したがることもあげられる。

環境保全意識の定着　水質汚濁防止法施行直後は、命令件数もかなりあった。同法施行以前は、実質的規制がほとんどなかったために、事業者の意識を高める必要があったし、水質保全への行政機関の強い意欲と態度を示す必要があったのだろう。現在では、汚濁防除施設も整備され環境保全意識も定着してきているという認識が行政にはある。故意の違反は少なくなっているので、行政処分のような「手荒な」方法で、相手方とコミュニケーションしなくてもよいのである。

この点で、産業廃棄物の不法投棄は違っている。うっかり捨てるということは、まずありえない。社会問題としても、クローズアップされている。にもかかわらず、環境省の技術的助言以前には、処分件数は、水質汚濁防止法の改善命令よりも少なかった。なぜだろうか。

6　措置命令はなぜ少ないか

発動要件の抽象性　「生活環境の保全と支障が生じ、又は生ずるおそれがあると認められるとき」というように、数値化された排水基準の違反のおそれに対して出される水質汚濁防止法の改善命令と比較して、廃棄物処理法の措置命令は、発出要件が抽象的である。この点に関して、同法所管官庁である厚生省（当時）から特段の通達は出されていなかったので、機関委任事務ではあったが、現場が判断せざるをえない現実があった。生活環境侵害は、人の生命・健康侵害よりも汚染の影響が時間的に早く発生しその深刻さも低いが、とりわけ1991年改正以前は、「重大な支障」という厳格な要件がついていたこともあって、その認定には、いきおい慎重になったのだろう。処分要件の抽象性と厳格性が、第1の理由である。この点は、1991年改正法において、「重大な」が削除されたために、それ以降、現場では、少しではあるが、要件の認定が楽にはなっていた。ただ、「廃棄物性」の認定は、廃棄物処理法制定以来の（そして、おそらくは、永遠の）難題である。

命令の実現可能性に対する懸念　第2は、命令の実現可能性に対する懸念である。要件が充たされたとしても、投棄者の資力や意思との関係で撤去が確実に保証されないかぎりは、権限を発動しても意味がない。産業廃棄物処理行政の最終目的は適正処理の確保であり、措置命令を出すことではない。措置命令は代替的作為義務であり、履行されないと行政代執行になるが、手間と予算がかかる（名あて人が無資力だと貸倒れのおそれもある）ために、通常は、行政の念頭にない。それゆえに、いきおい行政指導による対応に傾くのである。違反が社会的に問題となった際、行政が何の対応もしていなければ、世間の目は厳しい。しかし、「現在、厳しく指導しています」といえば、当面の批判をかわすことができる。「結果主義」の警察とは対照的に、行政は、「プロセス主義」なのである。

深刻さの公的認知のためらい　第3は、深刻さを公的に認知することへのためらいである。これは、行政の面子の問題ともいえる。すなわち、措置命令の発動は、命令要件が充足していることを行政として社会的に認知する意味がある。命令が履行されれば問題はないが、そうでない場合には、「生活環境への（重大な）支障」があると行政は認識しているにもかかわらず効果的な対応ができないでいる結果になり、それに対しては、社会の眼も厳しくなろう。そうした状態に自らを追い込む可能性のある選択は、通常、なかなかされない。

取り込まれ　産業廃棄物の不法投棄の場合、違反者に行政が取り込まれてしまっている。状況の改善は「おそろしく面倒なこと」であり、組織が「打って一丸」にならなければ進まない。しかし、組織のスイッチを入れるのは、日常的行政運用においては誰もやりたがらない作業である。かくして、のらりくらりの言い訳に付き合いつつアリバイづくりのための行政指導が繰り返されるだけで、違法行為はますますエスカレートするのである。規制をする側の行政が、される側の違反者に取り込まれている(capture)。

行政による実施　費用回収のめどが立たないがゆえに命令に消極的になるという実態に対しては、廃棄物処理法1997年改正によって、基金制度が設けられた(13条の13第5号、13条の15)。行政が自ら作業を実施し(19条の8)、国費および一部産業界からの拠出により造成された基金からの助成を受ける。環境法の基本的考え方である原因者負担原則に照らせば不合理であるが、これを硬直的に適用して生活環境の悪化が深刻化するのを回避するためのやむにやまれぬ施策である。

7　改善命令の多い理由と少ない理由

「伝家の宝刀」意識　それでは、水質汚濁防止法の改善命令の場合はどうであろうか。行政処分は「最後の手段、伝家の宝刀」という意識は、廃棄物処理法の措置命令の場合よりも強く持たれている。告発は考えないのが通常である水質保全行政にとって、改善命令や一時停止命令は、行政としてできる最後の措置である。すなわち、土俵際であり後がないのであって、抜かれる刀は必ず切れないと面子にかかわるのである。

そこで、警察の介入やマスコミ報道などの「外圧」のない「日常型」の違反事例においては、命令しても改善が期待できない場合や命令実現にかかるコストに事業場が耐えられない場合には命令しないという自治体、実現の確実な裏づけのないままに命令を多発するとインフレになって命令の権威や価値が低下すると懸念するために発動を控える自治体などがある。

ところで、改善命令の場合は、廃棄物処理法の措置命令と異なって、自治体によって、発出状況に明確な傾向が観察できた。件数が多い自治体が、決まっているのである。調査時においては、千葉県、鹿児島県、千葉市について命令傾向が有意に強かった。このような違いは、なぜ生じたのだろうか。

マニュアルへの「忠誠度」

この点に関しては、法律執行に関する内部基準の存在とそれへの「忠誠度」の違いが指摘できる。違反処理にあたってのマニュアル的内部基準を持っている自治体は多い。処分件数の多い千葉県・千葉市では、これを比較的忠実に執行していたのである。行政の安定性と一貫性を確保するために作成している内規であるため、それに従わないと、行政職員により違反に対する対応が異なり適切ではないと考えられている。ほかの自治体なら行政指導に流れるような違反でも、改善命令により対処されているケースがあったと推測される。ところが、マニュアルを持っていない鹿児島県の命令数も、相対的に多かった。これは、どのように説明されるのだろうか。

威嚇効果への期待

鹿児島県のこの傾向は、行政処分という公式的対応の持つ威嚇効果への期待によって説明できる。先にみたように、水質汚濁防止法の執行は、知事などから内部委任を受けた保健所職員などによって行われることが通例であるが、同県では、県庁の数人の職員のみで、規制対象施設数が決して少なくない全県を直接担当していた。執行リソースが決定的に少ない以上、きめ細かい指導や立入検査が十分にできなくても違反が発生しない状況をつくりだす必要がある。そこで、改善命令を出すことにより、「県は積極的に法律を執行している」というメッセージを規制対象に与え、それによって、違反がやりにくいという認識を持たせるという執行戦略であったのである。

8　執行にあたる行政職員の認識

協調的関係の重視

行政処分のもたらす影響として多くの行政職員が指摘したのは、相手方との関係の悪化である。この傾向は、水質汚濁防止法の場合の方が顕著であった。好むと好まざるとにかかわらず事業場との間に継続的関係を持たざるをえない行政は、協調的な関係をつくり、円滑に行政指導をすることができるようにしておきたい。改善命令は、そうした関係の維持にあたって、決定的な打撃を与えるというわけである。命令数の多い千葉県・千葉市では、そうしたことは、現実の問題として認識されていなかったのであるが、そのほかの自治体では、関係悪化の懸念が、権限発動を抑制的にしている面がある。一般に、「江戸の仇を長崎で討たれる」ことを事業者がおそれるために、任意とはいえ行政指導の効果があると説明されるが、執行の場面では、行政職員の方が、逆に「長崎の仇を江戸で討たれる」ことを心配しているという皮肉な状況にある。

「やる気になってもらわないと……」　産業廃棄物の不法投棄の場合には、無許可業者や排出事業者が投棄者である例も多く、執行担当部局との間に、許可や届出を通じた行政法関係があるとはいえない。にもかかわらず、行政処分が少ないのは、前述の理由のほか、適正処理のためには、とにかく本人に「やる気」になってもらわないといけないからである。

9　告発が少ないのはなぜか

気長な行政・短気な警察？　排水基準遵守義務違反あるいは投棄禁止義務違反で警察が被疑者を検挙したケースのほとんどすべてにおいて、行政指導が先行している。すなわち、行政が、先に違反情報を把握して、何らかの対応をしているのである。

直罰制とはいっても、一般に、警察は、どのような内容の違反に対しても強制捜査に乗り出すのではない。「選択と集中」は、警察の捜査方針の基本であり、それなりに可罰性のある事件のみを対象にする。したがって、実際に摘発された事例においては、警察は、悪質性の程度が高いと考え、行政は、（義務であるにもかかわらず（刑事訴訟法239条２項））告発するほどではないと考えていたことになる。行政指導の効果はあると自らは認識している行政であるが、警察には、生ぬるい指導を気長にやっていると映るようである。

行政の消極性の理由　行政の側の理由を整理すると、次のようになる。①告発により相手方の態度が硬化し行政との良好な関係の維持や投棄物件の自主的撤去に支障をきたすと考える、②告発をする際の事務量やその後の警察による参考人としての事情聴取を考えるとただでさえ足りない時間が余計に足りなくなるのを懸念する、③規制を遵守させたり遵守能力をつけさせたりするのは行政の役割であり処理を警察に委ねるのは役割の放棄と考える、④略式命令を経て数万～数十万円程度の罰金支払いで終了する事例が大半であるが、（とくに産業廃棄物の不法投棄の場合、）違法行為による利益と比較するとその額は微々たるものである。懲役刑となっても執行猶予がつく場合が多く、そもそも刑罰の効果に対して疑問を持っている。

とはいえ、暴力団が関与している不法投棄事案のように、行政の「手に余る」ケースでは、告発の例もある。不法投棄に対する刑罰は、厳格化している。警察が適正処理を違反者に指示すると、後を引き受ける行政の指導も効果的になるようである。また、裁判官の心証に影響を与えるべく、警察から告発を依頼される場合もある。「行政のいうことをきかない悪い奴」ということになると、多少は量刑に影響があるようである。

10　「マイ・ペース」行政とその是正方法

外圧に曝されない執行　行政の執行状況は、一般には、外部に知らされない。どの違反に対してどのような措置が講じられどのような効果があがっているのかは、ブラック・ボックスのなかであり、結果的に、行政は、「外圧」に曝されることなく、「マイ・ペース」で活動できる。

ところが、警察の摘発があった後には行政処分になりやすいという傾向からもわかるように、厳正な措置をとるべきときにとっているとはいえないような事情がある。摘発がなかったら、延々と行政指導が継続されていたかもしれない。その場合には、環境に対して違法に負荷を与える状態が続く。

住民の眼を意識させる　違反者と「一見さん」的関係にしかない警察よりも、継続的関係を持たなくてはならない行政の方が、違反処理にあたって考慮する要素が多い。警察のようなスタンスで対応できないのは、理解できないではない。ただ、そうとしても、住民のために行われるべき環境行政であるから、規制執行にあたっても、住民の眼を意識させる必要がある。そのための具体的な方策については、第10章・第11章でも指摘した。→205頁、226頁

「公野の用心棒」登場！　とりわけ産業廃棄物行政の場合、違反者のなかには、粗暴な態度で行政職員に対する者も少なくない。指導現場で危険な目に遭遇したり、職場で大声でわめき散らされたりして、正常な執務環境が脅かされているという実情がある。香川県豊島（てしま）事件もそうであったが、行政が及び腰の対応になる理由のひとつは、こうした点にある。

そこで、現職またはOBの警察官が産業廃棄物行政部署に在籍する事例が

増えてきた。2023年度は、全国で約563人が行政現場で活躍している。1997年度は少なかったが、最近の非警察関係者を含めた監視・指導担当職員数の推移は、〔図表12・2〕の通りである。こうした人事によって、正常な職場環境が、回復されてきているようである。行政にとっては、「荒野の用心棒」ならぬ「公野（公務分野）の用心棒」のような存在である。違反者への強い指導や告発ノウハウの提供によって、以前に比べると、結果的に、原状回復に要する期間が短縮されているように思われる。

〔図表12・2〕　不法投棄の監視・指導担当職員等配置人数の推移（警察関係者・非警察関係者別）

	1997年度	2017年度	2018年度	2019年度	2020年度	2021年度	2022年度	2023年度
警察関係者（含OB）（人）	84	540	545	558	565	569	563	563
非警察関係者（人）	789	1,328	1,370	1,387	1,422	1,397	1,354	1,280
合計	873	1,868	1,945	1,945	1,987	1,966	1,917	1,843

（出典）　環境省資料から著者作成。

11　公共性にかなう規制執行とは

「行政を強制する」法システム

刑罰・監督処分・行政強制という伝統的手法が十分に機能していないことを踏まえて、情報の利用や行政的課徴金・執行罰など経済的インセンティブを利用した行政手段が提案されている。これらは、どのようにすれば住民・事業者の行動を効果的にコントロールできるかという問題関心を前提にするものである。その重要性は否定されないが、それと同様に重要と思われるのは、いかにして行政に効果的に権限を行使させるかである。行政強制といえば、通常、「行政が強制する」という意味であるが、これからは、「行政を強制する」法システムを考える必要がある。行政自身の法令コンプライアンスが求められる。

なお、行政上の義務履行確保手段としての課徴金や執行罰（強制金）については、条例で規定することは可能と解される。ただ、強制徴収ができるとする法的根拠を欠くため、納付命令で額を確定させ、公法上の当事者訴訟を通じて債務名義を得て強制徴収することになる。

効果的な執行とは？

いかなる違反にも厳格に対処すべきというわけではない。軽微な違反に行政指導で対応するのは、健全な執行活動であろう。

しかし、なかには、悪質な違反に対しても、本章でみた様々な理由により、毅然とした姿勢をみせずに対応しているケースがある。そうした対応にはそれなりの意味があると行政職員はいうかもしれない。そうであるならば、その理由を具体的に示すべきである。何が適切な執行なのかは、行政のみで完結的に判断できるものではない。

もっとも、「何が適切な執行レベルか」を「どのようにして決定するか」は、困難な問題である。環境リスクが高い違反に対して集中的に執行リソースを投入するのが効率的であるとはいえるが、そのほかの場合は、どうだろうか。効果的な執行とは、どのような状態なのだろうか。また、執行リソースの内容に差がある自治体行政の現状に鑑みれば、すべての現場において同等の執行レベルを期待すべきなのだろうか。なかなか難問である。

参考文献

■阿部泰隆『行政の法システム（上）〔新版〕』（有斐閣・1997年）168頁以下、同（下）421頁以下・445頁以下

■大橋洋一「行政手法から見た現代行政の変容」同『行政法学の構造的変革』（有斐閣、1996年）３頁以下

■北村喜宣「環境法における公共性」同『環境政策法務の実践』（ぎょうせい、1998年）３頁以下

■北村喜宣『行政執行過程と自治体』（日本評論社、1997年）

■北村喜宣『行政法の実効性確保』（有斐閣、2008年）

■平田彩子『行政法の実施過程：環境規制の動態と理論』（木鐸社、2009年）

■平田彩子『行政現場の法適用：あいまいな法はいかに実施されるか』（東京大学出版会、2017年）

■福井秀夫「行政代執行制度の課題」公法研究58号（1996年）206頁以下

■松原英世『企業活動の刑事規制：抑止機能から意味付与機能へ』（信山社出版、2000年）

■「〔特集〕行政法の実施過程研究」行政法研究53号（2023年）

第13章　自治体環境行政をめぐる争訟

●分権法治主義の実現をめざして

1　争訟における自治体行政の位置

環境行政と争訟　住民・事業者が、自分の権利利益が侵害されているとして環境行政に対して何らかの不満を持ち、それを法的に解決しようと考えた場合、その手段には、行政手続によるものと司法手続によるものとがある。一般に、前者としては、行政不服審査法にもとづく行政不服申立制度がある。一方、後者としては、行政事件訴訟法にもとづく抗告訴訟や当事者訴訟、地方自治法にもとづく住民訴訟、国家賠償法にもとづく国家賠償訴訟などの裁判がある。これらは、法的拘束力ある裁断行為をするものであり、包括的に「争訟」と呼ばれている。

自治体は、常に申し立てられたり、訴えられたりするばかりではない。たとえば、一方当事者として、公害防止協定の履行を求めるべく事業者を被告として民事訴訟を提起する場合もある→73頁、75頁。国や都道府県によってなされる関与の取消しを求める訴訟を提起することもできる（地方自治法251条の5、252条）。以下では、受け身的に対応する場合について解説する。住民訴訟と国家賠償訴訟については、本書では扱わない。

2　オンブズマンと公害紛争処理

住民の「代理人」　法的拘束力ある決定をするのではないため争訟に含めることはできないが、最初にオンブズマンと公害紛争処理に触れておこう。不満の行政的処理という観点から重要な仕組みである。

スウェーデン語で「代理人」を意味するオンブズマンは、行政活動に関する住民の苦情申立てを受けて行政を調査し、勧告などをすることにより、法治主義にかなった行政運営の確保を目的とする制度である。日本では、1980年代から制度化されるようになってきた。

オンブズマンには、対象事項についてとくに限定をしない「一般的オンブズマン」と限定をする「分野別オンブズマン」がある。条例がなければ存立しえないわけではないが、その重要性に鑑みれば、条例で規定するのが適切であろう。先にみたように、一般的オンブズマン条例としては、川崎市市民オンブズマン条例がある。環境行政に関する分野別オンブズマンとしては、滋賀県環境基本条例27〜29条の規定する「滋賀の環境自治を推進する委員会」、(岐阜県)御嵩町環境基本条例22〜25条の規定する環境オンブズパーソンがある。→101頁

公害紛争処理法

公害に対する紛争については、公害紛争処理法にもとづいて救済を求めることもできる。大規模事件や広域事件などは、公害等調整委員会（公調委）の所管になるが、それ以外は、都道府県が任意で条例設置できる公害審査会の所管となる。そこでは、申立人は、あっせん、調停、仲裁という手法が選択できる。裁判のように法的判断のみをするのではなく、紛争解決を目標にして、社会通念や常識をも用いて当事者の互譲を引き出すのである。それに加えて、公調委には、損害賠償責任や因果関係について裁定をする権限が与えられている。また、独自の予算で調査をすることも可能である。環境基本法２条３項が規定するように、「公害」とは、相当範囲にわたる人間活動起因の「大気汚染、水質汚濁、土壌汚染、騒音、振動、地盤沈下、悪臭」による健康被害または生活環境被害である。もっとも、公害紛争処理法のもとでは、これを緩やかに解して、広く紛争を受けとめる運用がされている。

工場騒音をめぐっての工場と住民の紛争が典型的なケースであるが、公共事業の場合には、行政も事業者として一方当事者となりうる。また、行政の法的権限の発動が求められる場合もあるし、不適切な権限行使により損害が発生したような場合には損害賠償も求められうる。廃棄物処理法の権限の不適切な行使が問題とされた豊島（てしま）産業廃棄物水質汚濁被害等調停事件では、香川県が被申請人とされた（公調委調停平成12年６月６日公害紛争処理白書2001年版19頁）。一般廃棄物処理をめぐる杉並病原因裁定事件では、東京都が被申請人となっている（公調委裁定平成14年６月26日判時1789号34頁）。

公害審査会の重要性

公害紛争処理法が利用された有名事件は、公調委によるものが多い。ただ、公調委は扱う事件にも限界があり、また、東京１か所にしかないために、一般に、住民にとっては縁遠い存在である。

一方、都道府県の公害審査会は、専門性や予算などの点で、公調委と比較

すれば力不足は否めない。しかし、より身近な存在であるために、潜在的には、環境紛争の解決に関して、大きな可能性を秘めている。現在では、環境政策課などの職員が委員会事務局員を兼務しているためどうしても「片手間仕事」となり、「できれば来てほしくない」のが本音である。しかし、その潜在的可能性、そして、調停などの事務が法定自治事務であることに鑑みれば、公害紛争の解決のために、地元弁護士会に積極的に宣伝をすることや兼務職員の増員をすることなど、意義を十分に認識した体制整備が求められる。

市町村の環境紛争処理　公害紛争処理法のもとで、都道府県および市区町村は、公害苦情相談員を置くことができる（49条２項）。2021年度においては73,739件の相談があったが、大半が市区町村の窓口に寄せられている。

市町村のなかには、（北海道）北斗市公害防止条例（2006年）13条や（山梨県）北杜市公害防止条例（2004年）11条のように、環境に関する条例のなかで、紛争処理に関する規定を設けるものもある。さらに踏み込み、特定の負荷発生源に関する紛争に関する処理制度を規定する例もある。（長野県）天龍村地下水資源保全条例（1993年）は、地下水採取に関する紛争について、村長に申立てができるとする（24条）。「横浜市墓地等の経営の許可等に関する条例」（2011年）は、「第５章 紛争の解決」（25～36条）において、墓地埋葬法の許可申請前段階における墓地設置をめぐる紛争の処理に関する詳細な手続を規定している。これらの仕組みが前提とするのは、私人間紛争である。

3　行政不服申立て

行政内部の自己統制とその長所　日本における行政手続による紛争解決制度の一般法は、1962年制定の行政不服審査法である。同法は、2014年に大改正された。

裁判では、第三者たる裁判所が、原告の法的救済に関係する範囲で、自治体行政の活動の違法性を審判する。これに対して、行政不服審査法にもとづく不服申立ては、行政自身による手続であるため、国民の権利救済機能に加えて、行政の自己統制機能も併有しているとされる。なお、この制度は裁判ではないため、結論に不満があれば、裁判所への出訴は保障されている（憲法76条２項）。

裁判と比較しての日本の行政不服申立制度の特徴としては、一般に、①簡易迅速な救済が得られる、②手数料が無料である、③適法・違法という法適合性に加えて適法ではあるが裁量権行使の当・不当という妥当性も審理できる、④情報公開の分野では多数の紛争が行政不服申立てにより解決しているため裁判所の負担軽減が図られる、といった点が指摘される。

指摘されてきた短所　訴訟と比較しての行政不服申立制度の最大の短所は、公正中立性の希薄さである。2014年改正前の行政不服審査法のもとでは、異議申立てという制度があった。これは、不許可処分をした行政庁（実際は、担当課）自身が審理をする。虚心坦懐な再検討は、現実には期待できないだろう。処分庁の上級行政庁に対して行う審査請求という制度であっても、審理をする上級行政庁は処分庁と実際には意見調整をしている場合が多い。申立者には「同じ穴のムジナ」と映るに違いない。外部専門家を委員とする附属機関である審査会が審議をする情報公開条例制度は例外的である。

簡易迅速性については、法目的に規定されてはいるものの、これを担保する制度は存在していない。行政には、不服申立てを処理する専門の組織があるわけではなく、また、余計な仕事であるためにこれに積極的に対応する意欲も乏しい。実際には、遅延が常態化していた。

2014年の大改正　認識されていた問題点に対応すべく、2014年に、行政不服審査法は、1962年制定以来の最大の改正を受け、2016年４月１日に施行された。環境行政に従事する自治体職員はもとより、住民も弁護士もこの改正の内容と意義を十分に理解して、法治主義の一層の実現のために取り組まなければならない。

改正法の内容は、大きく５つに分けられる。①不服申立ての種類の一元化（２条）、②審理員制度の導入（９条）、③行政不服審査会制度の導入（43条）、④審査請求期間の延長等（18条）、⑤審理の迅速化（16条）である。④については、従来の60日以内が３ヵ月以内になり、⑤については、行政手続法にならって標準審理期間の設定努力義務が課された。

申立資格と申立対象　行政不服審査法は、「行政庁の処分に不服がある者」が審査請求できると規定する（２条）。これは、後にみる行政事件訴訟法のもとで訴えを提起する資格（原告適格）を有する者と同じであるとされている。行政事件訴訟法上の原告適格は、2004年改正により、実質的に拡大された。行政不服審査法のもとでの申立人資格については、特段の改正はされていないが、同様に解してよい。申請に対する不作為についての審査請求も可能である（3条）。不作為の場合は、申請者のみに申立資格がある。

申立対象は、「行政庁の処分」である。この点についても、行政事件訴訟法のもとの抗告訴訟の対象と同一とされている。判例によれば、公権力の主体である国や自治体の行為で、法律上、直接に国民の権利義務を形成し、その範囲を確定するものとされる（最一小判昭和39年10月29日判時395号20頁）。①公権力性があり（したがって、契約ではない）、②法的効果を有し（したがって、行政指導ではない）、③直接的効果を持つ（したがって、一般的抽象的ではない）行政の行為である。

審査請求への一元化　改正前の行政不服審査法のもとでは、処分庁に対して行う異議申立てと（上級行政庁がある場合には）その上級行政庁に対して行う審査請求があり、原則として、いずれも選択しうるとされていた。改正法は、異議申立てという類型を廃止し、審査請求に一元化した。上級行政庁の有無という偶然の事情により不服申立人の手続保障に差異が生ずるのは不合理だからである。

改正法のもとでは、審査請求の相手方となるのは、処分庁の最上級庁である（4条）。自治体の長の場合には最上級庁はないため、長自身に対する審査請求となるのが原則である。なお、法定受託事務の場合には、大臣に対する審査請求となる→254頁。そのほか、法定自治事務の場合でも、個別法で上級行政庁的な位置づけを与えられた行政庁への審査請求等が規定されることがある（土地区画整理法127条の2）。

審理員制度　改正前の行政不服審査法のもとでは、申し立てられた審査請求をどのような手続で審査するのかについては、特段の規定が設けられていなかった。このため、公正性や透明性への疑問は当然に持たれる。

改正法のもとでは、審理員による審理が原則とされた（9条）。審理員には、審査庁の職員、あるいは、外部の弁護士などが任命されるが、処分に関する手続に関与していないなどの要件を充たす必要がある。また、審理手続についても、主張に関する書面のやりとり、口頭意見陳述、証拠に関する書類や物件の提出、鑑定、検証、質問といった手続が法定されている。審理員は、処分庁と審査請求人の双方の主張を聴取し、審理した結果を審理員意見書としてとりまとめ、審査庁に提出する（19〜42条）。

行政不服審査会制度　審理員による審理手続については、それなりの規定がされており、改正前法と比べれば、審理の公正性や客観性は高まっている。外部の専門家を登用する場合は別であるが、そうでなければ、審理員は審査庁の職員であるという限界がある。

このため、改正法は、法律・行政の有識者等により構成される行政不服審査会を制度化した。この調査審議手続は、第三者の立場からのチェックと位置づけられている。審理員から意見書の提出を受けた審査庁は、原則として、行政不服審査会に諮問をし、その答申を踏まえて裁決を行うことになった（43条）。自治体においては、執行機関の附属機関として設置される（81条1項）。分野は限定されるが、自治体の不服申立ての約40％を占める情報公開・旧個人情報保護条例のもとでの審査会の従来の運用経験は、改正法のもとでの行政不服審査会の運用にあたって参考になる。もっとも、行政不服審査法のもとでの審査請求は、個別法・個別条例にもとづく処分に関するものとなるから、この点ではじめての経験である。第三者が加わった審理を的確にするためにも、行政手続法のもとでの審査基準や処分基準の整備状況を今一度確認する必要がある。

行政不服審査会は、常設である必要はない。また、その機能をもつ組織を機関等の共同設置（地方自治法252条の7）で設けたり、他自治体に事務の委託（同252条の14）をしたり、事務の代替執行（同252条の16の2）をしたりすることも可能になった。行政の自己統制という観点からは、実施するとすれば、共同設置が望ましいだろう。熊本市を中心に17市町村が参加する熊本広域行政不服審査会の例がある。

審理員にせよ行政不服審査会にせよ、担当者だけで審理をするのは、現実には不可能である。事務的サポートは不可欠であるが、公正性に疑いをもたれないよういかにこれを実施するかが課題である。

存置された裁定的関与　機関委任事務制度の廃止によって、国と自治体は対等協力の関係になった。しかし、行政不服申立てに関しては、法定受託事務の場合にかぎり、市町村長については都道府県知事が、都道府県知事については法律所管大臣が、上級行政庁ではないけれども、それぞれ審査請求先として指定されている（地方自治法255条の2、252条の17の4第3項）。これを、裁定的関与という。環境法を含めて、広く制度化されている。

たとえば、廃棄物処理法にもとづき知事がした産業廃棄物処理施設不許可処分に対して環境大臣に審査請求がされ、請求認容裁決がされた場合、行政不服審査法のもとでの拘束力により知事は許可処分をするしかなく、裁決内容に不服があっても争うことができない。行政不服審査法2014年改正によっても、この仕組みは手つかずのまま存置された（52条）。地方自治を保障する憲法92条に照らして問題のある状況にある。

4　抗告訴訟・当事者訴訟

2004年改正　抗告訴訟とは、典型的には、許可・不許可、許可取消などの行政処分の裁判上の取消しを求める訴えである。1962年の制定以来、行政事件訴訟法にもとづいて運用されてきたが、効果的な救済ができていないという批判が強くあった。行政にとってはその方が都合がよいのであるが、基本的人権の保障や法治主義の徹底という憲法原理からみて不適切な状況にあると認識され、2004年に大改正を受けた。自治体行政に対する影響は少なくない。以下、現行法に規定されている取消訴訟、義務付け訴訟、差止訴訟、確認訴訟について説明しよう。

取消訴訟の原告適格　行政処分の取消しを求める取消訴訟（取消しの訴え）に関しては、訴える資格（原告適格）を実質的に緩和する措置が講じられた。これは、開発許可に反対する周辺住民が訴えるというように、処分の相手方以外の者が出訴する場合に意味を持つ。

すなわち、「法律上の利益を有する者」（9条1項）の判断にあたっては、処分の根拠法規のみを解釈するのではなく、①それを規定する法令の趣旨・目的、②処分において考慮されるべき利益の内容・性質も考えなければならないとされたのである。さらに具体的に、①については、当該法令と目的を共通にする関連法令があればその趣旨・目的を考える、②については、根拠法令違反であるとした場合に侵害される利益の内容・性質、侵害される態様・程度を考えると規定された（9条2項）。

この改正により、従来ならば原告適格が否定された私人についてこれを肯定する判断の可能性が出てきた。実際、小田急線高架事業認可処分事件では、最高裁は、改正前において原告適格を否定していた高裁判決（東京高判平成15年12月18日判自249号46頁）を破棄し、東京都環境影響評価条例などを関係法令と判断したうえで、原告適格を否定された者の原告適格を肯定している（最大判平成17年12月7日判時1920号13頁）。この最高裁判決以降、法律にもとづく処分に関して、処分にかかる行為が環境影響評価条例の対象となる場合にこれを関係法令とする裁判例が続いている（大阪地判平成18年3月30日判タ1230号115頁、広島高松江支判平成19年10月31日裁判所ウェブサイト、大阪地判平成20年3月27日判タ1271号109頁）。もっとも、サテライト大阪事件最高裁判決（最一小判平成21年10月15日判タ1315号68頁）は、この傾向に歯止めをかけたとも受け止められており、その後の裁判例の展開が注目されている。主張される被害が健康のような人格権に関するものかどうかで判断が分かれているようにみえたが、大阪市納骨堂事件最高裁判決（最三小判令和5年5月9日判自503号50頁）は、墓地埋葬法および「大阪市墓地、埋葬等に関する法律施行細則」を踏まえて、納骨堂の立地により生活環境が悪化すると主張する周辺住民の原告適格を肯定して注目されている。法律の文言だけでなく、それを実施する自治体における規則なり審査基準なりによる法律内容の詳細化・具体化措置が影響を与えると考えられる。なお、環境保護団体の原告適格については、立法政策の問題と考えられている。

義務付け訴訟　改正行政事件訴訟法は、2種類の義務付け訴訟（義務付けの訴え）を新設したが、ここでは、「非申請型」と呼ばれる義務付け訴訟を説明する（3条6項1号、37条の2）。典型的には、法律や条例に違反する行為が行われていて、あるいは、そのおそれがある場合に、直接の規制対象ではない第三者が、当該法律や条例により行政に与えられている是正命令などの権限行使を命ずることを義務づける判決を求めて出訴するものである。原告適格の判断については、取消訴訟と同様である。

一般に、違反に対する行政権限行使にあたっては、「……を命ずることができる。」というように、行政に裁量が与えられている。しかし、こうした規定は、いかなる場合であろうとも行政が自由に権限行使を決定できることを意味しない。命令要件が充足されているのは当然の前提であるが、それによる環境への影響に鑑みれば、命令をすべきと解される場合がある。そのような場合にまで権限を行使しないという自由はないから（行使しないことが違法となる）、裁判所はもはやその判断を尊重する必要はなく、行政に対して権限行使を命ずることができるのである。

申請型義務付け訴訟は、処分がされないことにより重大な損害を生ずるおそれがあるときに提起できる。この「損害」に関しては、生命・健康だけが該当するのであり生活環境や自然環境は該当しないと考えてはならない。個別法の保護法益を基準に相対的に考えるべきである。その法律が景観を保護法益にしているならば、それに不可逆的な影響をもたらすおそれのある処分は、重大な損害を生じさせるのである。

不利益処分義務付け訴訟の初の認容事例として有名なのが、旧筑穂町産業廃棄物処分場事件控訴審判決（福岡高判平成23年２月７日判時2122号45頁）である。周辺住民の原告適格を認めたうえで、有害物質を場外に漏出させている産業廃棄物安定型処分場に関して、廃棄物処理法19条の５第１項にもとづく措置命令を処理業者に発出することを福岡県知事に義務づけたのである。そのほか、不許可事由を充足する産業廃棄物処理施設許可を知事が取り消すよう周辺住民が求めた南相馬市処分場事件において、第１審判決（福島地判平成24年４月24日判時2148号45頁）は、原告適格を認めたうえで、請求を認容している。

処分差止訴訟　「差止訴訟」といえば、従来は民事訴訟としての差止訴訟を意味していたが、改正行政事件訴訟法は、行政訴訟としての差止訴訟（差止めの訴え）を規定した（３条７項、37条の４）。これを、処分差止訴訟という。法律や条例のもとでは処分をすべきではないにもかかわらず行政庁がこれをしようとする場合にそれを止める判決を求める訴訟である。原告適格については、取消訴訟と同様である。

処分差止訴訟も、処分がされれば重大な損害を生ずるおそれがある場合にかぎって提起できる。取消訴訟が事後的救済であるとすると、処分差止訴訟は事前的救済といえる。裁判所は、当該処分をすることが行政庁の裁量権の範囲を超え、その濫用となると認められるときに差止判決をする。

処分差止めの初の認容事例として有名なのが、鞆（とも）の浦世界遺産事件訴訟第１審判決（広島地判平成21年10月１日判時2060号３頁）である。景観利益を認めた国立市大学通りマンション事件最高裁判決（最一小判平成18年３月30日判時1931号３頁）

を引用したうえで鞆町住民の原告適格を肯定し、公有水面埋立法にもとづく免許がされると法的保護に値する個別的景観利益について重大な損害を生ずるおそれがあるとしたのである。判決を受けて、事業は断念された。

仮の救済　改正行政事件訴訟法で新設された仮の救済制度は、行政訴訟における救済の実効性を高めるうえで重要なものである（37条の5）。これには、「仮の義務付け」と「仮の差止め」という２つの申立制度があり、それぞれ義務付け訴訟と処分差止訴訟に対応している。

義務付け訴訟や処分差止訴訟が提起されても、判決に至るまでにはそれなりの時間を要する。その間に既成事実が積み上がり、判決時には救済が無意味になる可能性がないわけではない。たとえば、ある期限までに許可を得なければ意味がない場合や許可取消しがされれば倒産の憂き目にある場合には、とりあえず許可をしてもらったり許可取消しをしないでもらったりする必要がある。

民事事件とは異なり、仮の救済は、単独では申し立てることができない。それぞれ義務付け訴訟や処分差止訴訟が提起されている必要がある。そのうえで、①発生しうる償うことのできない損害を回避する緊急の必要があり、②本案について理由があるとみえ、③申立てを認めても公共の福祉に重大な影響を及ぼすおそれがないときに、仮の義務付けや仮の差止めが命じられる。「償うことのできない損害」とは、現実には、事後的補填が可能な財産的被害では不十分であり、生命・健康という人格権に関するものと考えられているが、保護法益との関係で相対的に把握すべきなのは、「重大な損害」と同様である。

確認訴訟　「公法上の法律関係に関する確認の訴えその他公法上の法律関係に関する訴訟」を当事者訴訟という（４条）。この定義のうち、従来から、「公法上の法律関係に関する訴訟」（当事者訴訟）は行政事件訴訟法に規定されていたが、2004年改正によって、その射程が拡大された。ここでは、明示的に拡大された部分、すなわち、「公法上の法律関係に関する確認の訴え」である確認訴訟と呼ばれる部分について説明する。

「公法上の法律関係」とは、「私法上の法律関係」ではないという趣旨である。行政が、ある目的のもとに、とりわけ法律や条例にもとづいて私人との間に持つ法関係は、たとえば事務用品購入のように、行政が私人と同等の立場で行う行為をめぐる法関係とは異なる。このような法関係のなかにある私人は、行政の行為（作為・不作為）によりその法的地位に不安が生じており、救済を遅らせると実効的な司法的救済が受けられない場合であって、裁判所が法的判断をするのに十分紛争が成熟しているのであれば、確認判決を受ける「確認の利益」があるとされる。確認の利益があることは、適法に確認訴訟を提起するためには不可欠の要素である。

確認の対象となる法律関係は多様である。たとえば、ある法律や条例のもとで、ある義務が課されないことの確認や一定の行為ができる地位にあることの確認を求める訴訟が考えられる。要綱についても同様である。都市計画決定を前提として、それにもとづいて計画区域内における建築規制（都市計画法53条～57条の６）を受けないことの確認を求める訴えが考えられる。法的拘束力はないけれども、行政指導についても、その違法性の確認訴訟は可能である。

（神奈川県）「藤沢市廃棄物の減量化、資源化及び適正処理等に関する条例」（1993年）に規定される「廃棄物処理手数料」（大袋１袋80円など）が違法であるとして、市民である原告らが、藤沢市を被告として、原告らが排出する一般廃棄物を無料で収集する義務があることの確認を求める訴訟を提起した。請求は棄却されたが、確認訴訟としては適法とされている（横浜地判平成21年10月14日判自338号46頁、東京高判平成22年４月27日判例集未登載）。琵琶湖レジャー利用適正化条例→15頁に関して、外来魚の再放流の禁止を義務づけられないことの確認訴訟が提起されたが、実質的には罰則のない訓示規定にとどまっていることから、確認の利益がないとされた（大阪高判平成17年11月24日判自279号74頁）。（熊本市）「江津湖地域における特定外来生物等による生態系等に係る被害の防止に関する条例」（2014年）は、指定外来魚の放流や捕獲後の再放流を禁止するだけでなく、違反者に対して、助言・指導、勧告、公表を規定する。公表のサンクション性の評価にもよるが、法的不利益であるとなれば確認の利益が認められる可能性も考えられるところ、罰則がないことを理由に法的不利益を受けないとする裁判例がある（さいたま地判令和４年５月25日 LEX/DB 25592692、静岡地判令和５年６月29日 LEX/DB25595615）。いずれも、太陽光発電規制条例をめぐる事件である。

自治体環境行政への影響

行政事件訴訟法が改正されたひとつの理由は、旧法のもとでは、行政との関係において、私人の救済が十分には実現されていないことであった。これは、裏を返せば、行政にとっては有利であった。たとえ許可処分が違法であったとしても、周辺住民には取消訴訟の原告適格は否定される場合が多かった。規制権限行使の義務付けを命ずる判決を求めても、そうした訴えを正面から認める規定がないがゆえに否定されるのが通例であった。行政指導は取消訴訟の対象となる処分ではないから、執拗な指導に対して訴訟による対抗措置を講ずることはできなかった。法治主義の観点からは問題のある状況であったとしても、それが放置される結果となっていたのである。

自治体が、それを奇貨として違法な環境行政を展開していたというわけではないだろうが、2004年の行政事件訴訟法の改正、そして、2014年の行政不服審査法と行政手続法の改正は、少なからぬ影響を自治体環境行政に及ぼすように思われる。３点について確認しよう。

第１は、原告適格拡大の影響である。自治体行政としては、この変化を受動的に受け取ってはならない。環境に影響のある処分をする際には、公聴会の開催など事前手続を整備することによって、周辺住民の意見を積極的に聴取する必要がある。また、住民が主張する利益を処分の根拠法が明示的に考慮要素としていない場合には、それを審査基準で明確にしたり法律実施条例としての具体化条例や横出し条例を制定するなどの措置を講じたりすることも必要になる→42頁。

第２は、的確な権限行使ができるよう独自の違反処理マニュアルを整備するとともに、それに即した運用ができる体制づくりをする必要がある。従来、違反処理は、原課のみが担当していた。軽微な違反はそれでよいとしても、深刻な環境影響を及ぼしている違反については、全庁的な違反処理組織をつくって原課と連携するなどの対応が必要になろう。執行活動をみる外部の眼は、これまでに比べて格段に厳しくなる。

第３は、法的拘束力のない行政運用を見直すことである。行政指導は、責任を曖昧にできたり争訟を回避できたりする点で、行政にとって都合のよいものであった。しかし、確認訴訟が創設された現在、ある行為を求めたいのであれば条例を制定して法的に義務づけ、義務履行確保措置も規定するという方針を徹底すべきである。

5　地方分権改革と法令自治解釈

自己責任　自治体にとって、第１次分権改革の最大の成果は、機関委任事務制度廃止に伴う法令自治解釈権の獲得である→6頁。法律にもとづき自治体が担当する事務は、「自治体の事務」になった。大臣は、もはや上級行政庁ではない。したがって、法律施行通知などは出されるけれども、その解釈に組織法的に拘束されることはなく、自己の責任で法解釈ができるようになった。自治的法解釈は、自治体の義務といってもよい。

もちろん、その法解釈は、適法なものでなければならない。自治体は、「法令に違反してその事務を処理してはならない」のである（地方自治法２条16項）。しかし、条例論と同様、何が「法令に違反するか」それ自体が解釈問題である。中央省庁の解釈は、技術的助言、処分基準、ガイドラインとして出されることがあるが、それを当然のごとく受けとめるのではなく、根拠法の条文、その制度趣旨、分権改革の意義などを踏まえた解釈が求められる。中央省庁の廃棄物処理法解釈に従ってなされた機関委任事務時代の許可処分が、法解釈を誤ったとして取り消されたこともある（東京高判平成21年５月20日裁判所ウェブサイト）。中央省庁は処分ではないと解していた土壌汚染対策法上の通知を、最高裁判所は処分と判断したこともある（最二小判平成24年２月３日判自355号35頁）。分権時代にあっては、住民福祉の向上を目指して、責任ある自主解釈がより一層求められている。

不戦勝からの訣別　行政争訟制度に関しては、これまで自治体行政にとっては、「争われにくい」という点で、有利な状況にあったことは否定できない。環境行政もそうであり、たとえ問題があったとしても、相手がリングにあがれないという意味で、「不戦勝」が多かった。

その状況は、今後、かなり変わるだろう。自治体環境行政は、常に「法」を意識し、運用の適法性をチェックしながら事務を進めなければならない。

参考文献

■阿部泰隆『行政法再入門（下）〔第２版〕』（信山社、2016年）33頁以下
■池田直樹『自治体環境紛争解決のデザイン：住民・事業者・行政のけん制と協働関係の構築へ』（日本評論社、2022年）179頁以下
■宇賀克也『行政法概説Ⅱ〔第７版〕行政救済法』（有斐閣、2021年）
■大橋洋一『行政法Ⅱ〔第４版〕現代行政救済論』（有斐閣、2021年）
■越智敏裕『環境訴訟法〔第２版〕』（日本評論社、2020年）
■兼子仁『自治体行政法入門〔改訂版〕』（北樹出版、2008年）
■現代行政法講座編集委員会（編）『現代行政法講座Ⅳ 自治体争訟・情報公開争訟』（日本評論社、2014年）
■筑紫圭一『自治体環境行政の基礎』（有斐閣、2020年）150頁以下

第5部

自治体環境管理の最前線

第14章　広域的環境管理のための統一条例

●みんなでつくれば弱くない？

1　行政区域を環境にあわせる

境界越えれば景観一変？

条例の地理的管轄は、当然のことながら、当該自治体の行政区域内である。隣接自治体にある環境が自分の自治体からみていかに重要でそれを保護したいと思っても、条例を制定して境界を越えたところにある経済活動や財産権を規制するわけにはいかない。上流部自治体における排水行為が河川の水質汚濁の原因であったとしても、下流部自治体の条例だけでは、いかんともしがたいのである。また、いかに自分のところだけが環境保護に熱心であっても、隣接自治体がそれほどでなければ、境界を一歩越えれば景観が一変という状態にもなりうる。

統一条例による対応

管理すべき対象の環境空間がひとつの自治体内部で完結的に存在している場合には、とりあえず問題は起こらない。しかし、それが境界を越えて展開している場合、関係自治体がバラバラの対応をしていたのでは、保全の効果があがらない。そこで、管理すべき環境空間の側からものをみて、条例の適用範囲をそれにあわせるという対応が考えられる。すなわち、同じ内容の条例を、関係自治体が一斉に制定するのである。こうした条例は、統一条例と称される。本章では、いくつかの例を紹介しつつ、統一条例の意義や特徴を探ってみよう。

2　河川に関する統一条例

菊池川の汚濁の進行

菊池川は、阿蘇外輪山に端を発し、熊本県北部を流れ、有明海にそそぐ一級河川である。かつては清流を誇っていたが、1980年代後半から、水質汚濁が進行し、河口部であさりの漁獲量が激減するなどの影響が出ていた。そうしたなか、河口部の玉名市では、危機意識を深め、水質保全のための条例制定を思い立った。

上流自治体の活動を規制したい

ところが、最下流部の玉名市のみが条例を制定しても、上中流部の自治体において汚濁防止のための適切な対応がなされないかぎりは効果がない。玉名市域で出される汚濁物質さえ抑制すれば水質改善が実現できるとはいえないからである。そこで、同市は、共同歩調をとって菊池川の水質問題に対応することを、県内の流域20市町村（当時）に働きかけた。

上中流部の自治体にしてみれば、こうした対応は特段のメリットもないために、当初は、協力に消極的であったようである。しかし、玉名市の努力もあって、1989年10月には、21市町村が「菊池川流域同盟」を組織するという形でまとまり、住民や熊本県・建設省（当時）菊池川工事事務所も巻き込んで、「菊池川サミット」を開催した。その場で、『菊池川浄化共同宣言』が採択され、統一条例制定という明確な方向が示されたのである。

同内容の条例を一斉に可決　このときには、条例の具体的イメージがあったわけではない。内容を詰める作業は、1991年11月からはじまり、1992年に、成案を得ている。それをもとに、各自治体が議会に上程し、議決された。「○○の河川を美しくする条例」というように、市町村名が入れかわっている点と前文を入れていないところがある点（例：菊池市条例）を除けば、内容は全く同じである。権利義務規制をするのではなく、努力義務を規定した行政指導条例となっている。施行は、1992年７月１日に統一されている。「菊池川を美しくする条例」としなかったのは、いきなり菊池川ではなくて、そこへ流入する身近な河川の美化・浄化から取り組むべきという趣旨である。統一条例という対応をしたのは、日本初のようである。なお、玉名市は、2005年に３町と合併し、旧市時代と同名・同内容の条例を新たに制定した。

大淀川条例　菊池川流域の統一条例は、制定当時、かなりの注目を集めた。菊池川流域同盟の事務局になっている玉名市には、ほかの自治体から、多くの視察があったそうである。そのひとつである宮崎市は、宮崎県と鹿児島県にある大淀川流域15市町村に働きかけて、1994年に、それぞれに「河川をきれいにする条例」を制定させることに成功した。

宮崎市では、1984年に、啓発手法中心の「大淀川をきれいにする条例」を制定していた。しかし、流域の都市化進展などの結果、1992年には、大淀川の水質が、九州の河川ワースト・ワン（汚濁指標はBOD）になるなど、状況は悪化していた。最下流部に位置する宮崎市は、上水道源の95％を表流水に依存していることもあり、流域全体の取組みが必要と痛感するようになる。そうした折り、1993年７月に、「大淀川サミット」が開催され、その場で、統一条例制定の意思が確認された。その後、条例案文作成が進められ、1994年に、16市町村が、同じ内容の条例（２町は規則）を制定したのである。

条例は、全文22か条で構成されている。菊池川流域の統一条例と比較して特徴的なのは、第１に、２県にまたがる河川に関する統一条例である点である。第２に、事業排水に関しては、独自の基準を設定していない。法令（水質汚濁防止法、県公害防止条例）基準をギリギリ遵守するのではなく、それ以上の達成と排水の循環利用によるクローズド・システム化を努力義務としている。第３に、調理くずや廃食用油の処理と家畜ふん尿の適正処理が、努力義務として明示的に規定されていることである。表彰規定もある。

松浦川条例・四万十川条例・尻別川条例

佐賀県を流れる松浦川の流域10市町村も、最下流部の唐津市が中心になって作業を進め、1993年に、それぞれの自治体名を冠した「河川をきれいにする条例」を制定している（現在は、合併により３市）。内容は、菊池川流域統一条例に似ている。高知県四万十川流域８市町村は、2000年に、それぞれ、「四万十川の保全及び振興に関する基本条例」を制定した（現在は、合併により５市町（四万十市、四万十町、津野町、中土佐町、梼原町））。四万十市条例は現在では、「四万十市四万十川の自然と風景を守り育む条例」となっている。

北海道南西部を流れる尻別川流域には、流域自治の歴史があった。同川を舞台に活動するNPO法人が一定の影響を与え、流域５町２村は、2006年に、「ニセコ町の河川環境の保全に関する条例」など、それぞれの自治体名を冠した統一条例を制定している。菊池川の場合と同様の対応である。

3　景観・生態系に関する統一条例

関門海峡をまたぐ条例

関門海峡の両岸に位置する（山口県）下関市と（福岡県）北九州市が、2001年に制定した関門景観条例は、新たな発想にもとづくものとして注目される。関門景観条例の特徴は、第１に、隣接県の（しかも「陸続き」でない）市同士の条例である点である。大淀川条例では、上流部の鹿児島県内の自治体も参加していたが、県境をはさんだ自治体同士がいわば「正面から四つに組んだ」形で制定した条例は、日本初であろう。

景観はコモンズ

第２の特徴は、目的規定にある。そこでは、「下関市及び北九州市……の市民……が共同で受け継いでいく貴重な財産である関門景観を保全し、育成し、又は創造するために必要な事項……を定めることにより、関門景観の魅力を更に高めるとともに、将来の市民に継承すること」が、目的とされている（1条）。条例のなかに、ほかの具体的な自治体名を入れるのは、きわめて異例である。これは、関門景観が、両市にとって、不可分の共通財産（コモンズ）と認識されていることを示している。

同条例の基本理念には、「関門景観の形成は、下関市及び下関市民又は北九州市及び北九州市民が個別に行うのみならず、両市及び両市民が、共同して行うことが求められていることにかんがみ、両市及び両市民はこれを連携して行わなければならない。」という文言がある（3条1項）。「両市」「両市民」という言葉が新鮮である。

審議会の共同設置

第３の特徴は、関門景観審議会を、両市独立ではなくて、地方自治法252条の７第１項にもとづいて共同設置していることである。景観形成地区内での所定の行為は届出制であるが、地区指定にあたっては、それぞれの市長から、同審議会に諮問される。下関市側の地区についても、北九州市の関心が十分に考慮されることになっている。

飼い猫条例

「飼い猫の適正な飼養及び管理に関する条例」を、鹿児島県の奄美大島を構成する５自治体（奄美市、瀬戸内町、龍郷町、宇検村、大和村）が制定している。飼い猫の野生化によるアマミノクロウサギなどの希少野生生物への危害防止のため、飼い主に対する措置を規定する。島という閉鎖空間ゆえに、条例を制定しない場合の弊害は深刻になる。

国内条約？

統一条例においては、対等関係にある自治体同士が、共通の目的達成のために、相互の利益を尊重し、交渉をして同じ内容の条例を制定する。レベルは異なるが、これは、国際条約に似ていなくもない。行政が条例案をとりまとめたあとの議会の議決は、まさに国会による「批准」「承認」のような意味を持っている。国際条約ならぬ「国内条約」である。

自らの地域のあり方を、国や都道府県に頼らず、自ら考える。拡がりつつある統一条例は、地方分権時代にふさわしい自治体対応なのである。

4　廃棄物関係の統一条例

産業廃棄物税

地方分権一括法の制定によって改正された地方税法が、法定外目的税制度を導入したことから（731条）、2000年分権改革の直後に、いわゆる「地方環境税ブーム」が巻き起こった。全国初の事例である（山梨県）河口湖町、勝山村、足和田村の遊漁税条例が、統一条例として2001年に制定された事例は注目される（３町村は合併して富士河口湖町となった）。

現在のところ、法定外目的税の中心となっているのは、産業廃棄物税である。統一条例とすることを最初から明確に意識して調整がされた事例としては、岩手、青森、秋田の北東北３県が2002年に制定した産業廃棄物税条例がある。その背景には、３県で共同して（とりわけ、県外から搬入される）産業廃棄物に対応しようという方針があった。当時の３県は、行政施策全般において、共同歩調をとるようにしていた。そうした下地があると、統一条例は生まれやすいだろう。産業廃棄物の搬入事前協議制度を規定する「県外産業廃棄物の搬入に係る事前協議等に関する条例」も、３県が、2002年と2003年に制定している。

いわゆる建設残土規制に関しては、富士山麓に隣接する（静岡県）御殿場市、裾野市、小山町が共通して1996年に制定した「土砂等による土地の埋立て等の規制に関する条例」がある。法律による対応がなく、県条例は不十分ななかでの自衛的措置であった。その後、近隣の富士市、富士宮市、三島市、沼津市、函南町も条例を制定して、対象範囲が拡大したが、2021年７月に発生した熱海市土石流事件が、状況を一変させた。2022年には、「静岡県盛土等の規制に関する条例」が制定される。上記市町条例は、県条例との調整をする改正を経て、現在に至っている。

5　統一条例の特徴

1．広域的環境管理への対応

「境界縦割り行政」の是正

統一条例の制定経緯をみてもわかるように、その目的は、ひとつの自治体の領域を越えて展開する環境への対応である。

従来は、ともすれば自己の領域内での対応で完結していて、隣の自治体のことは、遠慮もあってか「我関せず」という傾向があり、結果的に「分断管理」となっていた。しかし、道一本隔てれば全く異なる規制世界というのでは、一種の縦割り行政であり、合理的ではない。実際に条例を制定しているところでは、そうした一般的な理由以上に、水質汚濁や景観破壊というような具体的立法事実があるが、発想としては、より普遍的な応用が可能である。

発想の応用

統一条例は、たとえば、湖沼の集水域管理といった水環境行政や複数自治体に影響を及ぼす事業に関する環境アセスメントにも活用できるのではなかろうか。ある自治体で条例を制定したために、そこで規制される行為が隣の自治体で行われるようになる（たとえば、太陽光パネルの設置）場合には、ある程度の空間的まとまりを持った自治体同士が統一条例を制定して広域的環境の共同防衛をすることが可能だろう。河川流域や湖沼の集水域を単位とした環境管理計画はあったが、法的拘束力を有する統一条例は、より効果的な対応を可能にするといえよう。統一条例と広域的計画のセット方式が、効果の点では適切かもしれない。広域的対応の必要性は、多くの環境基本条例において規定されているが、統一条例は、具体的な施策例である。

2．地域的関心事への対応

「県条例では大袈裟だし……」

都道府県条例を制定して、そのなかでゾーニングをし、たとえば、適用地域を流域に限定するといった対応も、法技術的には可能である。ただ、保護の対象が県内で特別の意義を有する環境であるならば別であるが、そうでないとすると、全県的関心事として条例で対応するというわけにはいかない場合もある。あそこを指定するならこちらもという声が、議員からあがることもあるだろう。したがって、関係市町村だけで対応してくれている方が、県としては楽なのかもしれない。

調整者としての県

とはいえ、市町村に任せて県が高みの見物というわけにもいかない場合もあろう。統一条例という対応に意義を認め、助言者・調整者として積極的役割を演じることを是とするならば、環境基本条例のなかに、知事が県内の広域環境管理のための市町村間の政策調整をするよう努める旨の規定を入れるのも一案である。→101頁それは、地方分権時代における広域的行政主体としての県の役割（地方自治法2条5項）とも矛盾しない。

3．利害調整の程度の抽象性

「金がからむと話が面倒」

河川環境保護に関する統一条例に特徴的であるが、上下流自治体の利害をそれほどギリギリと詰めて調整していない点を指摘できる。上流部自治体にすれば、今のままで別段支障を感じないのであるから、たとえば、生活雑排水処理に投資してほしいと下流部自治体がいうのならば、それなりの経済的支援をお願いしたいということになろう。下流部自治体が水源として利用している場合には、その水質保全のために開発規制を求めるならばそれに相応する協力金を出せということになるかもしれない。大淀川流域統一条例のとりまとめ過程でも、そうした上下流自治体の立場の違いが、作業進行の支障になった場面があったそうである。

こうした調整は、まさに政治的であって、合意がきわめて困難である。流域の関係自治体の数が多くなればなるほど、交渉コストがかかる。そこで、そうしたコストはかけずに、訓示規定をメインにして、流域自治体およびその住民の当該河川に関する関心を高め、結果として、水質浄化や河川美化が実現できればよいということなのだろう。

対象の拡がりと交渉コスト

河川に関しては、最近、河川環境管理という形で、水質のみならず景観や生態系までを含んだ把握がされつつあるが、統一条例においては、そこまでを射程に入れたものはないようである。イニシアティブをとる自治体にしてみれば、あれこれ入れると交渉コストがかかって効率的でないのだろう。

景観条例や廃棄物条例については、上下流自治体間にみられたような利害の対立はない。したがって、共通の認識のもとに、ある程度踏み込んだ内容の条例が可能になる。必要性さえあれば、関門景観条例のように、自治体環境法政策は、県境や海峡すら越えてしまえるのである。

4．要綱でないこと

努力義務中心であるゆえに条例

条例となると、議会を説得しなければならない。そこで、そのコストを回避しようとすれば、要綱という方法もありうる。しかし、統一要綱ではなく統一条例という形にしたのは、内容的に条例化が可能であったことに加えて、より積極的には、住民の総意という形式をとるのが、とりわけ行政指導条例・努力義務条例であるが場合には大切ということだろう。伝統的意味における法律事項がないにもかかわらず条例という形式をとる理由はここにある。

6　広域行政と「地域集権」

「みんなでつくれば弱くない」

環境空間あるいは環境負荷発生活動を広域的に管理するという観点からすれば、環境資源を構成する複数の自治体が同じ条例を制定するのは効果的である。まさに、「みんなでつくれば弱くない」である。

もっとも、現実には、自治体間の利害は完全に一致しないだろうから、様々な調整が図られる。結果的に、ひとつの自治体で条例化する場合に比べると、内容的に後退するかもしれない。

しかし、必要があれば、個別的に上乗せ・横出しをすればよい。共同歩調をとった対応は、今後の自治体環境行政のひとつの方向を示しているように思われる。自治体が権限を持ち寄るという意味で、「地域集権」といってよい。制定後に抜駆け的に条例を緩和する自治体を発生させないような工夫も必要だろう。

「中域的」対応

都道府県は、広域的な事務を処理する。統一条例によって実現されている事務は、たしかに、制定主体である市町村にとってみれば、ひとつの市町村にとどまらないという意味で、「広域的」である。

しかし、都道府県の観点からは、全域的というよりもその一部の地域に関することがらであり、「広域的」というよりは、「中域的」な行政現象ととらえるべきであろう。事務の性質にもよるのであるが、今後は、都道府県が条例制定を考える際には、その内部の市町村による統一条例による対応が可能かどうかを、まず検討すべきではなかろうか。

協働条例の発想

たとえ、都道府県条例が必要となったとしても、それにかかる事務のすべてを、都道府県行政がする必要はない。市町村条例との役割分担を市町村と協議をして決めるという制度設計もある。すなわち、都道府県と市町村が、ひとつの行政課題に関して、それぞれの役割分担を踏まえたシステムを、それぞれの条例で規定する協働条例という発想もありうるように思われる。それに枠組みを提供する一般的な協約のようなものを都道府県とその内部のすべての市町村が締結するという方法もある。県内条約である。

都道府県の統一条例　なお、統一条例は、市町村条例のケースがほとんどであるが、先にみたように、青森・秋田・岩手の北東北３県は、産業廃棄物税条例や県外産業廃棄物搬入事前協議条例を、それぞれ制定している→268頁。

また、単独条例という形式はとらずに、基本的に、ある条例の一部分について共同歩調をとって行政区域を越えた対応をするという試みもある。ディーゼル車規制については、東京都環境確保条例が法律よりも踏みこんだ対応をしているが、１自治体だけの対応では、限界もあった。そこで、埼玉県、千葉県、神奈川県が、既存の条例を一部改正したり新規条例を制定したりして、結果的に、１都３県で、同一内容の施策を実施している。埼玉県は、生活環境保全条例（2001年）を、また、神奈川県は、「生活環境の保全等に関する条例」を、それぞれ一部改正した。千葉県は、「環境保全条例」（1995年）を一部改正するとともに、「千葉県ディーゼル自動車から排出される粒子状物質の排出の抑制に関する条例」を、2002年に制定している。全国的にみても、粒子状物質発生源が集中している１都３県の施策であるがゆえに、その効果や法律への影響が注目される。規制導入以降、東京都区部においては、脳卒中死亡率が8.5％減少したという報告もされている。

参考文献

■鈴木洋昌『広域行政と東京圏郊外の指定都市』（公職研、2021年）

第15章　老朽空き家への法政策対応

●「後追い法」の迎撃と改正法への適応

1　問題状況

増加する空き家

住宅の新規着工件数が増加している一方で、居住者のいない空き家の数も、一貫して増加している。自治体環境政策のなかで2010年代に注目されたのは、生活環境保全の観点からの老朽不適正管理空き家対策である。

空き家といっても、その内容は多様である。別荘等は、空き家状態であることが本来の利用形態である。また、賃貸用の住宅や売却用の住宅は、いわばスタンバイでの空き家状態である。いずれも、適正管理をしなければ商品価値が低下するから、そうした形態であっても問題は生じない。問題を起こすのは、それ以外の空き家である。

空き家のもたらす悪影響

国土交通省土地・水資源局『外部不経済をもたらす土地利用状況の対策検討報告書』（2009年）は、「廃屋・廃墟」が周辺にもたらす悪影響を調査し、これを、①治安の低下、②安全性の低下、③公衆衛生の低下、④地域イメージの低下の４つに整理した。実際、市町村行政に寄せられる住民の苦情は、こうした点に対する不安を背景にしたものである。

実際の苦情内容の数としては、④に関係する「樹木・雑草の繁茂」が圧倒的に多い。一方、②に関係する「建築物の倒壊のおそれ、建材の飛散・崩落のおそれ」も少なからずあり、おそれが現実のものになれば、こちらの方がより深刻な人損・物損被害を発生させる。

2　法律との関係

建築基準法

管理状態が相当劣悪になっているとはいえ、空き家も建築物であり、建築基準法の規制が及ぶ。そこで、同法のもとで権限を有する特定行政庁は、所有者等に対して、除却や修繕を命ずることができる。同法10条３項は、「特定行政庁は、建築物の敷地、構造又は建築設備

(いずれも第３条第２項の規定により第２章の規定又はこれに基づく命令若しくは条例の規定の適用を受けないものに限る。）が著しく保安上危険であり、又は著しく衛生上有害であると認める場合においては、当該建築物又はその敷地の所有者、管理者又は占有者に対して、相当の猶予期限を付けて、当該建築物の除却、移転、改築、増築、修繕、模様替、使用禁止、使用制限その他保安上又は衛生上必要な措置をとることを命ずることができる。」と規定する。カッコ書きにあるように、いわゆる既存不適格建築物が対象となる。特定行政庁とは、建築基準法のもとで建築確認事務を行うために建築主事が置かれる人口25万人以上の市の市長である（２条35号）。なお、25万人未満であっても、都道府県知事に協議をして同意を得た場合には、当該市町村の長となる。また、東京都23特別区の区長も含まれる。

ところが、この権限は、ほとんど活用されてこなかった。その理由は複雑であるが、①発出の前例が全国的にほとんどない、②「著しく保安上危険」「著しく衛生上有害」という要件が抽象的であり認定が困難である、③命令の履行は期待できず、その場合には行政代執行になるが、その実施はあまりに面倒であり費用回収も難しい、というものである。また、そもそも特定行政庁ではない市町村に関しては、都道府県知事がそれになるが、一般住宅に対して都道府県が権限行使をするのを期待するのは、現実には無理であった。

その他の法律　そのほかに対応の根拠となる法律としては、消防法があげられることがある。しかし、消防法は、あくまで火災予防の観点からの対応に関する権限を消防行政に与えているのであり、放火などの蓋然性が高いような状態でなければ、当該空き家およびその敷地に入っての措置はできない。

道路法にもとづいて、道路の安全性確保のために、道路管理者が沿道にある土地や建築物の所有者等に対応を命ずることは可能な場合がある。そうであるとしても、道路の安全というよりも住民の不安に対応するという理由では、道路管理者は積極的には動かないだろう。

地方税法のもとでは、住宅が建築されている土地については、それが200㎡以下の場合、固定資産税率が６分の１となる住宅用地特例が適用されている。解体をして更地にすると、この特典がなくなる。売却できるなら別であるが、買い手がつかない土地の場合には、(漫然と特例を継続させる運用もあいまって、)現状のままにしておく方が節税できるという面もあった。

たらい回し　このように、対応の決定打となる法律がない状況のもとでは、寄せられる住民苦情に積極的に対応しようという部署はないのが通例である。かくして、苦情を持ち込んだ住民は、十分な説得力を持たない理由で庁内を「たらい回し」にされ、最後は、「空き家といっても私有財産ですから」というような無責任な説得をされて、諦めを強いられていたのが実情だったのである。

3　条例による取組み

所沢市条例と全国への伝播　そうしたなかで、2010年7月、10か条からなる(埼玉県)「所沢市空き家等の適正管理に関する条例」が制定された。制定の根拠は、憲法94条である。

所沢市条例のインパクトは、きわめて大きかった。特定行政庁の有無にかかわらず、その後、多くの市町村(特別区を含む。以下同じ。)が、次々と空き家条例を制定したのである。その数は、2014年11月の空家法成立時において、400であったとされる。ほとんどの条例は、建築基準法とは独立して法定外の自治体事務を実施するための独立条例→37頁である。

空き家条例ブームともいえるこの現象の背景には、住民からの苦情に苦慮しつつ対応の決め手を欠いていた自治体の実情があった。所沢市条例は、まさに火を付けたのである。国土交通省の調査によれば、2014年4月現在までの制定状況を条例施行年別にみれば、〔図表15・1→276頁〕のようになる。所沢市条例の後に制定が激増した様子がよくわかる。

条例の概要　所沢市条例を例にして、条例(制定時)の概要をみておこう。目的は、生活環境保全と防犯である(1条)。「空き家等」とは、「常時無人の状態にある」建築物や工作物である(2条1号)。その期間は、おおむね1年とされている。当該建築物や工作物が管理不全な状態に置かれることを防止し、また、そのような状態になった場合には、助言・指導、勧告といった行政指導がされる(6条)。なお状態が改善されない場合には、命令を発し(7条)、その不履行を公表する(8条)。なお、空き家等に関

〔図表15・１〕空家法制定前における施行年別の空き家条例の推移（2014年４月１日現在）

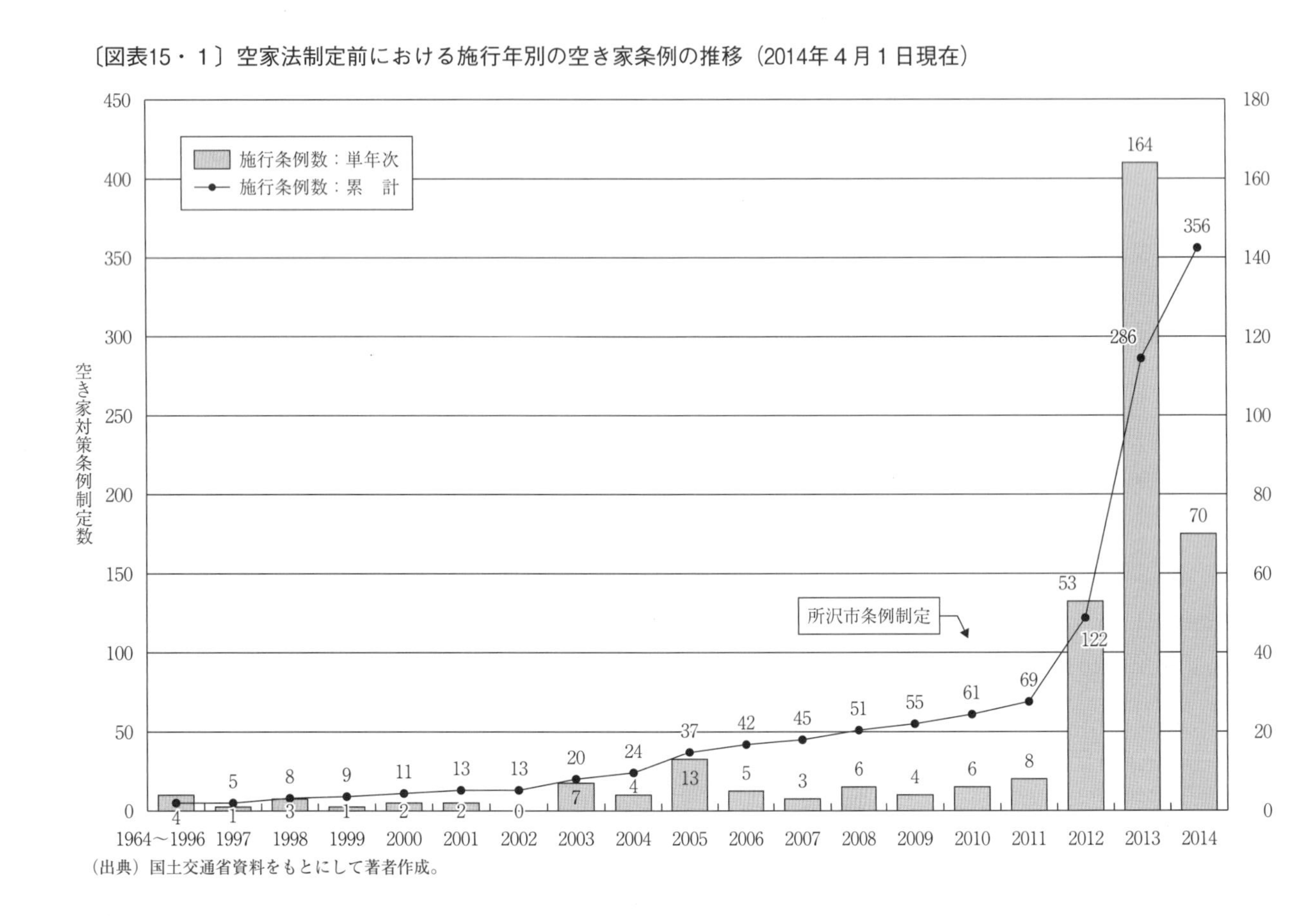

（出典）国土交通省資料をもとにして著者作成。

する状況の把握は、外部からの目視による（5条）。

行政代執行に関する規定はないが、条例にもとづく代替的作為義務命令に関しては、行政代執行法が適用できると解するのが実務である。「行政代執行法の定めるところにより代執行を行うことができる。」というように、この点を確認的に規定する空き家条例は多い。

4　認識されていた課題

立入調査

条例の制度設計、さらには、その実施を通じては、いくつかの課題が認識されていた。

第1は、所有者等の了解を得ないで敷地や家屋内部に立ち入って調査をすることができるかである。事業活動をする工場や事業場を規制する条例のもとでは、行政職員が測定などのために敷地や建物内部に立ち入って必要な調査ができる旨が規定されるのが一般的である。ところが、常時無人状態といえども、居住がされていた家屋の場合には、憲法35条もあって、住居不可侵という考え方の方が強く意識されていた。所沢市条例が敷地内への立入りを規定しなかったことから、同条例制定後しばらくの条例のなかには、行政の調査に関して、外観目視のみを規定するものが少なからずあった。

所有者情報の入手

第2は、行政指導や除却命令などをする相手方たる所有者等の情報入手に関する課題である。不動産登記法は、所有権取得者に対し、建物に関する表題登記（構造、用途、床面積、所有者、持ち分などを記録）を義務づけるが、それがされていない場合が少なくない。権利登記（権利の内容、権利者などを記録）は、同法の2023年改正により義務化されるまで、任意であった。一方、市町村税である固定資産税（土地や建物に賦課される）については、登記とは別に市町村税務職員が調査をして、所有者や納税管理者に関する情報を保有していることがある。空き家担当部署としては、それを利用したいところである。

この点に関して、地方税法22条は、「……地方税の徴収に関する事務に従事している者又は従事していた者は、これらの事務に関して知り得た秘密を漏らし、又は窃用した場合においては、2年以下の懲役又は100万円以下の罰金に処する。」と規定している。空き家担当が入手したいのは、所有者等の氏名や連絡先だけであり税額等の情報ではないが、固定資産税担当部署は、この規定を理由に提供を拒否する対応が通例であった。

所有者不明事案における対応　第３は、所有者不明事案への対応である。行政指導や命令をすべき相手方が不明の空き家で管理状況が劣悪なものについては、倒壊や建材の剥落・飛散などの事態になる可能性がある。この点に関して、建築基準法は、「……必要な措置を命じようとする場合において、過失がなくてその措置を命ぜられるべき者を確知することができず、かつ、その違反を放置することが著しく公益に反すると認められるとき」には、行政代執行ができると規定している（９条11項）。いわゆる略式代執行であるが、これは、行政代執行法の特別法となるがゆえに、条例ではなく建築基準法のような個別法によってのみ規定できると解されていた。所有者は判明していてその所在が不明なだけであれば、除却命令書を公示送達すればよいのであるが、そもそも不明の場合にはそれもできず、命令のしようがないのである。

住宅用地特例　第４は、空き家と底地が同一所有者の場合における税制上の理由である。前述のように、住宅が建っている土地については固定資産税の減免がされているために、空き家を除却して更地にするインセンティブがない→274頁。この住宅用地特例が、管理不全のままに空き家を存置する原因のひとつとされていた。

5　空家法の制定

立法の経緯　所沢市条例制定後の条例数増加現象を踏まえて、国土交通省には、法律を制定しないのかという声が寄せられていたようである。しかし、同省は、建築基準法10条３項を空き家に対して適用することで対応可能であるとして、新法制定には消極的であった。同条同項は、いわゆる既存不適格建築物に関するものでありとくに空き家を念頭に置いたものではないが、制度の射程内にあると考えていたのである。

こうした状況を受けて、国会議員が動き出す。2013年３月に、自由民主党の議員が「空き家対策推進議員連盟」を結成し、議員提案による法律制定を目指して、関係自治体や有識者のヒアリングを精力的に重ね、衆議院法制局のサポートを得ながら、法案を準備していったのである。空家法は、2014年11月に成立した。その後、同法は、2023年６月に改正された。16か条を30か条にする大改正である。改正法は、2023年12月に施行されている。

法律の概要　空家法の関心は、「適切な管理が行われていない空家等……〔から、〕地域住民の生命、身体又は財産を保護するとともに、その生活環境の保全を図り、あわせて空家等の活用を促進する」ことにある（１条）。

事務の主体は、市町村である。市町村は、国土交通大臣及び総務大臣が定める基本指針に即して、空家等対策計画を作成する（７条）。計画の作成・変更・実施に関する協議を行うために、市町村は協議会を設置する（８条）。この計画作成および協議会設置は、いずれも任意である。

ここでいう「空家等」とは、不使用が常態となっている建築物・附属工作物およびその敷地である（２条１項）。「常態」とは、おおむね１年とされる。さらに、そのまま放置すれば著しく保安上危険となるおそれのある状態又は著しく衛生上有害となるおそれのある状態、適切な管理が行われていないことにより著しく景観を損なっている状態にある空家等が「特定空家等」と定義され、本法の主たる対象となる（２条２項）。市町村長は、特定空家等の所有者等に対して、助言・指導、勧告、命令ができる。ただし、景観阻害の場合には、改修などはありうるが除却までは求められない（22条１～３項）。

命令不履行の場合には、公益重大侵害状態でなくても行政代執行ができる（同条９項）。緩和代執行である。建築基準法９条11項が規定する公益重大侵害要件を規定しなかったのは、特定空家等が発生させる危険性を重視し、それとの関係で、財産権への配慮を抑制的に考えることが憲法29条２項にいう「公共の福祉」にかなうという判断であろう。命令の名あて人を過失なく確知できない場合には、市町村長みずからが当該措置を講じうる（22条10項）。改正法は、特定空家等になることを未然に防止する観点から、空家等と特定空家等の間に、管理不全空家等という概念を設けた。「適切な管理が行われていないことによりそのまま放置すれば特定空家等に該当することとなるおそれのある状態にある〔空家等〕」である。市町村長には、特定空家等化の防止のための指導、勧告の権限が新たに賦与された（13条１～２項）。略式代執行である。改正法では、勧告された特定空家等の状態が急変して緊急に除却等をする必要がある場合で命令をしている時間的余裕がないときには、命令を経ずに措置ができるという特別緊急代執行が導入された（22条11項）。

そのほか、立入調査（９条）、所有者情報の利用（10条）、データベースの整備（11条）、民法の特例（14条）、跡地活用（15条）、空家等管理活用支援法人（23～28条）などが規定されている。任意的であったり努力義務であったりする事務もあるが、制度の根幹部分は、義務的（＝法定）自治事務である。

活用される代執行　空家法は、2015年５月に施行された。注目されるのは、命令を前提とする緩和代執行および受命者不明時における略式代執行の実施件数の多さである。実施状況については、国土交通省のウェブサイトで公開されている（国土交通省・総務省調査「空家等対策の推進に関する特別措置法の施行状況等について」令和６年３月31日時点）。

一般に、自治体行政現場において、コストがかかりすぎる代執行は、まず選択肢にはない。ところが、施行後約９年間で、723件もの代執行が実施されている。総費用が１千万円を超える事案や人口数万人の自治体が実施する事案も少なからずある。空家法の実施は、日本の行政執行過程のなかでも、きわめて異例である。

条例の課題との関係　条例において課題とされていた事項との関係でみれば、上述のように、制定時の空家法には、同法の実施に必要なかぎりにおいて、所有者探索のための固定資産税情報の利用や特定空家等に関する敷地や家屋内への立入りが明文で認められている。住宅用地特例については、勧告を受けた特定空家等への適用を勧告時の翌年から廃止する趣旨の地方税法改正がされている（349条の３の２）。特定空家等に対して略式代執行ができる点も、上述の通りである。

2014年制定時の空家法は、自治体条例に規定されていた、あるいは、それには規定できなかった事項をおおむね取り込んでいるが、残されたようになっているのが即時執行である。このため、これを必要と考える市町村は、独自の対応をせざるをえない。たとえば、2013年制定時の「京都市空き家の活用、適正管理等に関する条例」は、「市長は、空き家の管理不全状態に起因して、人の生命、身体又は財産に危害が及ぶことを避けるため緊急の必要があると認めるときは、当該空き家の所有者等の負担において、これを避けるために必要最小限の措置を自ら行い、又はその命じた者若しくは委任した者に行わせることができる。」(17条１項）と規定していた（現条例19条１項)。即時執行は、義務履行確保手法ではないとされるために行政代執行法１条の制約を受けず、条例により規定することも可能と解されている。なお、これは、権力的事実行為であり、条例の根拠を要するのはいうまでもない。(滋賀県)「彦根市空き家等の適正管理に関する条例施行規則」(2013年）10条は、緊急安全措置を規定しているが、条例にもとづくべきものであり（地方自治法14条２項)、明らかに違法である。同市には、「空き家等の適正管理に関する条例」があるのだから、そちらに規定するべき内容である。

6　空家法制定後の自治体対応

３つのパターン　空家法は、若干の任意規定（旧法６～７条）を除き、全国1,741のすべての市町村に対して事務を義務づけた。2015年５月26日に全面施行された後、市町村はどのようにして空き家行政を展開したのだろうか。いくつかのパターンに分類できる。なお、2023年改正を受けての条例対応については後述する。

第１は、空家法だけで対応する市町村である。空家法制定時に空き家条例を持たなかった市町村は1,342であり、その後も条例を制定していないところは、この状態にある。また、(北海道）室蘭市、(大阪府）和泉市、(福岡県）宗像市のように、空家法成立により空き家条例の意義がなくなった（内容が吸収された）として制定していた条例を廃止したところもある。そうした自治体も、このパターンである。第２は、かねてより制定していた空き家条例を改正することもなく放置しているために、同じ老朽不適正管理空き家に対して、空家法と空き家条例の両者が適用される二重規制状態となっている市町村である。将来的には何らかの対応をするのだろうが、それまではこの状態にある。第３は、空家法以前に制定した空き家条例を改正したり、新たに空き家条例を制定したりする市町村である。以下では、第３のパターンの自治体の条例について検討する。

空き家条例のモデル　第３のパターンの自治体の空き家条例のイメージを、〔図表15・2〕→282頁に示しておこう。空家法の実施権限を長が有していることを前提にしつつ、市町村の空き家施策の実施にあたって地域特性に適

〔図表15・２〕 空家法と条例の関係

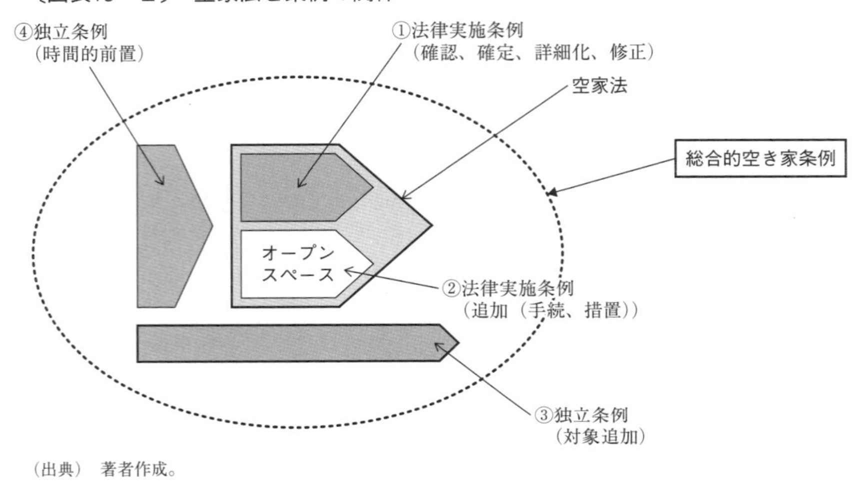

（出典） 著者作成。

合する形でその権限を用いるとともに、空家法が規定していない事項について規定をしてそれを実施するものである。市町村の総合的空き家施策という大きな枠組みのもとに空家法および空き家条例が位置づけられる。

このモデルは、空家法に規定される権限を用いることを基本として、同法の規定を条例で確認・確定・詳細化・修正したり（①）、同法の目的実現の観点から同法に規定されていない内容を追加したり（②）、同法が対象外としている空き家に対して措置を講じたり（③）、空き家になる前に措置を講じたりする（④）ものである。①～②は法律実施条例であり、〔図表２・３〕→40頁を用いて整理すれば、①は「(2)法定部分（自治体による第２次決定が予定されている）」、②は「(3)オープンスペース部分」に該当する。一方、③～④は、条例独自の対象に関して、法律とは別に作用する独立条例である。

実際に制定されている空き家条例は、常に①～④のすべてを規定しているというわけでは必ずしもないが、モデルとしては、それらを規定する「総合的空き家条例」を構想できる。以下では、具体例をあげつつ、市町村の工夫とその意義を整理しよう。

確定と確認　空家法７条は空家等対策計画の策定を、８条は協議会の設置を、それぞれ市町村の任意としている。空き家条例のなかには、それを実施するという決定を条例に規定を設けて行うものがある。条例により確定させるという意味で確定条例という。

これに対して、確認条例とは、空家法の規定を市町村に即して読み替えて確認的に規定するものである。市町村に事務義務づけをする同法の条文は、「市町村長は……することができる。」というようになっている。しかし、個々の市町村においては、「市町村長」という者はいない。A市ならば「A市長」である。そこで、空家法の関係規定について、「市長は、法第○条第○項の規定により」として、そのあとに法○条○項の規定を「コピペ」するのである。（兵庫県）「明石市空家等の適正な管理に関する条例」（2015年）は、このスタイルを基本とする。市民は、市の空き家施策に関する法的規律事項を条例だけをみることで把握できる。ワンストップである。

詳細化と修正　空家法の条文は、それなりの抽象性を持つ言葉で規定されている。そこで、条例のなかで、たとえば、同法の要件・効果に対して自らの法解釈を施し、それを条文に規定する例がある。たとえば、法22条３項命令は、同条２項勧告にかかる措置が講じられなかった場合を要件とし、その場合に、「命ずることができる。」というように、効果裁量を与えている。この点、明石市条例は、「特定空家等が倒壊し、又は特定空家等の建築資材等が飛散し、若しくは剥落することにより、人の生命、身体又は財産に被害を与えるおそれが高いと認められる場合」には、同法22条３項にもとづく命令を「行うものとする。」（10条柱書・１号）と規定している。市長が命令権限の行使を義務づけられる場合を明記しているのである。〔図表２・２〕→37頁で説明すれば、「②法律実施条例、❷法律非規定条例、ⓐ措置・手続読込み条例」となる。

空家法の規定を、市町村の空き家施策に照らして修正する対応もみられる。特定空家等に対する同法22条の対応としては、助言・指導（１項）、勧告（２項）、命令（３項）が規定され、これらはこの順番に実施すべきとされている。しかし、特定空家等の状況によっては、このような硬直的な対応では不適切であり、いきなり命令を発して対応を求める必要がある場合もある。2023年に改正後の京都市条例は、「市長は、特定空家等〔註：空家法の特定空家等を含む。〕が著しい管理不全状態にあるときは、当該特定空家等の所有者等に対し、相当の猶予期限を付けて、当該管理不全状態を解消するために必要な措置を採ることを命じることができる。」（17条１項）と規定している。この命令は、条例を根拠とするものであるが、空家法との関係で、実質的には上書きと評価できる。〔図表２・２〕→37頁で説明すれば、「②法律実施条例、❷法律非規定条例、ⓓ基準・対象・措置・手続修正条例」となる。

手続・措置の追加

空家法のもとでの空家等や特定空家等に関して、同法が規定していない内容を条例で追加的に規定することにより、同法の「使い勝手を良くする」工夫もされている。手続と措置に分けて実例を紹介しよう。いずれも、〔図表２・２〕→37頁で説明すれば、「②法律実施条例、❷法律非規定条例、ⓑ基準・対象・措置・手続追加条例」となる。

手続追加の例としては、特定空家等の認定通知がある。（東京都）「日野市空き住宅等の適切な管理及び活用に関する条例」（2016年）12条２項は、空家等の所有者にそれが特定空家等と認定される予定である旨の通知をしたうえで認定をする手続を規定する。所有者等とのコミュニケーションを通じて自主対応を期待する戦略である。

先にみた即時執行規定も、措置の例である。空家等や特定空家等の状態が急速に悪化して緊急対応の必要がある場合において、市町村長が必要最小限の措置を講ずる権限を空家法は規定していない。そこで、ほとんどの空き家条例には、行政法学上、即時執行と称される手段が設けられている。条例上は、「応急措置」「緊急措置」「緊急安全措置」などと呼ばれる。

対象追加

以上は、法律実施条例と整理できるものである。以下では、独立条例となっているものをみておこう。壁や屋根を共有するいくつかの住戸部分から構成される「長屋」については、すべての住戸部分の不使用が常態とならないかぎりは、空家法のもとでの空家等とはならないとされる。共同住宅についても同様である。これは、国土交通省の解釈であるが、それに従うかぎり、ひとつの住戸部分が不使用常態であり著しい保安上の危険が発生していても、同法を適用できない。

そこで、長屋等の個別住戸部分を正面から取り上げて、必要な措置を講じる独立条例がある。京都市条例は、「空家等」というカテゴリーを設け、これを「本市の区域内に存する建築物（長屋及び共同住宅にあっては、これらの住戸）又はこれに付属する工作物で、現に人が居住せず、若しくは使用していない状態又はこれに準じる状態にあるもの……及びその敷地（立木その他の土地に定着する物を含む。……)」(2条1号) と定義する。これは、実質的に、空家法にいう空家等および同法の対象外である長屋・共同住宅の個別住戸部分の両方を含む概念となっている。このうち、後者に対しては、同法の関係規定を準用することにより、必要な措置ができるようにしている。これらの規定は、フル装備をした独立条例として把握できる。ただ、一棟全体を大家が所有・管理するのではなく、区分所有形態にある長屋については、保安上危険のある個別住戸部分の屋根や外壁がその他の住戸部分の区分所有者との共有となっているために、現実には、措置内容の決定が難しい。

時間的前置　空家法のもとでの「空家等」は、おおむね年間を通して使用実績がないものであった。この整理であると、年に数回は所有者が訪問して庭の草刈りなどをしているが、建築物自体は相当に劣化しており著しく保安上危険な状態になっているようなものは、「使用」がされているために、同法の対象にはならない。

しかし、保安上の危険の点では、「特定空家等」と変わらない。そこで、空家等に準ずる状態にあるこうした家屋について、「神戸市空家空地対策の推進に関する条例」(2016年) は、「類似空家等」というカテゴリーを新設し、これを、「建築物又はこれに附属する工作物であって居住その他の使用がされていないことが常態であるものに準じる状態であるものとして規則で定めるもの及びその敷地 (立木その他の土地に定着する物を含む。)」(2条2項)(下線筆者) と定義する。下線部の前の部分は、空家法にいう空家等を意味するのであろう。規則は、空家法が対象とする建築物等のほか、長屋の住戸部分等であって「使用が相当期間なされていない」もの等を規定する。「不使用常態性」を緩和する趣旨である。類似空家等が空家法13条1項の対象になる状態になれば「管理不全類似空家等」(2条3項)、同法2条2項の状態になれば、「特定類似空家等」(2条4項) と把握される。

これらは空家法の対象外であるから、同法を当然に適用するわけにはいかない。独立条例であり、フル装備条例を用意しなければならない→27頁。神戸市条例には、助言・指導、勧告 (11条)、命令 (14条)、行政代執行 (15条) など、空家法の規定と同様ないし類似の履行確保手法が規定されている。

先にみた京都市条例2条1号の定義のうち「準じる状態」とは、実質的には、空家法にいう空家等に至っていない状態を指しており、結果的に、神戸市条例と同じく時間的前置の対応ができるようになっている。京都市条例は、空家法の関係規定を準用することにより、同法の対象にはまだならない状態の建築物等について、必要な措置を講じうるようにしている。

空き家条例対応の政策法務的意義　2010年の所沢市条例以降、まさに燎原の火のごとく制定が拡大した空き家条例であるが、空家法以前のものは、どちらかといえば、所沢市条例をモデルにしたものが大半で、それほどの違いはなかった。ところが、2014年の空家法以降に制定（改正、新規）されている空き家条例には、驚くほどの多様性がある。市町村独自の法解釈を施した仕組みや規定ぶりも目立ち、分権時代の自治体政策法務の展開において、注目すべき事例となっている。

そのまま実施するだけのものとして空家法を受け止めず、それを市町村の空き家施策というより大きな枠組みのもとに位置づけて、地域特性に適合するように条例を通じてカスタマイズしている。〔図表15・2〕→282頁にある「総合的空き家条例」のモデルに近いものも制定されている。こうした独自の動きは、今後の自治体環境行政に対して、大きなインパクトを与えるだろう。

7　空家法改正後の条例状況

主流は微調整対応　法改正を受けての空き家条例改正は、まだ本格化していない。これまでに修正された空き家条例をみると、その内容の圧倒的多数は、条文中で引用していた改正前の法律の条項を改正法のそれにする「条項ズレ」対応である。典型的には、特定空家等に関する措置を規定していた旧法14条を改正法22条と改めるというものである。

改正法は、空家等と特定空家等の間に「管理不全空家等」という概念を創出し、指導や勧告ができる規定を設けた（13条）。管理不全空家等に対して勧告をする際に、附属機関に諮問をする手続を規定する条例もある。従来、特定空家等に関して講じていた措置を拡大するものである。

参考文献

■浅見泰司（編著）『都市の空閑地・空き家を考える』（プログレス、2014年）
■北村喜宣＋米山秀隆＋岡田博史（編）『空き家対策の実務』（有斐閣、2016年）
■北村喜宣『空き家問題解決のための政策法務：法施行後の現状と対策』（第一法規、2018年）
■北村喜宣『空き家問題解決を進める政策法務：実務課題を乗り越えるための法的論点とこれから』（第一法規、2022年）
■自由民主党空き家対策推進議員連盟（編著）『空家等対策特別措置法の解説〔改訂版〕』（大成出版社、2024年）
■鈴木庸夫+田中良弘（編）『空き家対策』（信山社、2020年）
■高崎経済大学地域科学研究所（編）『空き家問題の背景と対策』（日本経済評論社、2019年）
■西口元＋秋山一弘＋帖佐直美＋霜垣慎治『Q＆A自治体のための空家対策ハンドブック』（ぎょうせい、2016年）
■日本司法書士連合会（編）『Q＆A空き家に関する法律相談：空き家の予防から、管理・処分、利活用まで』（日本加除出版、2017年）
■日本弁護士連合会法律サービス展開本部自治体等連携センター＋日本弁護士連合会公害対策・環境保全委員会（編）『深刻化する「空き家」問題：全国実態調査からみた現状と対策』（明石書店、2018年）
■弁護士法人リレーション（編）『よくわかる空き家対策と特措法の手引き：空き家のないまちへ』（日本加除出版、2015年）
■宮崎伸光（編著）『自治体の「困った空き家」対策：解決への道しるべ』（学陽書房、2016年）

第16章　土地利用調整・まちづくりへの条例対応

●ハレの場への登場

1　土地利用をめぐる自治体手続

法律とは別世界？

これまでも自治体は、環境基本条例および環境基本計画の枠組みのもとで、良好な自然環境・里山環境・都市環境を保全・創造するために、自治体は、要綱や条例を通じて、様々な工夫をしてきた。しかし、第1次分権改革以前には、機関委任事務制度が存在し、条例制定権の範囲に関する考え方が必ずしも積極的対応を促進するようではなかったために、開発指導要綱や、独立条例としての「まちづくり条例」が制定されることが多かった。

ところが第9章でもみたように、開発指導要綱には限界があった→187頁。また、条例であっても、法律のもとで許可が出される開発行為を結果的に止めるような効果を持つものは、それほどはなかったのである。

分権条例らしい分権条例

現在では、状況は一変している。条例制定権の拡大の重要部分は、「旧機関委任事務に関して条例が制定できる」ことである。また、「団体自治・住民自治のあり方を条例で表現する」ことである→31頁。土地利用に関する施策においては、この両者に正面から取り組める。都市計画法改正や景観法の制定などによる法環境の変化もある。その意味で、土地利用調整・まちづくりは、「分権条例らしい分権条例」ができる分野といえよう。

本章では、法律に規定される制度を活かした条例、法律の制度とは別の条例世界を構築する条例、法律制度のリンクによって地域特性に対応した効果を生み出そうとしている条例を解説する。

2　神奈川県土地利用調整条例

事前手続制度とその限界

神奈川県では、1977年に、訓令により土地利用調整委員会を設置し、個別開発計画に対して、事前調整・指導を行っていた。そこでは、法律の申請の前段階で、手続面・実体面での行政指導を通じて、開発の「適正化」に努めてきた。湘南海岸の一定範囲において埋立を認めないなど、環境保全にも、それなりの効果を発揮してきたのである。

ところが、行政手続法制定（1993年）、神奈川県行政手続条例制定（1995年）を経て、事業者に行政指導で対応することの限界が懸念されるようになった→187頁。実際、土地利用調整手続を経なければ個別法のもとでの申請を受けつけないという運用については、国家賠償訴訟が提起され、墓地埋葬法の許可申請を返戻した行為が違法とされるに至って、その懸念は、現実のものとなったのである（東京高判平成５年３月24日判時1460号62頁）。

手続の義務づけ

そこで、神奈川県は、1996年に、土地利用調整条例を制定した。個別法の対象行為について条例による実体的規制も検討されたが、法令との抵触のおそれがなお残るということで、手続的規制に特化した内容とされている。個別法との関係では、趣旨目的が異なると整理するのだろう。全体のフローについては、〔図表16・1→290頁〕を参照されたい。

市街化調整区域、非線引き白地地域、都市計画区域外地域などにおいて一定規模以上の開発行為を行おうとする者、あるいは、海岸における一定規模以上の埋立行為を行おうとする者には、知事との協議を義務づけ（３条）、その違反には、工事停止命令や命令違反に対する罰則を規定する（15条、21条）。審査指針にもとづく協議の結果、知事は審査結果通知書を交付するが（５条）、それなくして工事に着手することは、直罰のもとに禁止されている（11条、22条）。審査結果通知書の遵守は義務づけられていないが、それと異なる開発行為をすれば、違反事実が公表される（16条）。

審査指針は、基本的に、要綱時代から用いられていたものであるが、公正・透明な行政運営の観点から、改めて策定・公表するとされている（６条）。策定にあたっては、神奈川県国土利用計画審議会の意見聴取をすることになっており（14条）、実体的には行政指導基準とならざるをえない審査指針の「権威づけ」に対する工夫がみられる。

なお残る限界

しかし、手続的規制であったことから、この条例は、なお限界も内包していた。第１に、協議は、法律の許可申請に先立って行うように努めなければならないとされるが（３条３項）、そうしなかったからといって、申請を不許可にできるわけではない。条例手続の義務

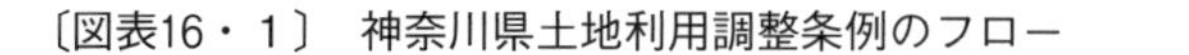
〔図表16・１〕　神奈川県土地利用調整条例のフロー

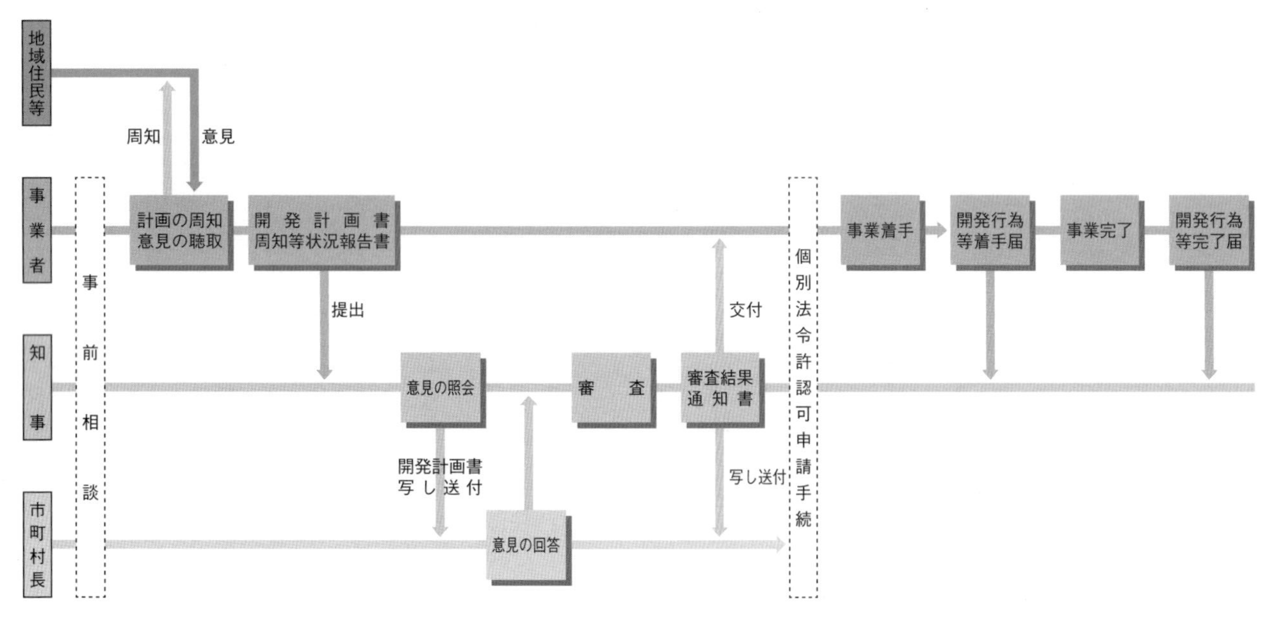

（出典）　神奈川県資料を微修正。

づけは実現されたが、条例と法律とのリンクはされていないままである。

第2は、審査結果通知書の扱いである。法律にもとづく許可などの権限を知事が有する場合においては、通知書の内容について、「配慮するものとする。」（18条）と規定されている。この点については、環境影響評価条例の「横断条項」に関して検討したのと同じ指摘ができる→176頁。その配慮を法的なものとして確実にするためには、たとえば、個別法の審査基準や法律実施条例を工夫する必要がある。

地方分権を受けての対応　そこで、神奈川県は、第1次分権改革によって実現した法環境の変化を踏まえ、土地利用調整条例の運用に検討を加えた。その結果、たんに手続的規制とするのみならず、実体的規制もするような修正をしたのである。その修正は、条例改正ではなく、個別法の審査基準を通じて行われた。

従来より、行政手続法5条の審査基準は、行政庁に策定が義務づけられていたのであるが、何を審査基準とするかについては、自治体行政庁は、個別法律の所管官庁の有権解釈に従っていた。結果的に、機関委任事務時代においては、その内容は、全国統一的となっていた。

分権改革後、自治体は、中央省庁と対等の法令自治解釈権を持つようになった。個別法令のもとでの審査基準策定の解釈においても同様である。神奈川県は、土地利用調整条例と個別法の許可制度が両者相俟って県土の計画的利用・均衡ある発展に資するという考えのもとに、条例制度を法律にリンクさせたのである。

法律とリンクする　具体的には、すでに策定されていた個別法の審査基準を見直して、そこに条例を正面から位置づけた。たとえば、神奈川県林地開発許可審査基準では、森林法10条の2第1項の許可にあたって、「開発行為の計画が、神奈川県土地利用調整条例……第3条第1項の協議を要する場合において、当該協議を了していないとき、又は同条例第5条第1項の審査結果通知書で不適当と認められたときは、これに配慮する」とされている。これは、条例の制度が、環境保全にも配慮する林地開発許可基準の神奈川県内における実施をより充実したものにするという発想にもとづいている。現行条例では、個別法にもとづく申請の前に条例手続を行うことが努力義務とされているが、この審査基準を前提にすれば、法的義務となる。

条例の手続を経ずにいきなり法律にもとづく許可申請が出された場合には、行政手続法７条にもとづいて補正が命じられ、補正されない場合には、個別法にもとづいて、不許可処分がされる。審査結果通知書で不適当とされた場合には、（法令基準のすべてを満たしていてもそうなるかどうかは、微妙であるが、）それを理由に不許可処分が可能となる。個別法の審査基準のなかで条例を読み込むことによって、法律と条例をリンクしたのである。審査基準のなかに条例を含める対応は、ほかにも、砂利採取法、採石法、農地法、海岸法、農振法など、20ほどの法律についてされている。

3　鳥取県廃棄物処理施設条例

法の不備と条例の限界

廃棄物処理法のもとでの産業廃棄物処理施設立地は、多くの自治体を悩ませている問題である。許可を得た処分場の建設や操業に対する民事差止請求を認容する判決が多く出され（例として、千葉地判平成19年１月31日判時1988号66頁、東京高判平成19年11月29日 LEX/DB 25463972）、法律の実施だけでは、生活環境の保全や住民の不安への対応ができない状況にある。

多くの道府県は、産業廃棄物指導要綱を制定し、処理業者に対して、行政指導により住民同意の取得を求めるなどの措置を講じてきた。しかし、要綱手続の未了を理由に廃棄物処理法にもとづく許可申請を拒否できないし→187頁、同意取得を条例により法的に強制することはできない→222頁。結局、「頼りない法律しか頼れない」状況にある。このように、法的ジレンマに陥っているのが、産業廃棄物行政現場である。

何が足りないのか？

民事差止訴訟の判決では、とりわけ地下水汚染の観点から、廃棄物処理法にもとづく規制の効果に疑問が投げかけられている。法律を的確に履行する義務のある都道府県行政にとっては、かなり厳しい判示になっているが、対応の方向性としては、①省令で画一的に規定されている技術的基準に上乗せ・横出しをする、②浸出水が万が一漏出しても飲用地下水に影響しないような場所でしか認めない、③説明や討議を通じて操業に対して住民が有する不安の低減・解消をするなどが考えられる。

産業廃棄物処理施設が社会にとって必要な施設であるとしても、その操業による健康リスクを受忍すべき義務が周辺住民にあるわけではない。施設許可事務は法定受託事務という自治体の事務であるが、差止めを認める判決や仮処分決定が続出したにもかかわらず特段の法的対応を中央政府がしない以上、法律目的の実現のために、都道府県としては、踏み込んだ法政策対応をせざるをえない。

法律リンク型条例　そうしたなか、鳥取県は、2005年に、「廃棄物処理施設の設置に係る手続の適正化及び紛争の予防、調整等に関する条例」を制定した。この条例は、廃棄物処理法にもとづく一般廃棄物処理施設・産業廃棄物処理施設許可申請の前に一定の手続の履行を義務づけるとともに、履行完了を許可審査の評価事項のひとつとする点で、分権時代の条例として貴重な先例となっている。条例の内容は、設置前手続と設置後手続に分かれるが、以下では、前者について紹介する。全体像については、〔図表16・2〕→294頁を参照されたい。

法律事前手続　事業者は、廃棄物処理施設等の設置にあたって、事業計画書（生活環境影響調査書類付き）と周知計画書を知事に提出する（5～6条）。説明会が開催され（10条）、それを踏まえて、関係住民は、知事と事業者に対して意見書を提出できる（11条）。事業者は、意見書に対する見解書を知事に提出するとともに、関係住民にも周知する（12条）。その周知状況は、知事に報告される（14条）。これらの手続は、合意形成を目的とするものとされている。

多くの要綱では、行政はとにかく同意取得を求めるだけで、調整努力を事業者にマル投げする無責任体制となっている。同意書がなければ合意形成はないとみるのである。事実上の拒否権保持者として住民を位置づけている。

この点で、鳥取県条例に特徴的なのは、住民同意を絶対視せず、知事が合意形成状況を評価して公的な判断を示す点にある（16条）。すなわち、①関係住民の理解が得られたと認める場合には「第1次合意成立通知」を、②事業者の対応が不十分であり関係住民の理解が得られていないと認めるときは「第1次指導通知」を、③事業者の対応は十分であるが関係住民の理解は得られていないと認めるときは「事業者対応・合意不成立通知」を、それぞれ事業者に出す。この過程において、知事は解決策を示すのではなく、論点整理や助言者として関与する。

〔図表16・２〕　鳥取県廃棄物処理施設条例のもとでの施設設置に係る手続フロー

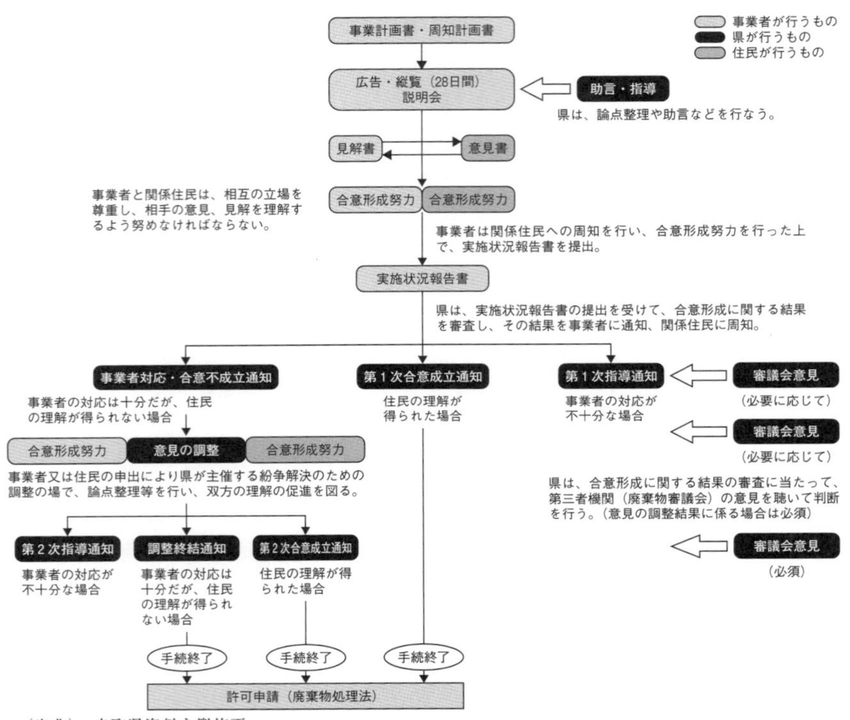

（出典）　鳥取県資料を微修正。

意見の調整　②がされれば、事業者は、引き続き関係住民の理解を得るための対応をしたうえで、その実施状況報告書を知事に提出する（16条３項）。知事はそれを評価して、①〜③の判断をする。③と判断された場合、事業者または関係住民は、「意見の調整」を知事に申し出ることができる。知事は論点整理や助言を継続するが、状況をみながら、以下のいずれかの判断をする（18〜19条）。

［ａ］関係住民の理解が得られたと認められるときは「第２次合意成立通知」。
［ｂ］事業者の対応が不十分であり関係住民の理解が得られていないと認めるときは「第２次指導通知」。
［ｃ］事業者の対応は十分であるが関係住民の理解が得られていないと認める

場合で次のいずれかに該当するときは「調整終結通知」。
［1］関係住民が意見の調整に応じないことにより、関係住民の理解を得ることが困難と認められるとき。
［2］関係住民が生活環境保全上の理由以外の理由により反対することにより、関係住民の理解を得ることが困難と認められるとき。
［3］事業者と関係住民の生活環境保全上の意見が乖離していることにより、関係住民の理解を得ることが困難と認められるとき。

事業者は、第1次合意成立通知、第2次合意成立通知、調整終結通知のいずれかを受け取れば手続終了となる（23条2項）。前2者のほかに、第3の場合を規定しているのがポイントである。なお、この手続は、廃棄物処理法またはダイオキシン法の申請前に行われる（23条1項）。

これまでの実績は、2014年と2019年の2件の調整終結通知である。2014年の事業においては、産業廃棄物中間処理施設の許可申請がされ、許可を得て操業がされている。操業に対する民事訴訟は提起されていない。2019年の事案は産業廃棄物最終処分場であるが、2024年5月に、廃棄物処理法にもとづき一般廃棄物最終処分場の申請がされている。

法律とのリンケージ　問題は、手続を終了せずに申請がされた場合である。その場合は、廃棄物処理法「第8条の2第1項第2号……又は第15条の2第1項第2号……の規定に適合していないものとして、当該許可をしないものとする」（24条1項）。事前手続を履行しなければ廃棄物処理法の不許可処分をするというのであるから、条例と法律がリンクしている。

上記規定は、「処理施設に係る周辺の生活環境の保全……について適正な配慮がなされたものであること」という法定許可基準を指している。本条例の手続を終了していない申請は、生活環境保全に関して適正な配慮に欠けると自主解釈して条例化したのである。通知は、適合性審査のために不可欠の資料であるから、「申請に必要な書類」（行政手続法7条）となる。提出がなければ、補正がされる。

井戸水飲用禁止条例？　なお、産業廃棄物最終処分場はそれなりには必要という立場に立てば、水道供給体制を整備したうえで、「処分場適地」をゾーニングして、そこにおける井戸水飲用の禁止を条例で規定するという逆転の発想もある。地下水を飲む絶対的権利は、憲法で保障されていない。

4　法律の自治解釈

「自治体」の解釈

鳥取県条例は、法律の自治解釈という点では、神奈川県土地利用調整条例と似ている。神奈川県条例の場合は、個別法の審査基準のなかで条例にもとづく評価が考慮された。鳥取県条例も、かつては審査基準で対応していたが、2007年の改正で、条例本則に引き上げた。24条１項は、〔図表２・２〕→37頁の類型でいえば、「②法律実施条例、❷法律非規定条例、ⓐ要件読込み条例」である。その前提となっている手法は、「①独立条例、❶法律と規制対象を同じくする条例、ⓐ法律前置条例」である。

条例本則という点では、「北海道砂利採取計画の認可に関する条例」や島根県「採石業の適正な実施の確保に関する条例」と似たところがある→42頁。行政庁ではなく自治体としての自治的法解釈である。

対外的効力のない審査基準ではなく条例で規定することは、法治主義の観点からも評価できる。鳥取県は、砂利採取条例や採石条例においても、同様の発想にもとづき、条例・規則などを通じて詳細な基準を設けている。具体化条例である。

参考文献

■礒崎初仁「神奈川県土地利用調整条例の制定と運用：行政指導の「法制度化」は何をもたらしたか」法学新報〔中央大学〕123巻７号（2017年）623頁以下
■内海麻利『まちづくり条例の実態と理論』（第一法規、2010年）
■北村喜宣『分権改革と条例』（弘文堂、2004年）
■北村喜宣『分権政策法務と環境・景観行政』（日本評論社、2008年）
■北村喜宣『分権政策法務の実践』（有斐閣、2018年）
■北村喜宣（編著）『分権条例を創ろう！』（ぎょうせい、2004年）
■小林重敬（編著）『条例による総合的まちづくり』（学芸出版社、2002年）
■小林重敬（編著）『地方分権時代のまちづくり条例』（学芸出版社、1999年）
■北村喜宣＋飯島淳子＋礒崎初仁＋小泉祐一郎＋岡田博史＋釼持麻衣＋日本都市センター（編著）『法令解釈権と条例制定権の可能性と限界：分権社会における条例の現代的課題と実践』（第一法規、2022 年）

エピローグ

これからの自治体環境行政

●やっぱり、やるしかない自治体

1　再び、自治体環境行政の重要性

自治体における環境行政の位置　「住民福祉の向上」は、国と自治体とを問わず現代政治の目標であり、したがって、現代行政の目標でもある。もっとも、「福祉」の具体的内容は、そのときどきの社会のニーズを反映して多様でありうる。とにかく経済的裕福さを追求することに最高の価値を見出していた時期もあったし、それが一段落した後には、社会福祉の充実に重点が移された。

そうした政策の重要性は、これからも変わらない。ただ、21世紀には、環境政策が、行政内部の比較的影響力の弱い一部局の仕事というこれまでの状況から脱皮し、持続可能な発展を基底とする行政施策の基本的部分を担う全庁的行政として展開されることが期待されている。こうした変化は、とりわけ自治体において、より現実味を持つように思われる。

良好な環境はすべての基本　都市部においても中山間地域においても、持続可能性を持つ良好な環境なくしては、真の経済的発展も社会福祉の充実もありえない。追求されるべき社会的目標が、量的な豊かさから質的な豊かさに変わりつつあることは、大方の認めるところであろう。良好な環境は、健全な行政施策の必須の前提条件として理解されるべきである。

この点で、行政施策の展開において環境価値を基底に据えることを基本理念に掲げるいくつかの環境基本条例は、先進的な認識を示すものとして、高く評価できる→94頁。実務的には、それに対して基本構想レベルの「重み」を与えることが望まれる。

SDGsのインパクト　近年、SDGsに賛意を示し、これを政策の基本に据えると宣明する自治体が増加している。もっとも、「SD（持続可能な発展）」は、日本にとっては新しい概念ではない。1993年制定の環境基本法4条で明記されていたし、環境基本条例についても同様であった。

これらの前提になるのは、1992年の「環境と開発に関するリオ宣言」である。そこで記述されていたSDは、環境との関係において把握されていた。ところが、2015年に国連加盟193か国すべての賛同を得てなされた決議であるSDGsは、環境・経済・社会を重視し、環境を基本にしつつもそれを超えて「未来の世界のかたち」を示している。

それを国際社会が、国家が、中央政府が、自治体がどう受け止めるのか。実施すべきことがらは、異なるのが当然である。今後、自治体としては、SDGsを踏まえて環境基本条例や環境基本計画を見直し、自治体における環境行政の内容および組織体制を改めて位置づけなおす作業が必要になる[→103頁]。将来的には、環境行政のうちで企画調整的作業の担当は、総務ないし政策部門に移行するようになるのではないだろうか。

2　再び、環境行政と住民参画

環境基本計画などの環境行政関係文書や具体的行政施策のなかには、「パートナーシップ」という言葉が多く目につく。住民や事業者と「協働して」環境行政を推進しようという趣旨で用いられているようである。しかし、その意味するところは、必ずしも明らかではない。

産業系負荷対策が中心であった環境行政にとって近年重要になっているのは、生活系負荷対策である。カーボンニュートラルやサーキュラーエコノミーの観点からは、ライフスタイルの転換も求められている。これらについては、事業活動ではないために、一定の義務づけをして違反には不利益措置を用意して履行を確保するという古典的手法にはなじまないと考えられている。しかし、何らかの対応が必要である。そこで、相手方の理解と協力を求めつつ、施策を推進しなければならない。そのためには、いわば行政が住民にすり寄り、パートナーという地位を与えることによって行政に協力してもらおうという想いが見え隠れしているように思われる。行政だけでは手に余る状態になってきているのは確かである。

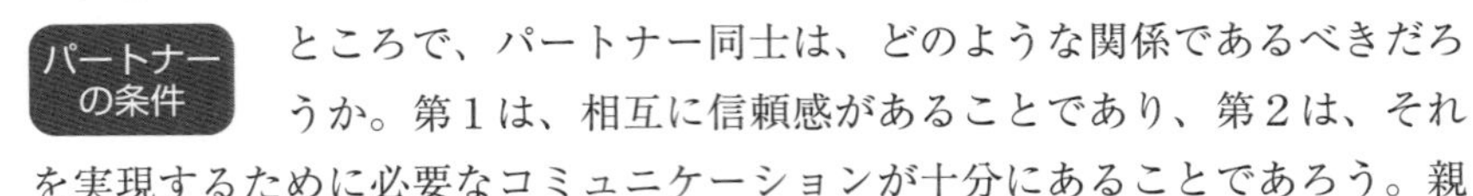

パートナーの条件

ところで、パートナー同士は、どのような関係であるべきだろうか。第1は、相互に信頼感があることであり、第2は、それを実現するために必要なコミュニケーションが十分にあることであろう。親友関係や夫婦関係がそうであるように、波風が立たずに信頼関係が確立するということは絶対にありえない。トラブルはつきものであり、ときには激しい議論や喧嘩を重ねながら相互理解が深まり、関係は徐々に成熟してゆくのである。意見の不一致は当然にあるだろうが、それをさしあたりは問題にせずに、一致できる点をもとに活動を推進することも、ひとつの知恵である。

また、パートナーである以上、一方的に相手を指名して環境行政に巻き込めばよいのではない。それでは、「拉致」「誘拐」である。パートナーシップとは、双方向的なものなのである。行政が住民をパートナーというのであれば、行政も住民からパートナーと認められなければならない。住民に対してライフスタイルの変更を求めるならば、行政スタイルの変更を求める住民の声を正面から受け止める覚悟が必要である。

トラブル大嫌いの行政

果たして、現状はどうだろうか。少なくとも行政に関するかぎり、パートナーシップという言葉に耐えられるような思考や行動はできていないのではなかろうか。

何よりも、行政はトラブルが大嫌いである。住民参画が必ずしも進んでいないのは、それが不確定要素を行政決定プロセスに持ち込み、そのことが、行政職員によって、消極的にしか評価されなかったからにほかならない。

たとえば、企画部局や環境部局が開発部局との間で行う庁内調整は、当然のことながら、行政内部のルールや交渉の「仁義」にのっとってなされる。ところが、環境NPOの主張は、それらとは無関係かつ非妥協的にされるために、それに応じていたのでは、庁内でまとまる話もまとまらない。環境保護という目指すべき方向は同じであるとしても、企画部局や環境部局担当には、「オレたちの気持ちもわからず好き勝手なことをいいやがって」という想いがあるのではなかろうか。

「パートナーシップ宣言」の重み

しかし、行政が住民や事業者をパートナーと指名し、さらに、住民や事業者からパートナーと認めてもらうためには、真摯な対話が不可欠である。そのためには、情報の提供はもちろんであるし、住民参画手続を充実させるとともに、その活動を支援する措置が必要になる。これまでは、「いつどの場合にどの程度の参画をさせるか」は、行政が専権的に決めていた。パートナーである以上、そんなことばかりではありえない。「決め方の決め方」を議論して決める場面も出てくる。このように、パートナーシップという言葉を用いた責任は、重くかつ大きい。

パートナーシップを宣言したのは、自治体行政全体であって、企画部局や環境部局ではない。住民や事業者にとっては、庁内の役割分担や権限争いはどうでもいいことである。要は、自治体行政全体として、どのような対応をするかが問題なのである。環境行政に総合性が求められていることからもわかるように、庁内で一部の部局だけが環境利益を主張するという構図では、これからの環境行政が行き詰まるのは目に見えている。新たな時代の環境行政にふさわしい意思決定システムや調整システムを開発・整備することが求められているのである。

「住民参画」とは、「住民の行政決定への参画」を意味する場合が多い。しかし、住民自治の観点からいえば、住民も行政も議会も、それぞれの役割を踏まえて自治体環境決定に参画するのである。「行政への参画」を、所与と考えてはいけない。

3　議会の役割

「議会軽視」

住民参画やそれを推進しようとする行政に対しては、「議会軽視」という批判が、議員の口から出ることがある→231頁。「特別に扱ってほしい」「すべての決定を議会の権威のもとに置きたい」という意識からだろうか。報復的対応をおそれ、こうした発言に行政幹部が過敏に反応する傾向もある。

しかし、住民参画には、議会における審議・決定とは異なったレベルの機能があるのであり、独自の存在意義がある。「議員は住民の代表」といっても、それは、当該議員に投票した人もそうでない人も含めた一般的な意味においてであり、個別具体的な争点のすべてにおいて、住民の支持を得ているわけではない。住民こそが主権者である。

議会も、縦割り行政や前例踏襲主義の枠を超えた政策を積極的に提言・作成しているかといえば、そうでない場合が多い。そうした現状を踏まえるならば、住民参画には、なお一層の政治的意義を認めることができよう。議会の権威は、先験的にあるのではない。それにふさわしい活動をしていると主権者が評価してはじめて生まれるものなのである。

議案提出要件の緩和 地方分権一括法により改正された地方自治法のもとで、議員の議案提出要件および修正動議の発議要件が、議員定数の８分の１以上から12分の１以上に緩和された（112条２項、115条の３）。自治体議会の活性化は、地方分権のもとでの住民自治の重要なポイントである。

条例案についてのパブリックコメント制度にみられるように、「住民参画型の条例案づくり」は、自治体行政の今後のひとつの流れのようにみえる。議会は、この流れにどのように反応するのだろうか。いたずらに「議会軽視」とわめくだけでは、時代に取り残され、自らの地位を、自らおとしめてしまう。議案提出要件の緩和は、議員が、法案作成に対して、より積極的にコミットすることを求めているのである。

条例案作成の方法 もちろん、すべての条例案を議員が提案するのは、現実的ではない。採用試験を受ける職員とは異なり、議員は能力主義で選出されたわけではない。十分なスタッフや予算もない。長提案の条例案を審議し、必要があれば修正するのが基本的な対応であることには、今後も変わりがないだろう。しかし、政策課題によっては、行政的発想ではブレーク・スルーができない場面も出てこよう。そうした場合には、議員がその政治的判断を条例に表現して、行政に方向性を与える必要がある。その場合には、条例それ自体は、枠組条例的ないし基本条例的なものとなるだろう。そして、議会は、その方針に沿った形で、個別条例なり具体の施策が制定・展開されることを監視する役割と責任を果たすのである。

住民・事業者の権利義務を規定する条例案の場合には、それなりの政策法務技術が求められる。長部局からの独立性を保持した議会事務局の協力に期待したいところである。先進的自治体のなかには、スタッフを充実させて積極的にサポートしようというところも出はじめている。議員自身の政策研究が重要なのはいうまでもないが、関係NPOとの連携も有効な手法であろう。また、（時間はかかるだろうが、）法科大学院修了生を擁する政策法務系シンクタンクやコンサルタントが育てば、議員個人が政務調査費を持ち寄ってそこに委託することも考えられる。

そうしたなか、空家法以前の空き家条例に関しては、議員提案として成立したものが少なからずあった（例：仙台市、柏市、横須賀市、名古屋市、倉敷市）。積極的な対応として評価しておきたい。

4　地方分権と環境政策法務

分権改革の実験室

「地域のことは地域で決める」という自己決定が、今般の分権改革の大きな柱のひとつであった。それは、様々な分野についていえるが、とりわけ、地域の環境をどのように管理して将来世代に継承するかは、自治体にとって、分権改革の成果を試す絶好の課題である。

地域環境管理に関係する法律のなかには、国の直接執行事務を規定するものもあるし、法定受託事務や法定自治事務を規定するものもある。後2者について、どのような工夫をし、環境負荷を与える活動をいかにうまくかつ適法にコントロールするか。法律がない分野で、条例・要綱・協定などをどのように組み合わせて対応するか。提起された争訟をどのように処理するか。自治体の力量が問われている。

「環境自己決定」の主体

そのための作業を、「環境政策法務」ということにしよう。その中心になるのは行政であるが、協定やまちづくり指針策定の際の参画にみられるように、住民・事業者・NPO も、当事者として、作業の一翼を担う。もちろん、議会も、環境政策法務の重要な担い手である。「環境自己決定」をするのは自治体なのであり、自治体行政ではない。

分権改革を踏まえた基本条例の再認識

多くの環境基本条例は、地方分権一括法の前に制定されている。第5章でみたように、そこには、多くの意欲的な政策が規定されているが、それらは、分権改革との関係を念頭に置いたものではなかった。

国・都道府県・市町村の対等関係の確立と自治体の自己決定の拡充を基底とする第1次分権改革を、自治体環境行政としてどのように受け止めるかは、自覚的に議論されるべきことがらである→105頁。その結果を、環境基本条例の基本理念規定の改正につなげるか、基本計画などの改定につなげるかは、選択の問題である。自治基本条例が制定されれば、そのもとでの環境行政のあり方は、より具体的に議論の対象になるだろう。

環境行政評価

環境基本条例の改正とは別に、現行の自治体環境法システムを評価して改善するという組織論も重要である。これは、関係部局に任せておけば可能になるというものではない。ある程度、強制的に検討させるような制度をつくる必要がある。いわば、ボトルネックの制度化である。

環境管理計画の実施管理については、第７章でもみたが→143頁、そのほかにも、より具体的に、たとえば、①既存条例についてほかの自治体の同種事例と比較して改善の余地がないか、②条例目的の達成との関係で義務づけの範囲や程度が過剰あるいは過少になっていないか、③採用された手法は当初予定された効果を発揮しているか、といった点をチェックできるようにすることが考えられる。そのためには、制定される条例の附則に「○年後見直し条項」を規定して定期的なチェックを義務づけるのが適切であろう。現在はそうではないが、かつて鳥取県は、条例の自動失効規定を附則に入れる（附則改正をしないと条例が失効する）ようにしていた。神奈川県は、見直し条項を有する条例の見直し制度を設けている。また、④法定自治体事務の運用は行政手続法制の観点から問題はないか、権限行使が過度に抑制的になっていないか、行政訴訟が提起されたとしても十分耐えうるか、という点についても、チェックが必要である。

行政ドック　これは、環境行政だけにかぎられないが、数年に一度、原課を、「人間ドック」ならぬ「行政ドック」に入れて、法制度の運用実態の定期検診をすることが適切である。ほかの自治体の敗訴事例を「他山の石」として、実務運用をチェックするような法務サポートも必要である。チェックポイントを抽出するために判例研究をするのもよいだろう。

こうしたマネジメント的発想を具体化したものとして、『静岡市政策法務推進計画』にもとづく静岡市の「行政リーガルドック」があった。行政手続法のコンプライアンスを中心にチェックをするものである。現在では、これに学んだ（千葉県）流山市が『流山市政策法務推進計画』（現行は、2020年改訂の第２次）にもとづいて「行政リーガル・ドック事業」、（愛知県）豊田市が『第３次豊田市政策法務推進計画』（2022年）にもとづいて「行政リーガルチェック」を実施している。そのほか（栃木県）那須塩原市や（兵庫県）姫路市などで実施中である。

将来を見据えた議論を　分権時代の自治体環境政策法務には、どのような可能性があるのだろうか。具体的な施策を考える段になると、とりわけ法令との関係が問題になるだろう。

分権時代の条例論は、議論がまだ十分に深まっておらず、定説などはない。国と自治体の適切な役割分担を踏まえて、法律のなかに条例に関する規定が設けられているという例もない。しかし、そうした場合でも、「住民福祉の向上のためなら違法でもやる」という玉砕主義ではなく、自らの施策を適法であると主張する法令解釈上の工夫と努力が求められている。政治家である長はさておき、行政職員は、「違法だがやる」とは決して言ってはならない。

1969年に東京都公害防止条例が制定されるにあたっては、違法説も有力に唱えられていた。今では、その法政策を違法視する説はない。この例をみてもわかるように、新たな考え方が定着するのには、数十年を要すのである。違法との批判を回避するために、伝統的解釈の微修正的対応をして、インクリメンタルに政策を展開することもあろうが、ときには、従来の考え方からみると「大胆」に思えるような解釈的対応が必要な場合もあるだろう。

第１次分権改革は、たしかに、「大改革」であった。しかし、実定法がその趣旨を踏まえて改正されているとはいえない状況を前提にすれば、大改革をさらに推進するのに必要なのは、柔軟な発想にもとづく「大解釈」である。すべては、自治体環境の将来をしっかりと見据えた「全自治体的判断」によっている。

憲法92条の重要性　自治体が現行法令を解釈するにあたっては、憲法92条の意義を十分に理解しなければならない。機関委任事務時代に機関委任事務の発想で制度設計されている現行法令は、「国の決めすぎ状態」となっている。「全国画一・規定詳細・決定独占」の三密状態である。国と自治体の適切な役割分担が実現されていないと考えてよい。したがって、自治体としては、現行法を所与とすることなく、地域的事情・地域的特性を踏まえた法解釈により、法令に規定される自治体事務を自治体政策の実現に資するよう実施する必要がある。

もちろん、憲法94条が規定するように、条例は「法律の範囲内」でしか制定できないし、地方自治法２条16項が規定するように、自治体は「法令に違反してその事務を処理してはならない」。これら規定を強調して、「法令に条例規定がないかぎり条例で法令内容を修正するのは憲法41条が規定する立法権の侵害で違法である」という言説もある。

条例論に則しての著者の整理は、第２章で示した（→39頁）。たしかに、自治体の事務であっても全国統一的な規定ぶりでなければならない部分については、条例で修正することはできない。しかし、そうでないと解される部分について全国画一的決定がされているのであればそれは憲法92条に反しており、その部分を修正するのは、住民との関係では、憲法99条にもとづく自治体の義務とさえいえるのである。

5　新たな社会的決定システム構築のために

「対話」の重要性

これからの環境行政においては、行政・住民・企業の間の「対話と調整」がますます重要になる。地方分権や規制の見直し、情報公開や行政過程の透明化の要請、住民参画の拡大の要求、カーボンニュートラル、サーキュラーエコノミー、ネイチャーポジティブへの対応、そして、環境行政の総合化の流れを踏まえるならば、多少の社会的コストを伴うとしても、政策立案や政策実施に際して、相互のコミュニケーションを図ることが重要になってくる。環境政策に関係する主体の多様化は、２極関係にもとづく一方的行政決定を基本にしていたこれまでのシステムを、調整に重点を置いた多極的社会決定という方向に変えるように思われる。

実体的にみても、一方的・一律的に行政が内容を決めるというこれまでの対応に加えて、従うべき基準なりルール（場合によっては、違反の際の内部的対応）を企業の側が自発的に決めて、行政に審査と承認を個別的に求めるという自律性をより重視するやり方や、住民参画のもとに個人の土地利用のあり方を決めるようなことが、増えてくるのではないだろうか。そうなると、従来とは異なった作業や思考が、関係主体に求められる。

「行政無謬論」の弊害

「行政は間違わない」「行政は間違ってはいけない」という意識が、これまで、住民の側にも行政の側にもあった。住民は、「行政にお任せ」ということで、行政へのコミットをすることは少なかった。自らを行政に依らしめ、決定を行政に任せる集中的なシステムであったといってよい。

行政は無謬論を維持するために、意思決定に際しても安全策をとり、できるだけ参画主体を限定していた。住民参画や情報公開は、行政にとって不確実性を高めるために、「間違いのもと」を増やす可能性がある。行政は、意思決定のルールを自ら決めていたから、不確実性の芽を事前に摘むことも可能だったのである。住民の過度な期待と行政の過剰な自意識が、閉鎖的世界へと行政を追い込んだ面がないではない。

求められる住民意識の向上

しかし、閉鎖的な行政過程は、社会的に納得を得られなくなってきている。たとえ、それが行政にとって効率的であったとしても、決定の正統性には疑問が呈せられよう。総合性の確保は、これからの環境行政の大きな課題と認識されているけれども、それは、行政だけでは、決して実現できない。合理的なコミュニケーションをせずになされた決定は、長いスパンでみれば、自治体に大きなコストを確実にもたらすだろう。

また、一方的にベネフィットを受けるばかりの立場に疑問を持つ意識が、住民にも求められる。参画機会とコミットメントの程度が増えれば増えるほど、「行政にお任せ」ではなく、行政決定に対する責任も重くなるという自覚が必要である。また、自分たちでできることは自分たちでやるという自治の原点も、改めて意識するべきである。

新たな意思決定ルールを

自治体環境行政は、未知の世界を歩みつつある。中央政府の行政システムをまねていればよかったこれまでとは異なり、試行錯誤的に自分の力で考えなければならなくなっている。それは、いきあたりばったりの対応ではなく、「責任ある試行錯誤」でなければならない。いくつかの先進的事例はあるが、全体としてみれば、中短期的には、行政にイニシアティブを持たせて自治体意思を決定する仕組みを基本としつつ、そこに住民参画や情報公開を効果的に取り入れた決定システムづくりを進めていくのが現実的であろう。

住民のレベルを超える行政はない。住民意識の向上を図ることによって、環境行政に対する住民の責任感が強まり、実質的なコミュニケーションとパートナーシップにもとづく新たな行政展開が期待できる。そして、そうした環境自治の枠組みは、基本的には、議会によって設定されるのが望ましい。将来を見据えたうえで、持続可能な発展をすべての行政施策の基底に置くという新たなパラダイムを踏まえて自治体決定のルールづくりをすることが、これからの自治体環境行政に強く求められているのである。これを、「環境ガバナンス」という概念のもとで整理するのが有益だろう。

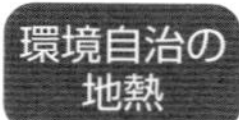

自治体の自律的決定を保障した地方分権改革のなかで、それを活用して地域に適合した法環境を整備していこうとする動きがみられるようになっている。それを「環境自治の地熱」というならば、中央集権的法システムの凍土のなかで、地表が暖まりつつある地域が増えてきているようにみえる。

本書においては、いくつもの先駆的事例を紹介した。それらがほかの地域にも伝播して、日本全体の環境自治の地熱を引き上げる。そして、さらに多様な取組みがされることによって、現在の実定環境法とはおそらくは異なった発想にもとづく法システムの創造につながるのを期待したいものである。

参考文献

- ■礒野弥生「地方分権時代の環境行政の課題」淡路剛久教授・阿部泰隆教授還暦記念『環境法学の挑戦』（日本評論社、2002年）60頁以下
- ■大久保規子「環境法における国と自治体の役割分担」髙橋信隆＋亘理格＋北村喜宣（編）『環境保全の法と理論』（北海道大学出版会、2014年）103頁以下
- ■北村喜宣『分権政策法務と環境・景観行政』（日本評論社、2008年）
- ■北村喜宣「環境行政組織：対等な統治主体同士の適切な役割分担の検討」同『現代環境規制法論』（上智大学出版、2018年）171頁以下
- ■北村喜宣「地方分権推進と環境法」同『分権政策法務の実践』（有斐閣、2018年）230頁以下
- ■北村喜宣「環境規制における国と自治体の関係：提案募集方式にみる争点」大塚直先生還暦記念論文集『環境規制の現代的展開』（法律文化社、2019年）129頁以下
- ■斎藤誠「地方分権と環境法のあり方」同『現代地方自治の法的基層』（有斐閣、2012年）418頁以下
- ■鈴木庸夫「環境行政と地方分権」千葉大学法学論集11巻２号（1996年）87頁以下
- ■地方自治研究機構『自治体における行政手続の適法・適正な運用に係る自己診断に関する調査研究』（2021年）
- ■人見剛「地方分権と環境法」法学セミナー531号（1999年）70頁以下
- ■「〔特集〕行政ドックの現在」自治実務セミナー2024年７月号
- ■「〔特集〕行政ドックのこれから」自治実務セミナー2024年９月号

図表一覧

事項索引

（文言そのもの以外にも、本文の内容も踏まえて作成している。）

【さ】

【し】

法律等索引

条例・要綱索引

（合併により、現在では廃止されたものもある。）

【高　知】

【福　岡】

【佐　賀】

【長　崎】

【熊　本】

【大　分】

【宮　崎】

【鹿児島】

【沖　縄】

裁判例等索引

【最高裁判所】

【高等裁判所】

【地方裁判所】

【公調委】

〔著者紹介〕

北村喜宣（きたむら・よしのぶ）
上智大学法学部教授

1960年　京都市伏見区生まれ
1983年　神戸大学法学部卒業
1986年　神戸大学大学院法学研究科博士課程前期課程修了（法学修士）
1988年　カリフォルニア大学バークレイ校大学院「法と社会政策」研究科修了（M.A.）
1989年　横浜国立大学経済学部専任講師
1990年　同・助教授
1991年　神戸大学法学博士
2001年　上智大学法学部教授（現在に至る）
2004年　放送大学客員教授（～2015年）
2014年　上智大学法科大学院長（～2016年）
2021年　上智大学大学院法学研究科長（～2023年）

〔専　　攻〕行政法学、環境法学
〔主要単著書〕『環境管理の制度と実態』（弘文堂、1992年）
『行政執行過程と自治体』（日本評論社、1997年）
『産業廃棄物への法政策対応』（第一法規出版、1998年）
『環境政策法務の実践』（ぎょうせい、1999年）
『揺れ動く産業廃棄物法制』（第一法規出版、2003年）
『分権改革と条例』（弘文堂、2004年）
『産業廃棄物法改革の到達点』（グリニッシュ・ビレッジ、2007年）
『分権政策法務と環境・景観行政』（日本評論社、2008年）
『行政法の実効性確保』（有斐閣、2008年）
『プレップ環境法〔第２版〕』（弘文堂、2011年）
『現代環境法の諸相〔改訂版〕』（放送大学教育振興会、2013年）
『環境法政策の発想』（レクシスネクシス・ジャパン、2015年）
『自治力の躍動』（公職研、2015年）
『空き家問題解決のための政策法務』（第一法規、2018年）
『分権政策法務の実践』（有斐閣、2018年）
『自治力の挑戦』（公職研、2018年）
『現代環境規制法論』（上智大学出版、2018年）
『企業環境人の道しるべ』（第一法規、2021年）
『自治力の闘魂』（公職研、2022年）
『空き家問題解決を進める政策法務』（第一法規、2022年）
『環境法〔第６版〕』（弘文堂、2023年）
『環境法〔第３版〕』（有斐閣、2024年）
『リーガルマインドが身につく自治体行政法入門〔改訂版〕』（ぎょうせい、2024年）

サービス・インフォメーション

通話無料

①商品に関するご照会・お申込みのご依頼
TEL 0120 (203) 694／FAX 0120 (302) 640
②ご住所・ご名義等各種変更のご連絡
TEL 0120 (203) 696／FAX 0120 (202) 974
③請求・お支払いに関するご照会・ご要望
TEL 0120 (203) 695／FAX 0120 (202) 973

●フリーダイヤル（TEL）の受付時間は、土・日・祝日を除く
9:00〜17:30です。
●FAXは24時間受け付けておりますので、あわせてご利用ください。

自治体環境行政法　第10版

2024年９月30日　第10版第１刷発行
著　　者　北村喜宣
発行者　田中英弥
発行所　第一法規株式会社
〒107-8560　東京都港区南青山２-11-17
ホームページ　https : //www.daiichihoki.co.jp/

環境行政10版　ISBN 978-4-474-01767-2　C 3032　(3)